Energiepolitische Schriftenreihe

Herausgegeben vom Bundesministerium
für Handel, Gewerbe und Industrie in Wien

Band 3

Neue Wege bei der Herstellung von Vergasertreibstoffen

Von

Univ.-Prof. Dr. Alfred Schmidt

in Zusammenarbeit mit
Dr. Werner Schmied
Institut für Verfahrenstechnik und
Technologie der Brennstoffe
Technische Universität Wien

Springer-Verlag
Wien New York

Redaktionelle Betreuung:
Rat Dipl.-Ing. Dr. techn. HEINZ SATZINGER
und Dipl.-Ing. KARL KELLNER
Bundesministerium für Handel, Gewerbe und Industrie
Sektion V, Abt. 2
Schwarzenbergplatz 1
A-1010 Wien, Österreich

Mit 81 Abbildungen

by Ferdinand Berger & Söhne OHG, A-3580 Horn

CIP-Kurztitelaufnahme der Deutschen Bibliothek

Schmidt, Alfred:
Neue Wege bei der Herstellung von Vergasertreibstoffen / von Alfred Schmidt. In Zusammenarbeit mit Werner Schmied. – Wien, New York: Springer, 1978.
(Energiepolitische Schriftenreihe; Bd. 3)

ISBN-13:978-3-211-81508-3 **e-ISBN-13:978-3-7091-5629-2**
DOI: 10.1007/978-3-7091-5629-2

GELEITWORT

Die vorliegende Veröffentlichung macht die Ergebnisse zweier ursprünglich thematisch nebeneinander an denselben Autor vergebenen Forschungsaufträge allgemein zugänglich. Der eine hatte das Ziel, die an sich über die Verwendung von Methanol als Motortreibstoff reichlich vorhandene Literatur vor allem in Richtung auf die Löslichkeitsverhältnisse bei Zusatz zu Normalbenzin und auf die noch fehlende systematische Analyse der Entwicklungsmöglichkeiten der verschiedenen Verfahren zur Methanolgewinnung zu ergänzen. Der Auftrag bezog sich ausdrücklich auf nichtbiologische Gewinnungsarten. Eine Untersuchung der Methanolgewinnungsverfahren durch Vergärung der Biomassen bleibt vorbehalten. Der andere war der Antwort auf die Frage gewidmet, ob und wieweit sich die durch die Verringerung bzw. Vermeidung des Bleitetraäthylzusatzes zum Kraftstoff ergebenden technischen und wirtschaftlichen Probleme durch den Zusatz von Isoparaffinen verringern lassen.

Bei der Bearbeitung der beiden Themen ergab sich, daß sie sehr eng zusammenhängen: Über das ihnen gemeinsame Problem der Verringerung der Schadstoffemissionen von Otto-Motoren hinaus ergaben sich noch weitere Verbindungen. Dies allein rechtfertigt die gemeinsame Publikation der erzielten Ergebnisse.

Die Abtrennung der Normalparaffine aus dem Rohbenzin führt zu einer Normalparaffin-freien Fraktion, die beim anschließenden Reformieren höhere Ausbeuten an Treibstoff ergibt. Die abgetrennten Normalparaffine sind ihrerseits ein Einsatzstoff für den Steamcracker, der eine erhebliche Verbesserung der Olefinausbeute ermöglicht. Bei gleichem Ausstoß an Treibstoff und an Olefinen für die Petrochemie werden so 7 bis 10% weniger Rohöl benötigt, zum Teil allerdings auf Kosten der anfallenden Heizöl- und Heizgasmengen. Dieses Ergebnis ist deshalb besonders bedeutungsvoll, weil es einen das weit besser bekannte Hydrocrackverfahren für mittlere und schwere Erdölfraktionen ergänzenden Weg für die Einsparung erheblicher Mengen an Rohöl aufzeigt. Dabei werden jene Versorgungsbereiche nicht betroffen, in denen Kohlenwasserstoffe derzeit unentbehrlich sind, nämlich im Individualverkehr und in der Petrochemie. Der Substitution von Erdölkohlenwasserstoffen durch andere Brennstoffe, vornehmlich durch Kohle, stellen sich jedoch speziell bei der Erneuerung oder Neuerrichtung von Großkesselanlagen keine prinzipiellen Hindernisse entgegen. Das Resultat der Untersuchung ist als ein konkreter Beitrag zur Erreichung der Ölsparziele der Internationalen Energie-Agentur zu verstehen, was einerseits ihre Veröffentlichung in der energiepolitischen Schriftenreihe, die durch den Verlag eine weltweite Verbreitung gewährleistet, begründet, andererseits aber auch klar darauf hindeutet, daß auch die Durchsetzung der mit der vorgeschlagenen Technik begründeten Sparstrategie internationale Abmachungen erfordert, weil die damit verbundenen Investitions- und Betriebskosten zwar in höheren Gutschriften - zufolge besserer Ausbeuten an hochwertigen Produkten - ihre weitgehende, aber möglicherweise nicht vollständige Kompensation finden. Soll der offene Markt unter den Mitgliedstaaten der Internationalen Energie-Agentur erhalten bleiben, so wird es ebenso eines internationalen Abkommens für die weitere Herabsetzung des Bleigehaltes im Motortreibstoff bedürfen. Welche der aufgezeigten Möglichkeiten beschritten wird, insbesondere auch im Hinblick auf den erwünschten, bzw. vertretbaren Zusatz von Methanol, sollte nicht national bestimmt, sondern zumindest im europäischen Bereich einvernehmlich vereinbart werden.

Da der Auftrag zu einem Zeitpunkt abgeschlossen wurde, zu dem das neue Eichgesetz noch nicht in Kraft war, wurden die alten Maßeinheiten belassen, um nicht durch die erforderliche Umarbeitung Verzögerungen hervorzurufen.

Es ist zu hoffen, daß durch die vorliegende Untersuchung, für deren sorgfältige Durchführung dem Autor und seinen Mitarbeitern auch an dieser Stelle gedankt wird, die energiepolitische Diskussion einen entsprechenden Anstoß erfährt, nicht zuletzt wegen der positiven Aspekte, die sie für die Lösung von akuten Umweltproblemen bietet. Anerkennung verdienen auch alle Stellen, die den Autor bei seinen Untersuchungen unterstützt haben, und der Verlag für die gewohnt sorgfältige Ausstattung dieser Schrift.

Wien, im Dezember 1977

Dipl.-Ing.Dr.techn. Wilhelm FRANK
Sektionschef
Leiter der Sektion V (Energie - Oberste Bergbehörde - Grundstoffe)
im Bundesministerium für Handel, Gewerbe und Industrie

INHALTSVERZEICHNIS

1. EINFÜHRUNG UND PROBLEMSTELLUNG

1.1 Motive für die Suche nach Alternativ-Kraftstoffen

Spätestens seit der Erdölkrise im Herbst 1973 ist überall auf der Welt nach Alternativen für den Einsatz von Benzin als Vergaserkraftstoff für Kraftwagen gesucht worden. Die Bemühungen haben sich in zwei Richtungen gegliedert:
a) alternative Antriebssysteme für Kraftwagen,
b) alternative Kraftstoffe.

Versuche, alternative Antriebssysteme zu entwickeln, haben folgende Möglichkeiten aufgezeigt:

Turbinenantrieb
Stirlingmotor
Rankine-Motor
Elektrische Antriebe.

Keine dieser Alternativen hat bisher zu einem nennenswerten Erfolg geführt, keine zeigt derzeit Aussicht, gegen den Otto-Motor in den nächsten 10 bis 15 Jahren konkurrenzfähig zu sein (1).

Die Turbinenantriebe haben Schwierigkeiten mit dem Stickoxidausstoß. Der Stirlingmotor und der Rankine-(Dampf-)motor lassen sich nicht kompakt genug für einen normalen Personenkraftwagen bauen; elektrische Antriebssysteme leiden unter dem Problem der teuren Energiespeicherung in Batterien und Akkumulatoren: Die spezifische Energiespeicherung in W/kg ist nur 0,5% der im Benzin verfügbaren (2). Hybridantriebe mit elektrischen Systemen für den Stadtverkehr und Otto-Motoren für den Überlandverkehr sind sehr schwer und verlangen einen größeren Bauaufwand.

Von allen diesen Systemen ist zunächst also kein Ersatz des Otto-Motors zu erwarten.

Alternative Kraftstoffe sind ebenfalls in größerer Anzahl vorgeschlagen worden. So kann Benzin außer aus Erdöl auch aus Ölschiefer und Teersanden hergestellt werden, die in verschiedenen Ländern in großen Mengen als Rohstoffe zur Verfügung stehen. Flüssiges Erdgas (Methan) oder andere flüssige Kohlenwasserstoffe, wie sie bei der Gewinnung des Erdöls als Fördergas oder bei der Aufarbeitung von nassem Erdgas anfallen, könnten als Vergasertreibstoffe eingesetzt werden. Auch auf Basis Kohle können Vergasertreibstoffe hergestellt werden, so über Synthesegas (Wasserstoff-Kohlenoxid-Gemische) nach dem Fischer-Tropschverfahren oder durch Hochdruckhydrierung von Kohle in der Sumpfphase.

Längerfristig kämen auch *Wasserstoff* und *Ammoniak* als Kraftstoffe in Betracht. Aus Erdgas, Erdölprodukten oder Kohle kann *Methanol* synthetisch erzeugt werden; Methanol wird bereits seit längerer Zeit als Kraftstoffzusatz bei Rennwagen eingesetzt.

Allen diesen Alternativen ist jedoch gemeinsam, daß sie als Rohstoff einen anderen Primärenergieträger benötigen und diesen in mehr oder weniger komplizierten Verfahren in einen Vergaserkraftstoff umformen; damit ist aber das Problem nur auf eine andere Ebene verlagert. Die gegenwärtige Verknappung umfaßt letztlich alle Energieträger.

Dies wird deutlicher sichtbar, wenn man die Herstellung von Vergaserkraftstoffen auf Basis Kohle untersucht. Diese ist technisch durchentwickelt und könnte jederzeit industriell verwirklicht werden; sie scheitert aber an den auftretenden hohen Kosten. Die Auswirkung einer solchen Maßnahme würde in einer Absenkung des Rohölbedarfes liegen, allerdings auf Kosten eines höheren Kohleverbrauches.

Der gleiche Effekt, nämlich die Verringerung des Rohölbedarfes, könnte auf einem wesentlich billigeren Weg erreicht werden:

In Österreich wurden 1974 ohne Berücksichtigung des Eigenverbrauches der Raffinerie aus einer Tonne Rohöl 0,184 t Vergaserkraftstoff, 0,259 t Gasöl (Dieseltreibstoff und Heizöl extra leicht) und 0,431 t Heizöl schwer hergestellt. Demgegenüber werden in den USA aus jeder Tonne Rohöl 0,443 t Vergaserkraftstoff, 0,227 t Gasöl und nur 0,085 t Heizöl hergestellt (3). Anders ausgedrückt bedeutet dies, daß je Tonne Vergaserkraftstoff in Österreich 5,42 t Rohöl, in den USA aber nur 2,26 t Rohöl benötigt werden. Dieser Unterschied ist zum geringen Teil auf die unterschiedlichen Benzingehalte der eingesetzten Rohöle, zum größeren Teil jedoch auf andere Verarbeitungsverfahren zurückzuführen. In den USA besteht infolge des dortigen großen Angebots an Erdgas nur ein geringer Bedarf für Heizöle, aber ein großer Bedarf an Vergaserkraftstoff. Die Raffinerien sind daher gezwungen, dies bei ihren Verarbeitungsmethoden zu berücksichtigen. Der resultierende Benzinpreis liegt gegenüber der europäischen Praxis mit ihren geringen Benzinausbeuten nur geringfügig höher.

Es wäre zweifellos möglich, auch in Österreich die relative Benzinausbeute heute auf Kosten der Heizölmenge zu steigern und diesen Ausfall an Heizöl durch Einsatz von Kohle z.B in den thermischen Kraftwerken zu steigern. Dies würde den Importbedarf von Rohöl sofort vermindern, allerdings den Bedarf an Kohle entsprechend steigern. Da Österreich nicht über ausreichende eigene Kohlevorkommen verfügt, würde dies zwar den Energie-Importbedarf nur von Rohöl zur Kohle verlagern und somit keine eigentliche Entlastung der Importabhängigkeit auf dem Energiesektor bringen, den Bestrebungen der Internationalen Energieagentur, künftig kein zusätzliches Heizöl für die Verstromung heranzuziehen, allerdings entgegenkommen.

Eine Betrachtung der österreichischen Energiebilanz in den letzten Jahren zeigt einen fast konstanten Importanteil von rund 65% (4). Eine Verringerung dieses Anteiles wäre nur durch eine entsprechende Steigerung des inländischen Energieaufkommens möglich, für die aber bei den fossilen Brennstoffen die Voraussetzungen weitgehend fehlen. Es bleibt daher nur die Möglichkeit von Energieimporten, bei denen es stets Unsicherheiten geben wird. Die einzige Strategie kann hier in einer möglichst weiten geographischen Streuung der Importe liegen, um das unvermeidliche Risiko einer plötzlichen Unterbrechung dieser Importe aus welchen Gründen immer so klein wie möglich zu halten; daneben ist eine entsprechende Lagerhaltung an Primärenergieträgern anzustreben.

Aus dieser Überlegung ist ersichtlich, daß - zumindest für Österreich - Alternativkraftstoffe keinen entscheidenden Vorteil im Hinblick auf die Importabhängigkeit bringen können. Ihre Einführung aus diesem Grund wäre daher sinnlos.

Es ist daher weiter zu untersuchen, ob andere Gründe für die Einführung irgendeines oder eines bestimmten Alternativkraftstoffes vorhanden sind. Hier sind zunächst nur zwei erkennbar:

a) Eine Verminderung der Abgasbelastung durch die Kraftfahrzeuge mit Otto-Motoren,
b) Eine Verbesserung der Kraftstoffversorgungssituation in energiemäßigen Notlagen.

Es ist zweifellos ein entscheidender Nachteil des Betriebes von Otto-Motoren mit herkömmlichen Vergaserkraftstoffen, daß in den Abgasen verschiedene Schadstoffe enthalten sind, so z.B. Kohlenmonoxid, Stickoxide, Bleiverbindungen, höherkondensierte Aromaten (z.B. Benzpyren) u.a.m.

Besonders in den Ballungsräumen wird dadurch eine Belastung der Atmosphäre verursacht, die vom hygienischen Standpunkt sehr bedenklich ist. Würde es gelingen, einen Alternativkraftstoff zu entwickeln, der in dieser Hinsicht eine Verbesserung bringt, so wäre damit sicherlich ein wesentlicher Anreiz für dessen Einführung gegeben.

Für die Beherrschung von Energienotständen, wie einer beispielsweise anläßlich der letzten Nahostkrise aufgetreten ist, werden in Zukunft verschiedene Vorkehrungen notwendig sein. Die im Rahmen der IEA beschlossene Vorratsbildung für 90 Tage bedeutet hohe Investitionskosten und hohe laufende Zinsverluste. Auch in dieser Hinsicht könnte ein Alternativkraftstoff Verbesserungen bringen, die seine Einführung motivieren könnten.

Zusammenfassend kann also festgehalten werden, daß für Österreich die Entwicklung und Einführung von Alternativkraftstoffen nur dann motiviert werden kann, wenn diese in bezug auf die Abgasbelastung durch die Kraftfahrzeuge und/oder im Hinblick auf die Beherrschung von Energiekrisensituationen

Vorteile erwarten lassen; keinesfalls aber nur durch die Verlagerung des Importbedarfs von Rohöl auf einen anderen Primärenergieträger wie z.B. auf Kohle.

1.2 Anforderungen an Alternativkraftstoffe

Neben den möglichen Motiven für die Einführung eines Alternativkraftstoffes müssen auch die Anforderungen an einen solchen festgelegt werden, um dessen Eignung überprüfen zu können; als solche können festgestellt werden:

Die Verfügbarkeit	dem erforderlichen Rohstoff nach;
	der erforderlichen Produktionstechnologie nach;
	der Lagerungs- und Verteilungstechnologie nach;
	aus Importen in Krisensituationen;
die Verwendbarkeit	der Motortechnologie nach;
	der Abgasbelastung nach;
	der Austauschbarkeit mit normalen Vergaserkraftstoffen nach;
die Wirtschaftlichkeit	der Herstellung;
	des Vertriebes.

Bei allen diesen Gesichtspunkten sind jeweils die gegenwärtige Situation und die eventuellen Entwicklungsmöglichkeiten in der Zukunft - als Folge entsprechender Forschungsarbeiten - zu unterscheiden, d.h. also eine kurzfristige und eine längerfristige Beurteilung.

1.3 Die Problemstellung

Eine Überprüfung aller möglichen Alternativkraftstoffe würde einen sehr großen Aufwand erfordern; eine Vorauswahl ist aber aufgrund einer überschlägigen wirtschaftlichen Betrachtung möglich. In der Abbildung 1 sind die Herstellungs- und Verteilungskosten verschiedener Alternativkraftstoffe zusammengestellt, wobei als Basis der Stand im Oktober 1973 dient (5,6), also ein Zeitpunkt vor der Rohölverteuerung; seither sind die Kosten des Benzins aus Erdöl auf etwa 32 DM/t gestiegen. Die Kosten von Flüssig-Erdgas, Flüssiggas und Methanol aus Erdgas haben sich durch die entsprechenden Rohstoffverteuerungen ebenfalls erhöht, wobei es aber schwer ist, diese Auswirkungen quantitativ zu beurteilen, da noch keine Beruhigung der Märkte eingetreten ist.

Ohne auf diese Einzelheiten einzugehen, ist jedoch ersichtlich, daß alle Alternativkraftstoffe auf Basis Kohle wesentlich höhere Herstellungskosten aufweisen und daher zunächst ausscheiden; lediglich das Methanol nimmt eine

ABBILDUNG 1: Herstellungs- und Verteilungskosten für Kraftstoffe (Stand: Oktober 1973)

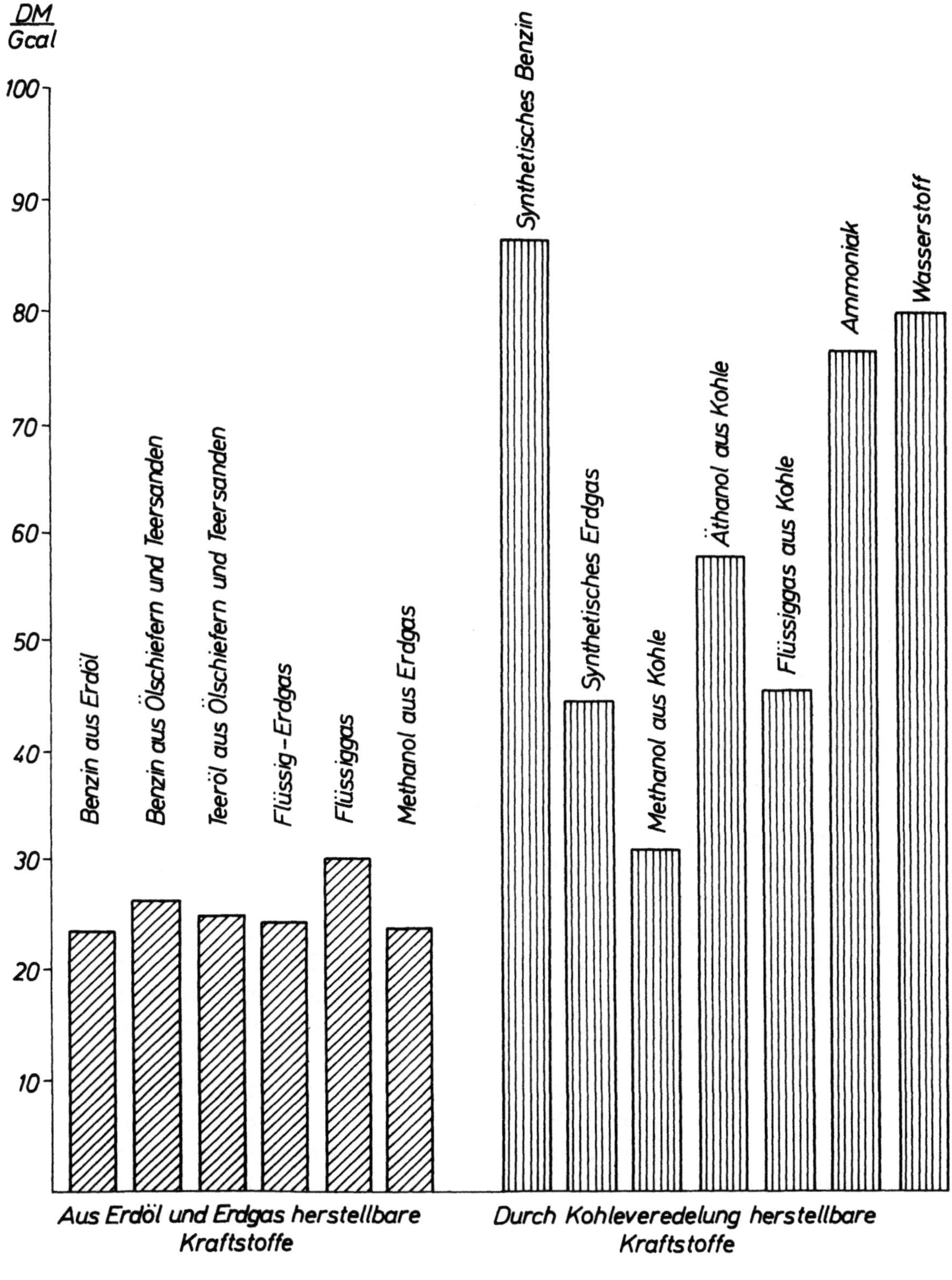

Sonderstellung ein und ist nicht nur auf Basis Kohle, sondern auch auf Basis Erdgas relativ günstig liegend.

Auf Ölschiefer und Teersanden basierende Alternativen scheiden in Österreich mangels dieser Rohstoffe aus, Flüssig-Erdgas mit seiner Temperatur von -160^{0} C aus naheliegenden Gründen wohl auch, Flüssiggase (Propan, Butan) ebenfalls wegen mangelnder Verfügbarkeit in entsprechenden Mengen.

Es zeigt sich also schon bei einer oberflächlichen Betrachtung, daß, soweit dies überblickbar ist, das Methanol wohl die günstigste Alternative darstellt. Dies hat dazu geführt, daß das Methanol weltweit als Alternativkraftstoff diskutiert wird, wobei besonders die USA, Schweden und die Deutsche Bundesrepublik große Anstrengungen unternehmen.

Es muß jedoch beachtet werden, daß die technischen Gegebenheiten, also die Probleme der Herstellung und der Anwendung von Methanol überall gleich sind, daß sich aber die aus diesen technischen Voraussetzungen ergebenden Konsequenzen in den einzelnen Ländern verschieden sind.

So verfügt die Deutsche Bundesrepublik über große Kohlenvorkommen, die einen zumindest teilweisen Ersatz des gegenwärtigen Fahrbenzins durch Methanol möglich erscheinen lassen. Auch die USA verfügen über sehr große Kohlevorkommen, die für den Einsatz zur Methanolherstellung in Betracht kommen. Schweden wiederum verfügt über sehr große Vorkommen von Ölschiefer, die mit Uranerz vergesellschaftet sind und so billig gewonnen werden könnten.

In diesen Ländern stehen daher Autarkiebestrebungen auf dem Treibstoffsektor im Vordergrund der Überlegungen; dies kann aber für Österreich mangels verfügbarer Rohstoffe nicht zutreffen. Wiewohl sich Österreich - schon wegen der Importabhängigkeit bei den Kraftfahrzeugen - wird an die internationale Entwicklung anpassen müssen, werden doch unsere besonderen Gegebenheiten zu berücksichtigen sein.

Reines Methanol ist als Vergaserkraftstoff brauchbar und, z.B. im Rennsport, bereits eingesetzt worden.

Die Klopffestigkeit von Methanol, ausgedrückt als Oktanzahl, liegt bei 110; sie läßt sich jedoch nach den herkömmlichen Verfahren im CFR-Motor nicht eindeutig bestimmen, es werden auch wesentlich höhere Werte in der Literatur angegeben. Dies würde die Verwendung von Methanol in Motoren mit höheren Verdichtungsverhältnissen als sie derzeit mit Superbenzin möglich sind, erlauben; woraus wiederum ein höherer energetischer Wirkungsgrad im Motor resultieren würde.

In Österreich werden gegenwärtig jährlich etwas mehr als 2 Mio Tonnen Vergaserkraftstoffe verbraucht. Ein vollständiger Ersatz dieser Menge würde wegen des niedrigen Heizwertes rund das Doppelte, also etwa 4 Mio Tonnen Methanol benötigen. Für eine derartig große Produktion fehlen aber jegliche Voraussetzungen sowohl von der Produktionstechnologie als auch von der

Rohstoffseite her. Ein vollständiger Ersatz des Benzines durch Methanol auf dem Treibstoffsektor wäre daher höchstens als langfristiges Projekt mit einer Realisierungszeit ab 1990 diskutabel.

Andererseits ist es auch möglich, Gemische von Methanol mit Benzin als Vergaserkraftstoff einzusetzen. Dadurch würde der Verbrauch an Benzin entsprechend verringert, das eingesetzte Benzin gleichzeitig oktanzahlmäßig aufgewertet werden. Geht man indessen von einer Zumischung von Methanol zum Benzin in einer Größenordnung von 10 bis 15% aus, so ergibt sich ein Bedarf von 200.000 bis 300.000 Tonnen Methanol je Jahr, einer Menge, die relativ kurzfristig zu realisieren wäre, besonders wenn man bedenkt, daß etwa die Hälfte dieser Menge schon jetzt in Österreich produziert wird.

Wie schon oben erwähnt, wird der Einsatz von Methanol auch im Gemisch mit Benzin nur dann sinnvoll sein, wenn sich dadurch nennenswerte Vorteile ergeben.

Die nachfolgende Studie soll daher unter Heranziehung aller verfügbaren Ergebnisse die Möglichkeiten des Einsatzes von Methanol als Vergasertreibstoff unter den österreichischen Gegebenheiten untersuchen und feststellen, ob ein solcher wirtschaftlich vertretbar ist und welche Vorteile dadurch zu erwarten wären.

2. DIE EINSATZMÖGLICHKEITEN VON METHANOL IN OTTO-MOTOREN

2.1 Die physikalischen und chemischen Eigenschaften von Methanol

Die wichtigsten physikalischen und chemischen Eigenschaften von Methanol sind in der Tabelle 1 zusammengestellt (7) und mit denen von einigen anderen Treibstoffkomponenten verglichen. Aus diesen Werten läßt sich folgendes erkennen:

Methanol und Methylalkohol ist eine Verbindung, die zu 37,5% aus Kohlenstoff, 50% aus Sauerstoff und 12,5% aus Wasserstoff besteht; gegenüber den Kohlenwasserstoffen, aus denen das normale Fahrbenzin besteht, unterscheidet es sich also durch den hohen Sauerstoffgehalt.

Methanol braucht daher zu seiner Verbrennung wesentlich weniger Sauerstoff: Während ein Liter Benzin zur vollständigen Verbrennung etwa 13 m^3 Luft benötigt, sind es beim Methanol nur 5,4 m^3.

Umgekehrt bedingt der Sauerstoffgehalt des Methanols gegenüber dem Benzin auch einen wesentlich geringeren Heizwert und damit Energiegehalt. Während Benzin einen unteren Heizwert von 7770 kcal/l*aufweist, beträgt der von Methanol nur 3737 kcal/l oder 50,7%. Unter Annahme eines gleichen Wirkungsgrades im Motor bedeutet dies zunächst, daß ein Kraftfahrzeug mit Methanol nur die halbe Kilometerzahl je Tankfüllung fahren kann, oder umgekehrt, daß es für eine gleiche Reichweite wie bei Benzin das doppelte Tankvolumen benötigt.

Während der Energiegehalt des Methanols also wesentlich kleiner als der von Benzin ist, liegt der Gemischheizwert - also der Energieinhalt des Luft-Kraftstoffdampf-Gemisches - bei Benzin und Methanol etwa gleich hoch; dies ist durch den geringeren Luftbedarf des Methanols zur Verbrennung bedingt.

Die Verdampfungswärme des Methanols ist etwa dreimal so hoch als jene von Benzin. Dadurch ergibt sich eine wesentlich stärkere Abkühlung des Kraftstoff-Luft-Gemisches im Vergaser.

Auf die Auswirkungen dieser Eigenschaften des Methanols auf seine Einsetzbarkeit als Vergaserkraftstoff wird weiter unten eingegangen.

Die anderen physikalischen Eigenschaften von Methanol unterscheiden sich nur unwesentlich von jenen von Benzin.

---

* 1 kcal = 4,1868 kJ.

TABELLE 1: Physikalische Eigenschaften von Methanol und Vergaserkraftstoffen (7)

	Methanol	Normalbenzin**)	Superbenzin**)
Dichte bei 20° C, kg/l	0,795	0,74	0,75
Viskosität bei 20° C, mPas	0,60	0,42	0,42
Spezifische Wärme, kcal/kg	0,61	0,48	0,48
Siedebereich bei 1 ata, ° C	65	30 - 185	30 - 185
Heizwert, kcal/kg	4700	10500	10500
Heizwert, kcal/l	3737	7770	7875
Luftbedarf, m^3 Luft/l Kraftstoff	4,3	8,54	8,56
Gemischheizwert, kcal/m^3 Luft	734	714	714
Verdampfungswärme bei 1 ata, kcal/kg	265	70 - 90	80 - 100
Gefrierpunkt, ° C	- 98	- 30	- 30
ROZ	110*)	92	98
MOZ	92*)	84	88

*) Bei der Bestimmung am CFR-Motor ergeben sich Schwierigkeiten; die Werte sind nicht direkt mit denen von anderen Vergaserkraftstoffen vergleichbar.
**) Durchschnittliche Werte, die gewissen Schwankungen unterliegen.

2.2 Eigenschaften von Methanol-Benzin-Mischungen

2.2.1 Die Löslichkeitsverhältnisse von Methanol-Benzin- und Methanol-Benzin-Wassergemischen

Eine selbstverständliche Voraussetzung für das Funktionieren der Vergaser von Otto-Motoren ist die Homogenität des eingesetzten Kraftstoffes, also das Vorliegen von nur einer flüssigen Phase. Würden zwei flüssige Phasen vorliegen, die eine unterschiedliche Zusammensetzung haben, so könnte es in den Lagertanks der Raffinerien oder Tankstellen, oder in den Fahrzeugtanks zu einer Entmischung kommen. Die Folge davon wäre ein unruhiges Arbeiten, im Extremfall sogar ein Aussetzen des Motors.

Gemische von Benzinkohlenwasserstoffen mit Methanol ziehen Feuchtigkeit aus der Luft an; da im Laufe der Verteilung des Kraftstoffes stets mit einem mehr oder weniger starken Kontakt mit der Luft gerechnet werden muß, ist ein gewisser Wassergehalt eines Methanol-hältigen Kraftstoffes unvermeidlich. Dazu kommt, daß in den Vorratstanks der Tankstellen meist am Boden gewisse Wassermengen in Form von flachen Pfützen vorhanden sind, so daß auch hier eine Wasseraufnahme des Kraftstoffes erfolgen kann. Die Gefahr einer Entmischung ist besonders bei tiefen Temperaturen gegeben. Es kann in der kalten

Jahreszeit der Fall eintreten, daß im unterirdischen Vorratstank der Tankstelle der Kraftstoff noch relativ warm und daher homogen ist, daß es aber bei Abkühlung im Fahrzeugtank zur Phasentrennung kommt.

Bei einer Entmischung des Kraftstoffes entstehen zwei Phasen: eine obere, Kohlenwasserstoff-reiche und Methanol-arme und eine untere, Wasser- und Methanol-reiche. Die Zusammensetzung der letzteren bedingt, daß damit der Motor nicht betrieben werden kann, so daß es bei Ansaugen dieser wasserreichen Phase in den Vergaser zu einem Aussetzen des Motors kommt.

Für den Einsatz von Methanol-hältigen Kraftstoffen wird daher eine den jeweiligen klimatischen Verhältnissen angepaßte Entmischungstemperatur des des Kraftstoffes gefordert werden müssen. Hierbei ist aber auch die Beeinflussung der Entmischungstemperatur durch den Wassergehalt zu berücksichtigen. Im Hinblick auf die oben angeführten Lager- und Transportverhältnisse wird unter mitteleuropäischen Verhältnissen eine Entmischungstemperatur von unter - 15° C bei einem Wassergehalt von etwa 0,1% zu fordern sein; dieser Wert wäre aber noch durch breitgestreute Straßentests zu überprüfen.

Zur Beurteilung der Auswirkungen dieser Wassergehalte ist die Kenntnis des Phasenverhaltens der genannten Gemische erforderlich. Die Erarbeitung der erforderlichen Unterlagen wird jedoch durch die Tatsache erschwert, daß die Vergaserkraftstoffe keine einheitlichen Substanzen, sondern Gemische mit wechselnder Zusammensetzung sind. Hierbei treten vor allem Paraffine, Olefine, Aromaten und Naphthene in verschiedenen Verhältnissen auf.

Da Normalbenzin und Superbenzin unterschiedliche Verhältnisse dieser Komponenten enthalten, ist ihr Mischverhalten ebenfalls unterschiedlich.

Für die Überprüfung der Löslichkeitsverhältnisse wurden zwei Kraftstoffe mit den folgenden Analysen herangezogen:

	Normalkraftstoff (unverbleit)	Superkraftstoff (unverbleit)
Dichte 20/4° C, g/ml	0,7251	0,7614
Paraffingehalt, %	75,5	49,4
Olefingehalt, %	6,7	11,0
Aromatengehalt, %	17,8	39,6
Wassergehalt*), %	0,0020	0,0039

*) nach Karl Fischer Methode bestimmt.

Das Mischverhalten von Kraftstoff-Methanolgemischen in Anwesenheit geringer Mengen an Wasser ist in den nachfolgenden Kurven dargestellt. Die einzelnen Kurven zeigen die Abhängigkeit des Trübungspunktes vom Wassergehalt für jeweils einen bestimmten Kohlenwasserstoff, bzw. ein bestimmtes Gemisch.

In Abb. 2 ist das Verhalten von n-Heptan und von Toluol sowie von deren Mischungen dargestellt, wobei jeweils Gemische mit 5, 10 und 15 Gew.% Methanol vermessen wurden.

Für reines Toluol liegen die Trübungspunkte bei halblogarithmischer Darstellung auf einer Geraden; ein steigender Methanolzusatz erlaubt bei gleichem Trübungspunkt einen höheren Wassergehalt.

Für reines n-Heptan liegen die Verhältnisse wesentlich anders. Schon bei sehr geringen Wassergehalten werden hohe Trübungspunkte erreicht; ein höherer Methanolgehalt bedingt einen höheren Trübungspunkt, also ein genau umgekehrtes Verhalten verglichen mit Toluol. Es wurden nun weiters drei Mischungen von Toluol und n-Heptan in gleicher Weise untersucht:

Mischung	A	B	C
n-Heptan, Gew.%	75	50	25
Toluol, Gew.%	25	50	75

Die entsprechenden Kurven sind ebenfalls in Abb. 2 eingezeichnet. Während Mischung C, also das Gemisch mit 75% Toluol, ein dem reinen Toluol noch sehr ähnliches Verhalten zeigt, zeigen die Mischungen A und B ein Mischverhalten. Bei geringen Wassergehalten zeigen sie ein dem n-Heptan, bei höheren ein dem Toluol ähnliches Verhalten. Es ergibt sich jeweils eine charakteristische Temperatur, bei der sich das Temperaturverhalten des Trübungspunktes in Abhängigkeit von der Methanolkonzentration umkehrt. Für die Mischung A liegt diese Umkehrtemperatur bei etwa – 20° C, für die Mischung B bei etwa + 23° C.

In Abb. 3 ist nun das Verhalten des unverbleiten Normal- und Superkraftstoffes aufgetragen. Man erkennt leicht die weitgehende Übereinstimmung des Trübungsverhaltens dieser Stoffe mit den Mischungen A und B der Abb. 2.

Im Abschnitt 2.2.1 sind die Analysen der beiden Kraftstoffe angegeben, ihr Paraffingehalt beträgt 75,5 bzw. 49,4 Gew.%; sie entsprechen also darin weitgehend den Mischungen A und B mit den gleichen Gehalten an n-Heptan.

Hieraus läßt sich der Schluß ziehen, daß aus der PONA-Analyse von Benzinen weitgehende Schlüsse auf deren Trübungsverhalten in Mischung mit Methanol und Wasser innerhalb des untersuchten Bereiches, also von – 30 bis + 30° C möglich sind.

Abb. 3 zeigt weiterhin, daß - wie bereits bekannt - bei Superbenzinen mit entsprechend hohen Gehalten an Aromaten relativ hohe Wassergehalte noch tiefe Trübungspunkte ergeben, daß aber Normalbenzine infolge ihres hohen Paraffinanteiles besonders bei höheren Methanolgehalten hohe Trübungspunkte aufweisen.

Ein direkter Einsatz von mit Methanol gemischtem Normalbenzin in Kraft-

ABBILDUNG 2: Trübungspunkte von Toluol, n-Heptan und deren Gemischen bei Zusatz von Methanol in Anwesenheit von geringen Mengen Wasser. Die Ziffern bei den Kurven bezeichnen den Anteil an Methanol im Gemisch (in Gew.%), die Angaben bei den Kurven das Gewichtsverhältnis n-Heptan zu Toluol im Kohlenwasserstoffanteil des Gemisches.
h = n-Heptan, t = Toluol

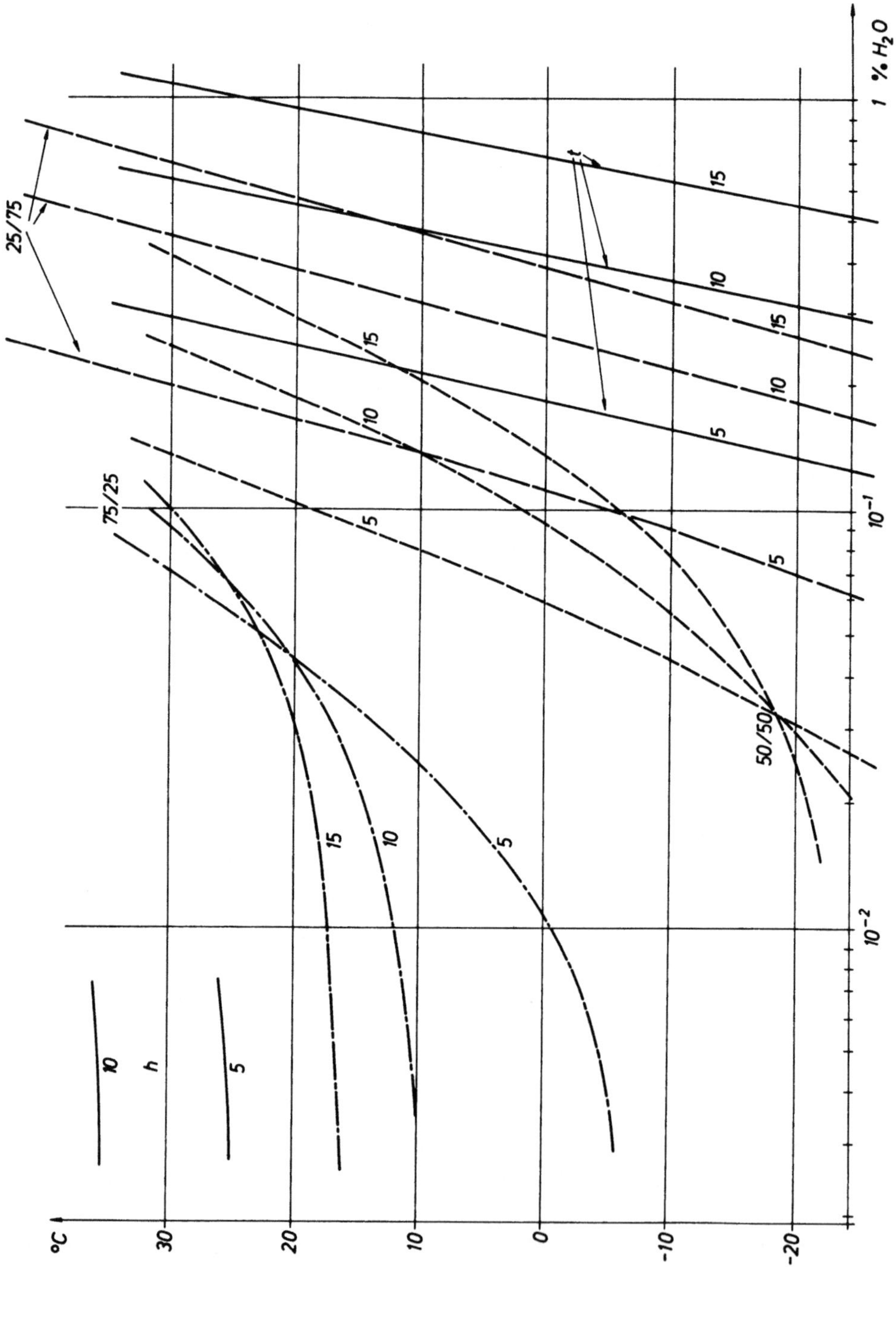

ABBILDUNG 3: Trübungspunkte von unverbleitem Normal- und Superbenzin bei Zusatz von Methanol in Anwesenheit geringer Mengen Wasser.
Die Ziffern bei den Kurven bezeichnen den Anteil an Methanol im Gemisch in Gew.%.

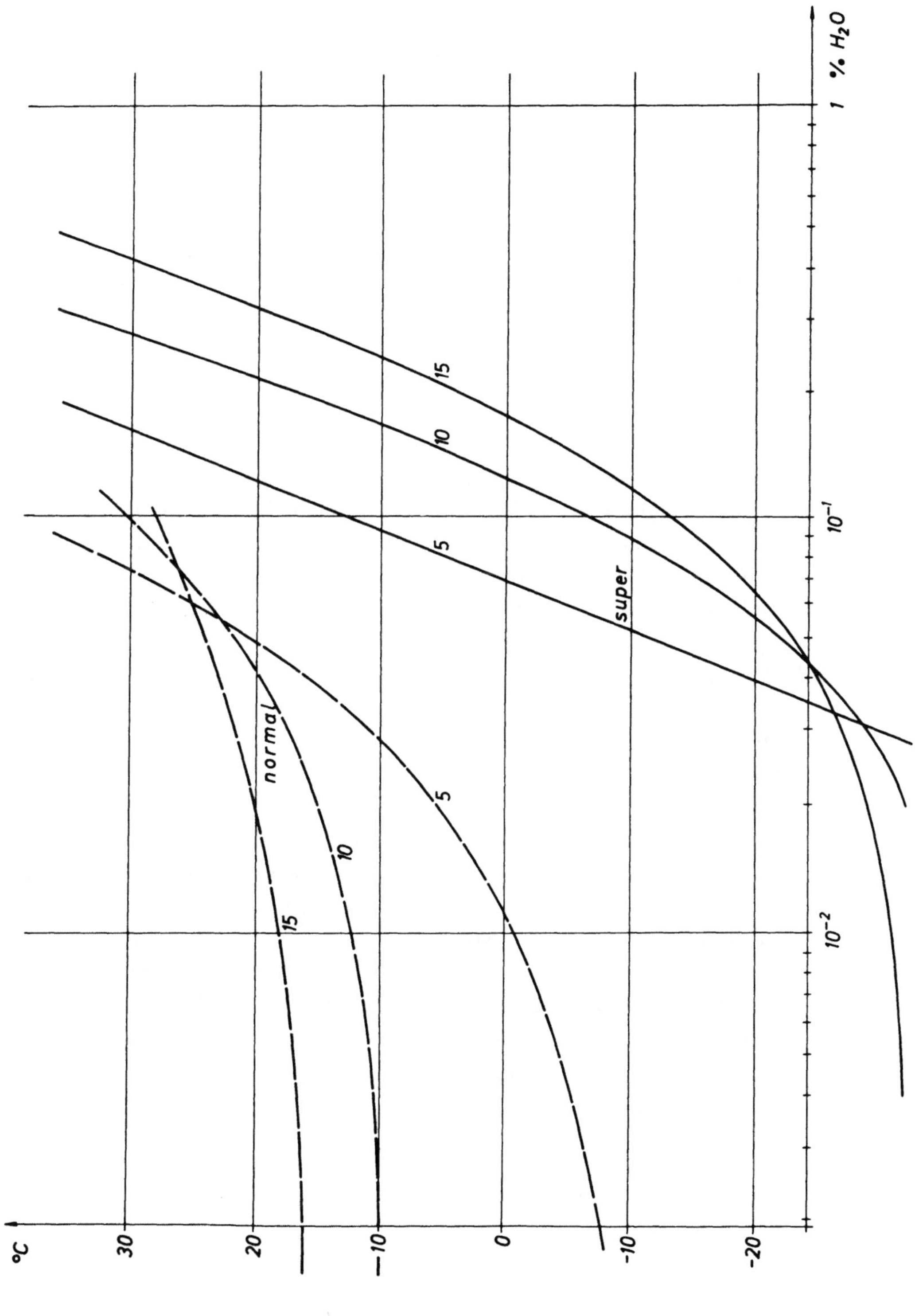

fahrzeugen scheint also nicht möglich zu sein.

Es wurde daher versucht, durch Zugabe einer vierten Komponente zu dem Kohlenwasserstoff-Methanol-Wassergemisch eine Erniedrigung der Trübungspunkte zu erreichen.

Als solche Stoffe wurden

Methylal (Dimethoximethan, $CH_3OCH_2OCH_3$)
Methyl-tert.-butyläther
1-Propanol
2-Propanol
2-Butanol

untersucht.

Bei der Auswahl dieser Stoffe wurde sowohl deren Kosten als auch deren leichte Verfügbarkeit in Raffinerien berücksichtigt.

Methylal ist aus Methanol und Formaldehyd, Methyl-tert.-butyläther aus Methanol und i-Butan, 2-Propanol und 2-Butanol aus den entsprechenden Olefinen durch Wasseranlagerung herstellbar; 1-Propanol wurde nur untersucht, um festzustellen, ob die Struktur der Alkohole größeren Einfluß auf die Lösungsvermittlereigenschaften hat.

Die Ergebnisse dieser Messungen für den Super- und Normalkraftstoff zeigen die Abbildungen 4 bis 6. Man erkennt in allen Fällen eine deutliche Erhöhung des Wassergehaltes bei gleichem Trübungspunkt, der durch die lösungsvermittelnden Eigenschaften der Zusätze hervorgerufen ist.

Die Reihung der Wirksamkeiten der genannten Stoffe lautet mit steigender Wirkung:

Methylal
Methyl-tert.-butyläther
2-Propanol
1-Propanol
2-Butanol.

Die drei Alkohole unterscheiden sich in ihrer Wirkung nur unwesentlich voneinander. Ein Zusatz von 5 Teilen Lösungsvermittler zu 100 T jeweiligem Gemisch ergibt nur bei den Alkoholen, ein Zusatz von 10 Teilen ergibt mit Ausnahme des Methylals bei allen Stoffen befriedigende Trübungspunkte.

Da ein Zusatz von Methyl-tert-butyläther zum Benzin auch eine Verbesserung der Oktanzahl ergeben würde, wurden die Mischungen Benzin-Methanol-Methyl-tert.-butyläther näher untersucht. Es wurden zwei Mischungen hergestellt:

50 Gew.% Methanol
50 Gew.% Methyl-tert.-butyläther

und

75 Gew.% Methanol
25 Gew.% Methyl-tert.-butyläther.

ABBILDUNG 4: Trübungspunkte von Superbenzin bei Zusatz von Methanol und Lösungsvermittlern in Anwesenheit von Wasser.
90 Gew. Teile Superbenzin, unverbleit
10 Gew. Teile Methanol
10 Gew. Teile Lösungsvermittler

S Superbenzin ohne Zusatz
m Methylal
ä Methyl-tert.-butyläther
1-p 1-Propanol
2-p 2-Propanol
2-b 2-Butanol

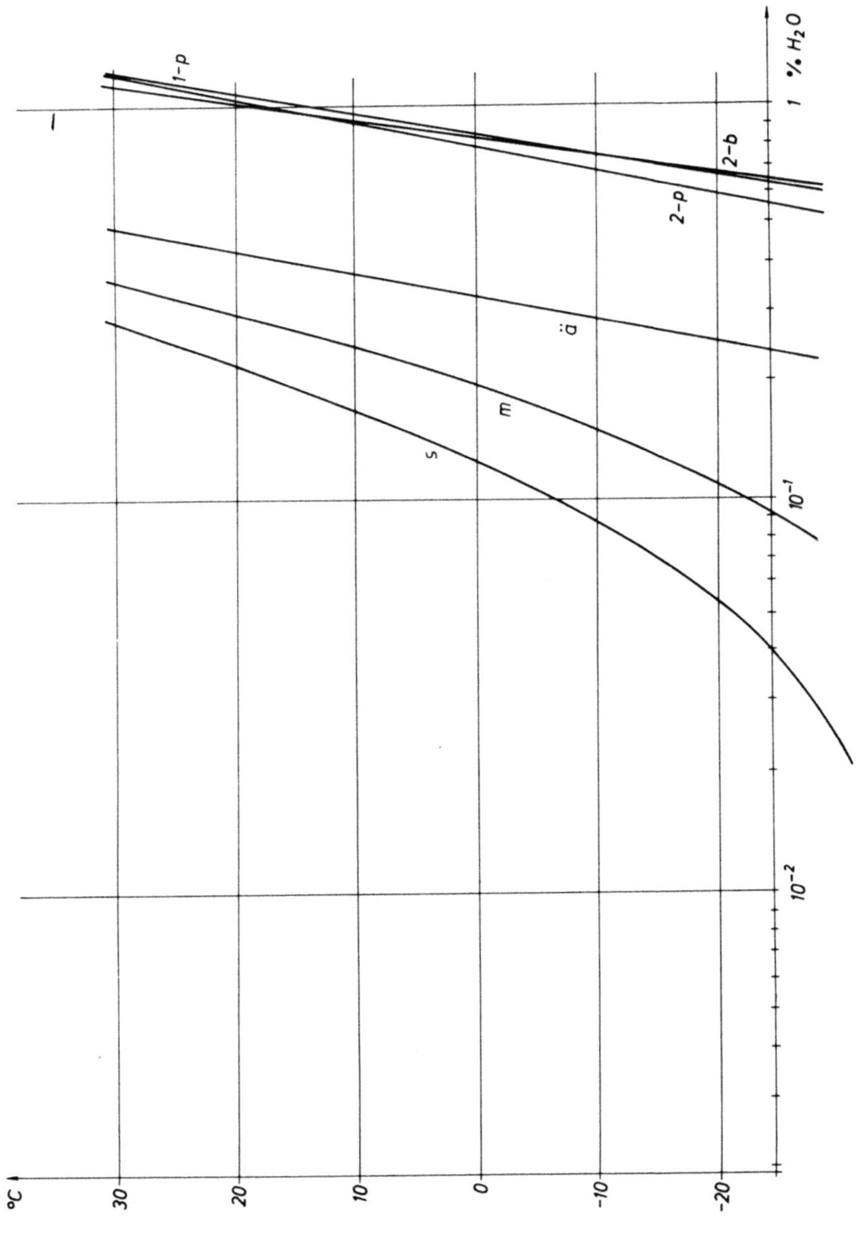

ABBILDUNG 5: **Trübungspunkte von Normalbenzin bei Zusatz von Methanol und Lösungsvermittlern in Anwesenheit von Wasser.**

90 Gew. Teile Normalbenzin, unverbleit
10 Gew. Teile Methanol
5 Gew. Teile Lösungsvermittler

n	Normalbenzin ohne Zusatz
m	Methylal
ä	Methyl-tert.-butyläther
1-p	1-Propanol
2-p	2-Propanol
2-b	2-Butanol

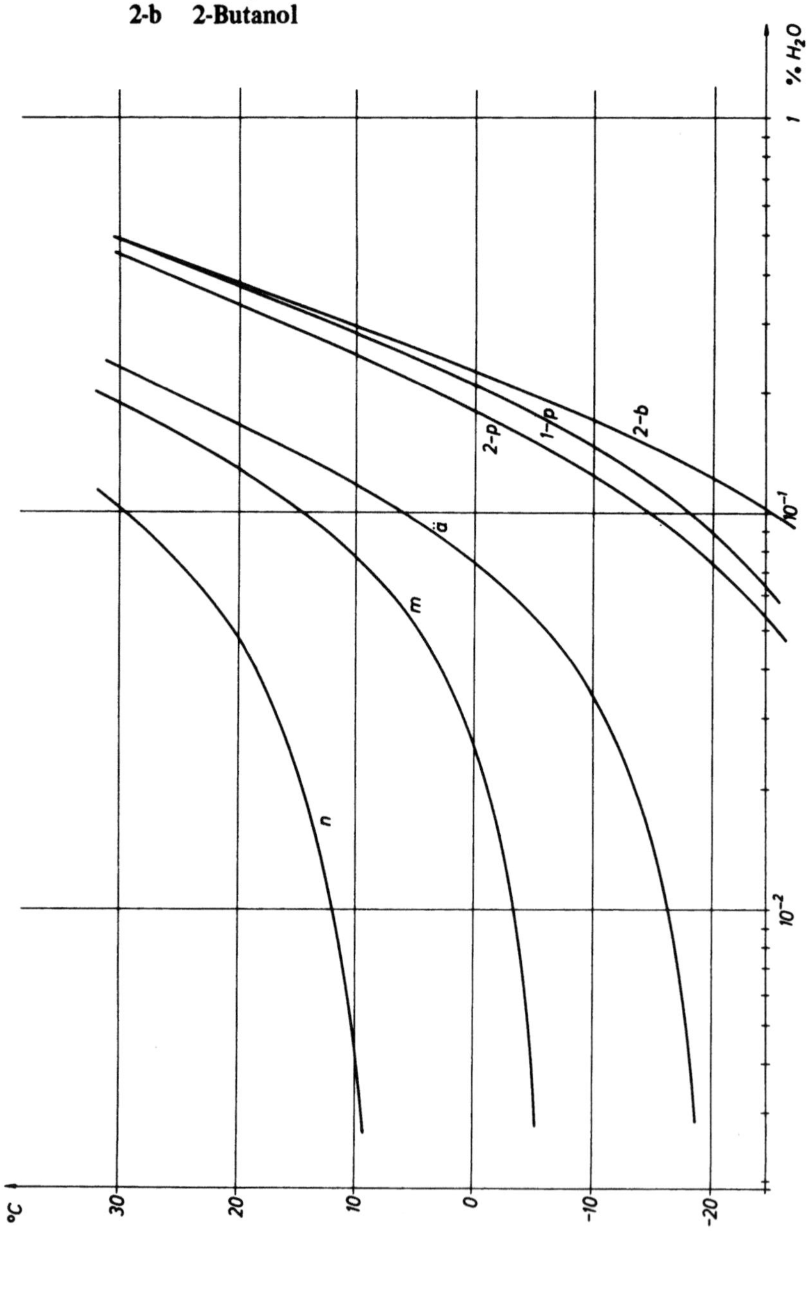

ABBILDUNG 6: Trübungspunkte von Normalbenzin bei Zusatz von Methanol und Lösungsvermittlern in Anwesenheit von Wasser.
90 Gew. Teile Normalbenzin, unverbleit
10 Gew. Teile Methanol
10 Gew. Teile Lösungsvermittler

S Superbenzin ohne Zusatz
m Methylal
ä Methyl-tert.-butyläther
1-p 1-Propanol
2-p 2-Propanol
2-b 2-Butanol

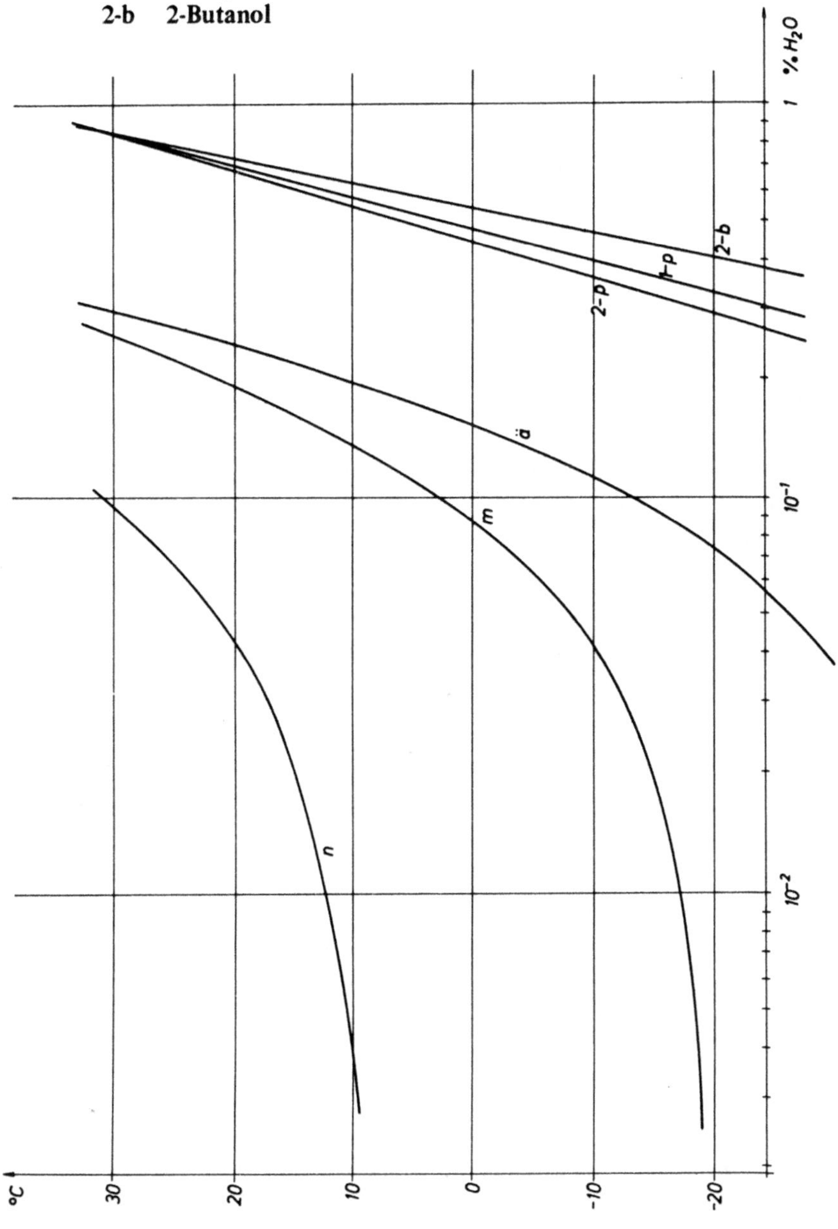

Diese beiden Gemische wurden um jeweils in einer Menge von 5, 10 und 15 Teilen zu 100 Teilen Kraftstoff zugegeben und die Trübungspunkte dieser Gemische in Abhängigkeit vom Wassergehalt bestimmt. Die Ergebnisse zeigt Abb. 7. Wie daraus ersichtlich, sind die Trübungspunkte dieser Gemische nicht zufriedenstellend.

In einer weiteren Meßreihe wurde daher versucht, Gemische herzustellen, die der eingangs erwähnten Forderung nach einem Trübungspunkt von unter - 15° C bei einem Wassergehalt von 0,1% entsprechen. Dazu wurden 2-Propanol, bzw. 2-Butanol in dem erforderlichen Ausmaß zugesetzt. Diese Gemische hatten folgende Zusammensetzungen:

Gew. Teile	D	E	F	G
Methanol	4,8	5,0	8,3	8,5
Methyl-tert.-buthyläther	2,4	2,5	4,1	4,3
2-Propanol	2,8	-	2,7	-
2-Butanol	-	2,5	-	2,2
	10	10	15	15

Die Ergebnisse der Trübungspunktbestimmungen zeigt Abb. 8. Es ist zu erwarten, daß ein derartiges Kraftstoffgemisch unter den mitteleuropäischen Klimabedingungen zufriedenstellend wäre. Eine Untersuchung dieser Mischungen auf ihr sonstiges Verhalten (Oktanzahl, Bleisuszeptibilität, Korrosivität) müßte allerdings noch erfolgen.

Die erforderlichen Zusatzmengen an Lösungsvermittler liegen über 5%; sie sind also so hoch, daß sie auch die Klopffestigkeit des Kraftstoffes beeinflussen können. Bei der Auswahl der Lösungsvermittler ist daher auch dieser Aspekt zu berücksichtigen, da die einzelnen Stoffe in dieser Hinsicht ein verschiedenes Verhalten zeigen. Sekundäres Butanol erhöht zwar die ROZ von Benzinen, die MOZ wird aber nicht oder sogar negativ beeinflußt (8). Von Isopropanol (9) und Methyl-tert.-butyläther (10) ist nur bekannt, daß ihr Zusatz die ROZ anhebt; über das Verhalten der MOZ ist nichts bekannt. Es ist jedoch anzunehmen, daß sich das Isopropanol ähnlich dem sekundären Butanol verhält, während vom Methyl-tert.-butyläther erwartet werden kann, daß er die MOZ ebenfalls positiv beeinflußt (iso-Struktur).

2.2.2 Der Dampfdruck und das Siedeverhalten von Methanol-Benzingemischen

Der Dampfdruck von Kraftstoffen für Otto-Motore ist eine sowohl für das Anspringen als auch den störungsfreien Dauerbetrieb des Motors wichtige Eigenschaft. Der Dampfdruck wird von den Raffinerien auf den gewünschten Wert

ABBILDUNG 7: Trübungspunkte von Normalbenzin bei Zusatz von Gemischen aus Methanol und Methyl-tert.-butyläther in Anwesenheit von geringen Mengen Wasser.
Volle Kurven: Methanol 75 Gew.%
Methyl-tert.-butyläther 25 Gew.%
Strichlierte Kurven: Methanol 50 Gew.%
Methyl-tert.-butyläther 50 Gew.%
Die bei Kurven angeführten Ziffern bedeuten die Menge des zu 100 Gew. Teilen Normalbenzin zugesetzten Gemisches.

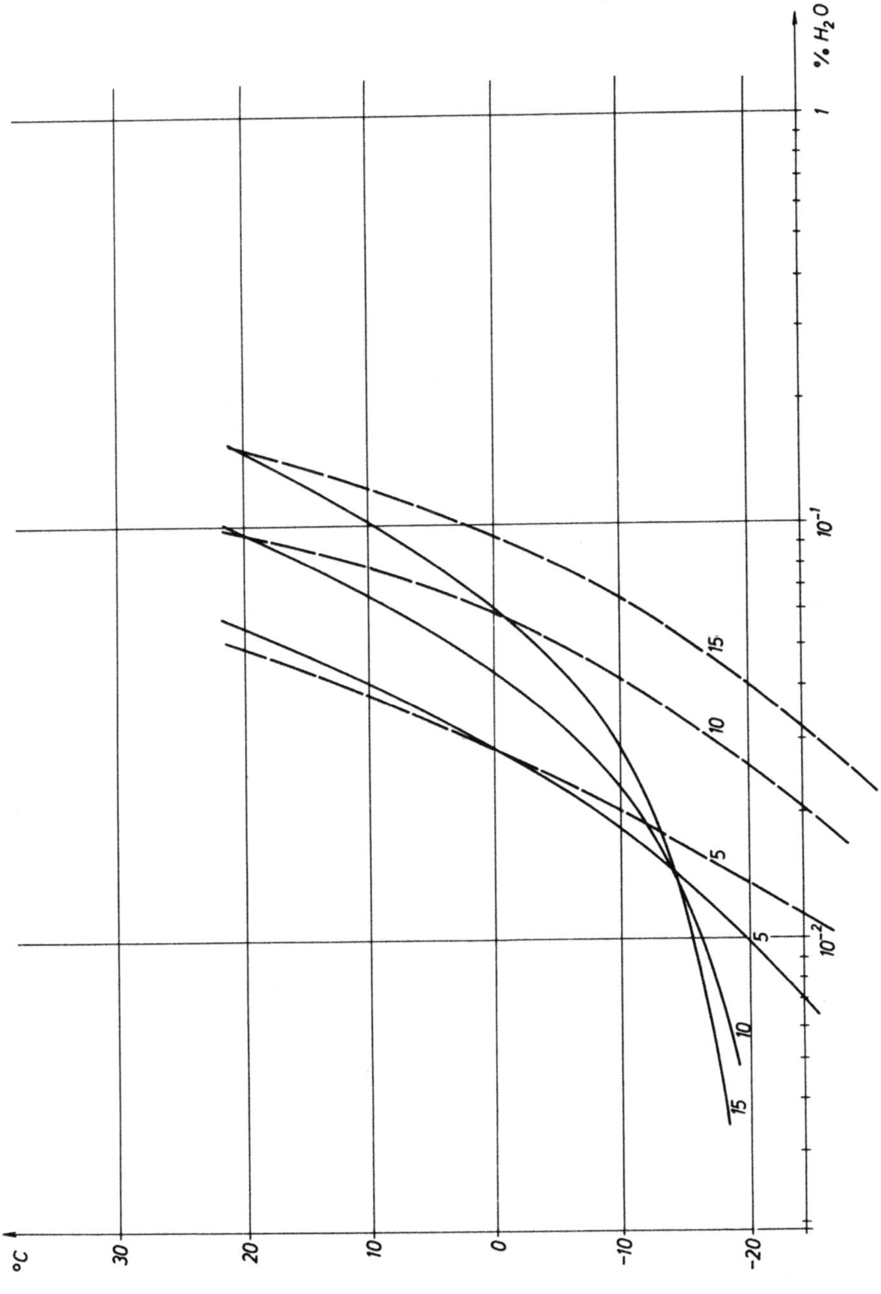

**ABBILDUNG 8: Trübungspunkte von Normalbenzin bei Zusatz von Methanol, Methyl-tert.-butyläther und 2-Propanol, bzw. 2-Butanol.
Die Zusammensetzung der Gemische s. Text.**

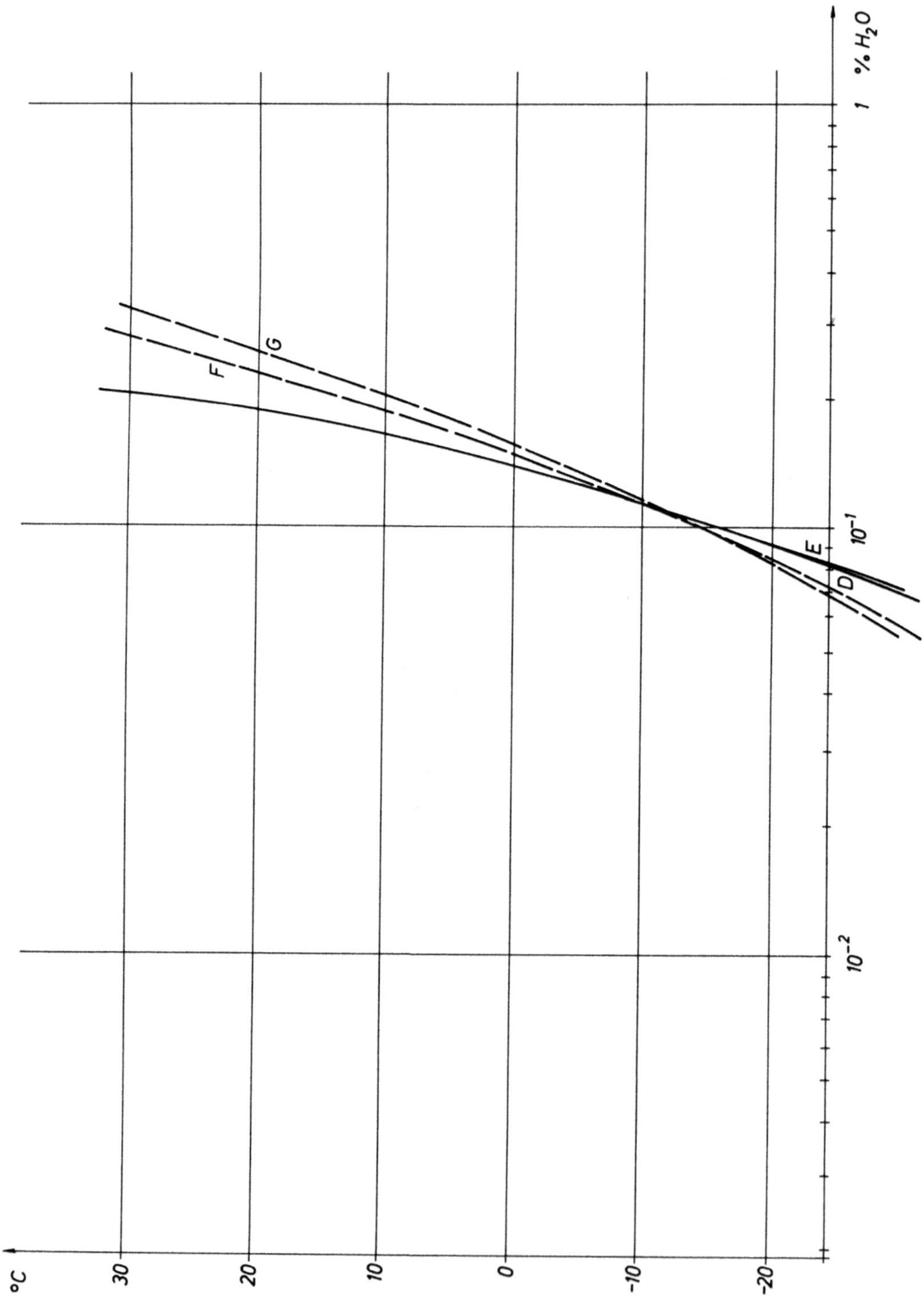

eingestellt und laufend überwacht; die Werte sind im Sommer und Winter - den klimatischen Bedingungen angepaßt - etwas verschieden. Die Bestimmung des Dampfdruckes erfolgt nach einer genormten Methode (Reid-Methode). Ein zu hoher Dampfdruck des Kraftstoffes kann - bei hohen Umgebungstemperaturen oder niedrigem Luftdruck (Gebirge) - zur Dampfblasenbildung in den Kraftstoffleitungen im Fahrzeug führen (vapor lock) und damit zum Aussetzen bzw. „Stottern" des Motors.

Neben dem Dampfdruck ist auch der Siedeverlauf des Kraftstoffes ein wichtiges Qualitätskriterium; die Charakterisierung erfolgt durch die Siedekurve, die in einer genormten Apparatur aufgenommen wird (ASTM-Destillation). Der untere Teil dieser Siedekurve kennzeichnet die Vergasbarkeit, die besonders bei tiefen Temperaturen wichtig für das Anspringen des Motors ist, daneben aber auch für die Elastizität bei Belastungswechsel und Beschleunigung bei noch kaltem Motor. Ein zu großer Anteil an niedrig siedenden Bestandteilen läßt andererseits Schwierigkeiten durch Dampfblasenbildung, daneben aber auch Vereisen des Vergasers im Winter befürchten.

Methanol bildet mit einer Vielzahl von Kohlenwasserstoffen im Benzin-Siedebereich azeotrope siedende Mischungen; es ist daher zu erwarten, daß durch die Zugabe von Methanol eine Beeinflussung des Dampfdruckes und des Siedeverlaufes eintritt.

In Tabelle 2 sind die bekannten Azeotrope von Methanol mit im Benzinbereich siedenden Kohlenwasserstoffen zusammengestellt; diese Liste ist sicherlich nicht vollständig. Es ist verständlich, daß bei normal zusammengesetzten Vergaserkraftstoffen die angeführten Kohlenwasserstoffe in beträchtlichen Mengen enthalten sind und daß daher beim Verdampfen das zugesetzte Methanol als Azeotrop abdestilliert. Infolge des niedrigen Siedepunktes von Methanol, 65^0 C bei Atmosphärendruck, läßt dies eine erhebliche Verschiebung des Siedeverlaufes bei Zumischung von Methanol zum Kraftstoff erwarten.

Es wurden daher die Siedeverläufe solcher Mischungen nach DIN 51 751 ermittelt; die Ergebnisse sind in den Abb. 9 und 10 zusammengestellt.

Abb. 9 zeigt den Siedeverlauf eines Normalbenzins als solches und als Gemisch von 90 Gew.% Normalbenzin und 10 Gew.% Methanol, Abb. 10 das Gleiche für Superbenzin (siehe Abschnitt 2.2.1).

Man erkennt die starke Erhöhung des zwischen 40 und 60^0 C siedenden Anteils bei beiden Kraftstoffen. Während bis 60^0 C bei Normalbenzin etwa 12,5 Vol.% abdestilliert sind, steigt dieser Anteil nach Zumischung des Methanols (90 Gew.% Normalbenzin, 10 Gew.% Methanol) auf 36,5 Vol.% an; für Superkraftstoff betragen die entsprechenden Werte 11 bzw. 36,5 Vol.%.

In diesem niedrigsiedenden Anteil ist das Methanol enthalten. Da das Methanol eine höhere Oktanzahl hat als die Kraftstoffe, läßt dies einen erheblichen Einfluß auf die front-end Oktanzahl erwarten.

In den Abb. 9 und 10 ist ferner die Beeinflussung des Siedeverlaufes der

TABELLE 2: Azeotrope Methanol-Kohlenwasserstoffe im Benzinbereich

		Azeotrop	
	Kp, °C	Kp, °C	% Methanol
n-Paraffine			
Pentan	36,1	30,4	16
Hexan	69,0	50,0	26,9
Heptan	98,4	59,1	51,5
Oktan	125,8	63,0	28,0
iso-Paraffine			
2-Methylpentan	60,3	45,6	21
3-Methylpentan	63,3	47,1	20
2,2-Dimethylbutan	49,7	39,6	17
2,3-Dimethylbutan	58,0	45,0	20
2-Methylhexan	90,0	57,1	44
3-Methylhexan	91,8	57,6	44
2,2,3-Trimethylbutan	80,9	54,1	38
2,3-Dimethylhexan	106,8	61,0	60
2,2,4-Trimethylpentan	99,2	59,4	53
2,7-Dimethyloktan	159,9	64,6	(3)
Aromaten			
Benzol	80,1	58,3	39,5
Toluol	110,6	63,7	27,6
Naphthene			
Cyclopentan	49,3	38,8	14
Cyclohexan	81,4	45,2	38,2 (heterogen)
Methylcyclopentan	71,8	51,3	32
Methylcyclohexan	100,3	59,4	52
1,3-Dimethylcyclopentan	90,8	57,3	45
1,3-Dimethylcyclohexan	120,1	62,5	

ABBILDUNG 9: Siedeverlauf nach DIN 51 751 für Normalbenzin allein und nach Zusatz von Methanol und von Lösungsvermittlern.

Zusammensetzung der Gemische in Gew.%

	Normal-benzin	Methanol	Methyl-tert.-butyläther	Methylal	2-Butanol
NB	100	-	-	-	-
NB 10	90	10	-	-	-
NB Ä	90	5	5	-	-
NB M	90	5	-	5	-
NB B	90	5	-	-	5

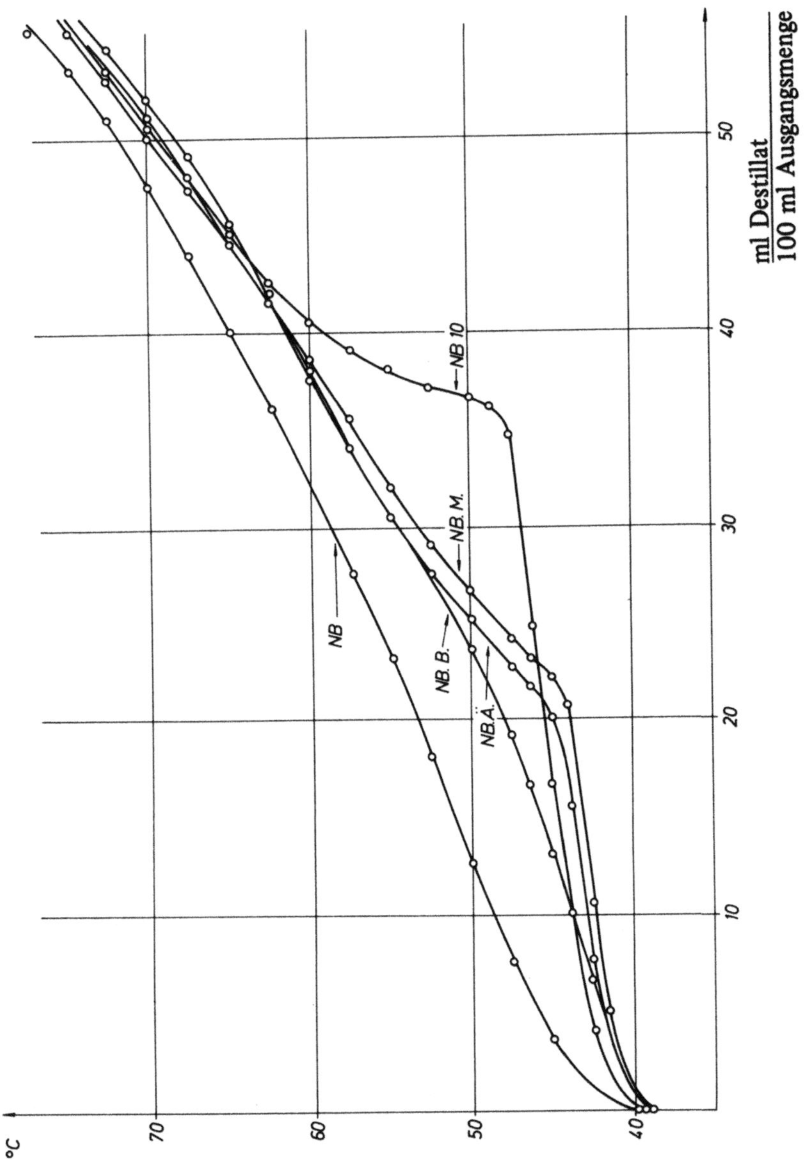

ABBILDUNG 10: Siedeverlauf von Superbenzin allein und nach Zusatz von Methanol und von Lösungsvermittlern.

Zusammensetzung der Gemische in Gew.%

	Super-benzin	Methanol	Methyl-tert.-butyläther	Methylal	2-Butanol
SB	100	-	-	-	-
SB 10	90	10	-	-	-
SB Ä	90	5	5	-	-
SB M	90	5	-	5	-
SB B	90	5	-	-	5

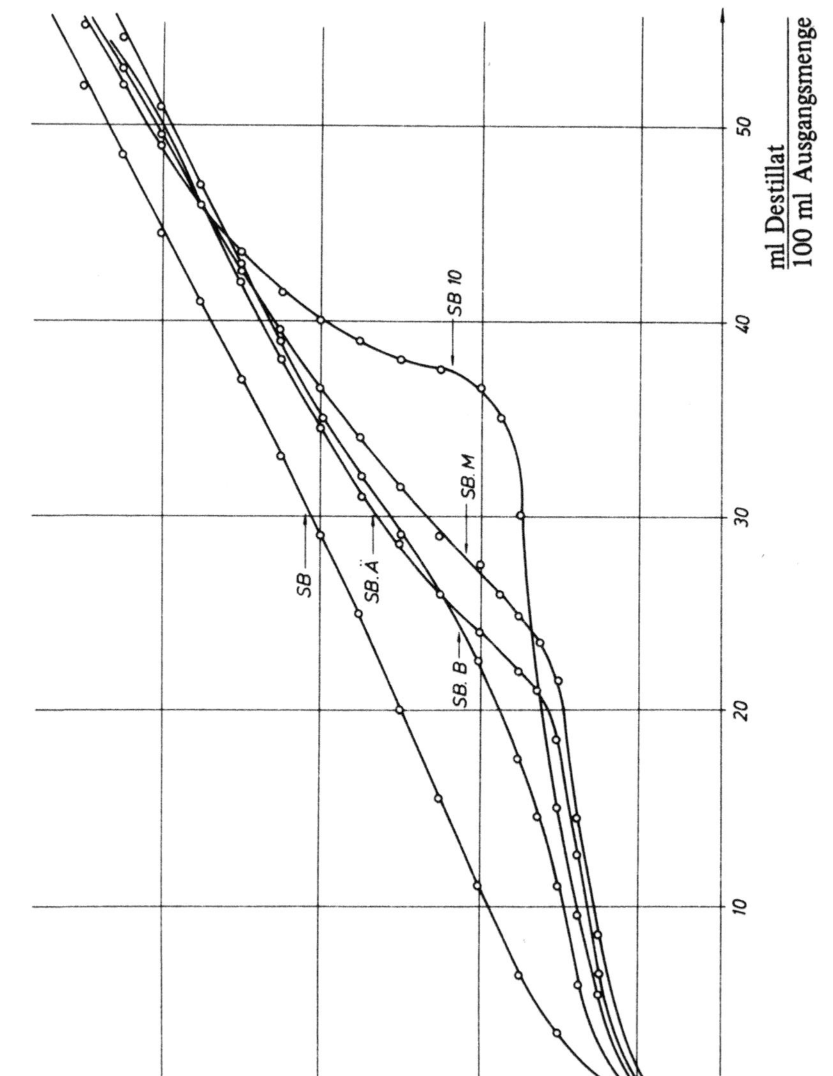

Kraftstoffe durch Zusatz von Methanol und einem Lösungsvermittler eingezeichnet; man erkennt, daß für das Siedeverhalten auch hier der Methanolgehalt entscheidend ist.

In Abb. 11 sind die Siedeverläufe zweier Mischungen von Normalbenzin mit Methanol und Lösungsvermittlern dargestellt. Ihr Entmischungsverhalten entspricht den gewünschten Anforderungen (siehe Abschnitt 2.2.1).

Der Zusatz der Lösungsvermittler vergleichmäßigt den Siedeverlauf beträchtlich.

Die Veränderung des Siedeverlaufes wirkt sich auch in Veränderung des Dampfdruckes der Kraftstoffe durch den Methanolzusatz aus. Die nachstehende Tabelle 3 gibt die Dampfdruckwerte nach Reid (DIN 51 754) an.

Aus diesen Werten ist die starke Erhöhung des Dampfdruckes der Kraftstoffe durch den Methanolzusatz erkennbar. Diese Erhöhung würde sicherlich zu Störungen beim Einsatz in Otto-Motoren führen (vapor-lock).

Zur Kompensation dieser Erhöhung wurde versucht, leichte Anteile aus den Benzinen vor Zugabe des Methanols abzudestillieren. Die Bestimmung des Dampfdruckes nach Reid erlaubte eine Ermittlung des dadurch auftretenden Effekts (Abb. 12).Durch den Zusatz von Methanol ergab sich eine Erhöhung des Dampfdruckes, die, wie aus Abb. 12 hervorgeht, durch eine Abtrennung von 6 bis 8 Vol.% des Grundkraftstoffs kompensiert werden kann.

Im vorliegenden Fall erfolgte die Abtrennung der leichten Anteile aus den Kraftstoffen nicht durch eine fraktionierte Destillation, sondern in der Apparatur der Bestimmung des Siedeverlaufes nach DIN 51 751, so daß anzunehmen ist, daß bei einer großtechnischen Herstellung wesentlich weniger leichte Anteile abgetrennt werden müssen und daß auf diese Weise eine Korrektur der durch den Methanolzusatz verursachten Dampfdruckerhöhung möglich ist.

2.2.3 Die Klopffestigkeit von Benzin-Methanol-Gemischen

Ein weiteres wichtiges Beurteilungskriterium für die Verwendbarkeit von Benzin-Methanol-Gemischen in Otto-Motoren ist ihr Klopfverhalten. Als quantitativer Ausdruck hierfür dient die Oktanzahl des Treibstoffes, die in einem normierten Testmotor (CFR-Motor) ermittelt wird.

Im allgemeinen wird die sogenannte Research-Oktanzahl (ROZ) eines Kraftstoffes angegeben. Daneben spielen auch noch die Motor-Oktanzahl (MOZ) und die Front-Oktanzahl (FOZ) eine gewisse Rolle bei der Beurteilung; es hat sich nämlich gezeigt, daß die Einhaltung einer bestimmten ROZ allein nicht in allen Fällen eine Eignung des Kraftstoffes im Straßenverkehr gewährleistet.

Für Normalbenzin wird dzt. eine ROZ von 91,6, eine MOZ von 82,6 und eine FOZ von 78 einschließlich der Vorgaben gefordert, für Superkraftstoff eine ROZ von 98,1, eine MOZ von 87,6 und eine FOZ von 89,5. Diese Oktanzahlen werden durch die Zugabe von Blei-Tetraäthyl (TEL) bzw. Blei-Tetramethyl (TML) als Klopfbremse zu Grundkraftstoffen mit niedrigeren Oktan-

TABELLE 3: Dampfdruck nach Reid (DIN 51 754)

Gemisch	Zusammensetzung Gew.%	Dampfdruck kg/cm²
Superbenzin	100	0,570
Superbenzin Methanol	100 10	0,697
Superbenzin Methanol	100 15	0,717
Normalbenzin	100	0,575
Normalbenzin Methanol	90 10	0,703
Normalbenzin Methanol Methylal	90 5 5	0,720
Normalbenzin Methanol Methyl-tert.-butyläther	90 5 5	0,678
Normalbenzin Methanol 1-Propanol	90 5 5	0,628
Normalbenzin Methanol 2-Butanol	90 5 5	0,635
Normalbenzin Methanol Methyl-tert.-butyläther 2-Butanol	100 5 2,5 2,5	0,661

ABBILDUNG 11: Siedeverlauf von Normalbenzin bei Zusatz von Methanol und Lösungsvermittlern.

Zusammensetzung der Gemische in Gew. Teilen

	Normalbenzin	Methanol	Methyl-tert.-butyläther	2-Butanol
NB	100	-	-	-
NB 10	100	11,1	-	-
NB G 10	100	5	2,5	2,5
NB G 15	100	8,5	4,3	2,2

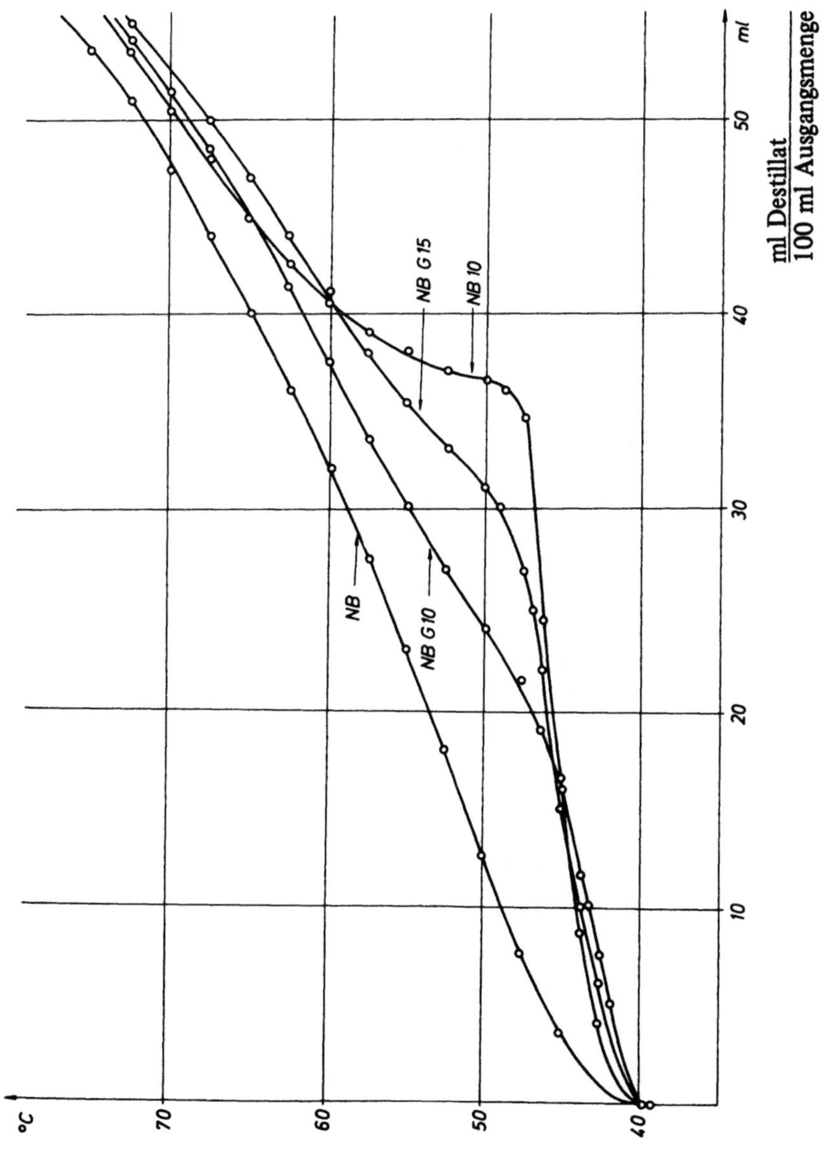

ABBILDUNG 12: Dampfdruck nach REID (DIN 51 754) von Superbenzin nach Methanolzusatz; Abhängigkeit von den von Superbenzin vor der Methanolzugabe abdestillierten Anteilen.

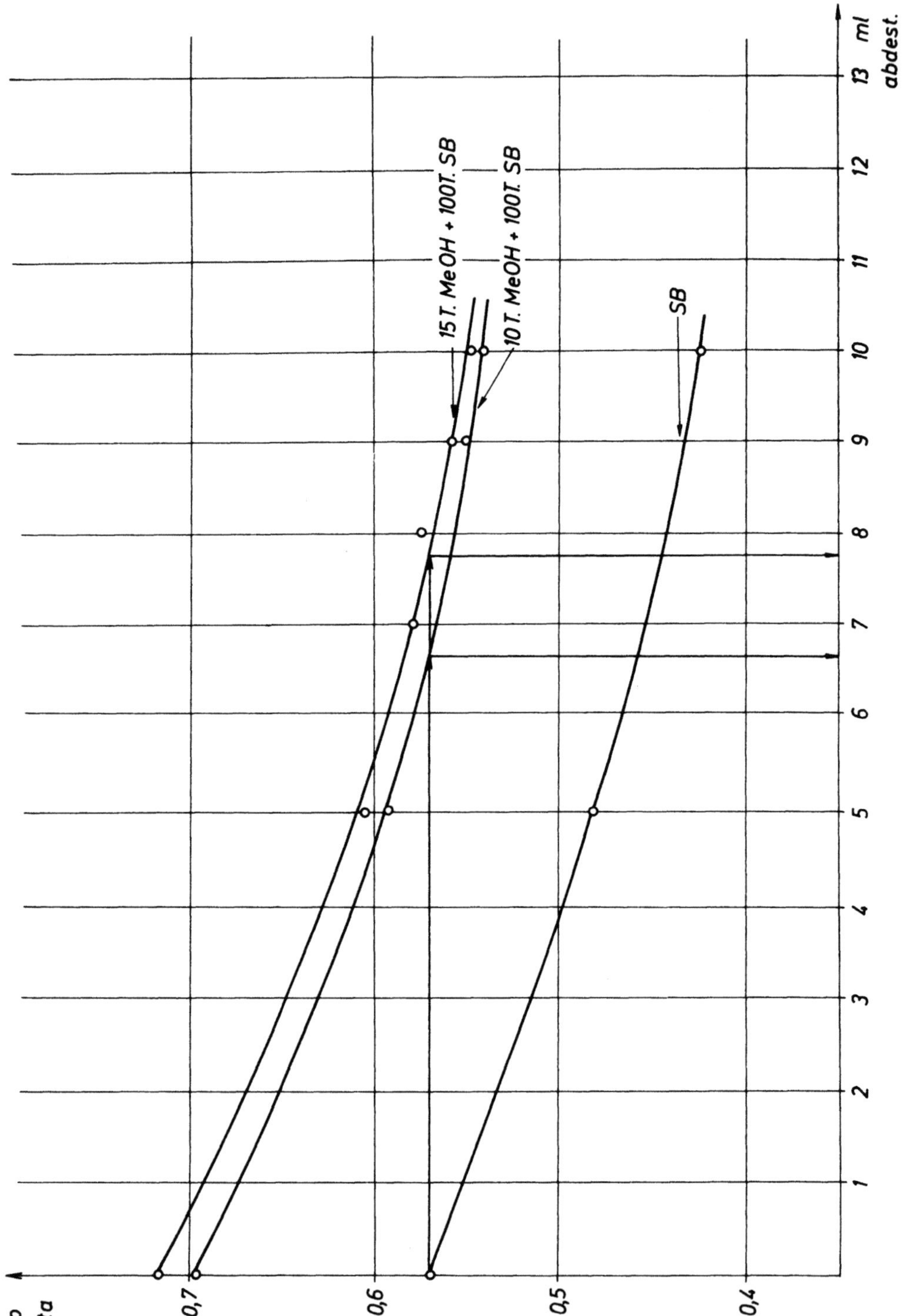

ABBILDUNG 13: ROZ-Abhängigkeit von der Bleizugabe bei Normal- und Superbenzin

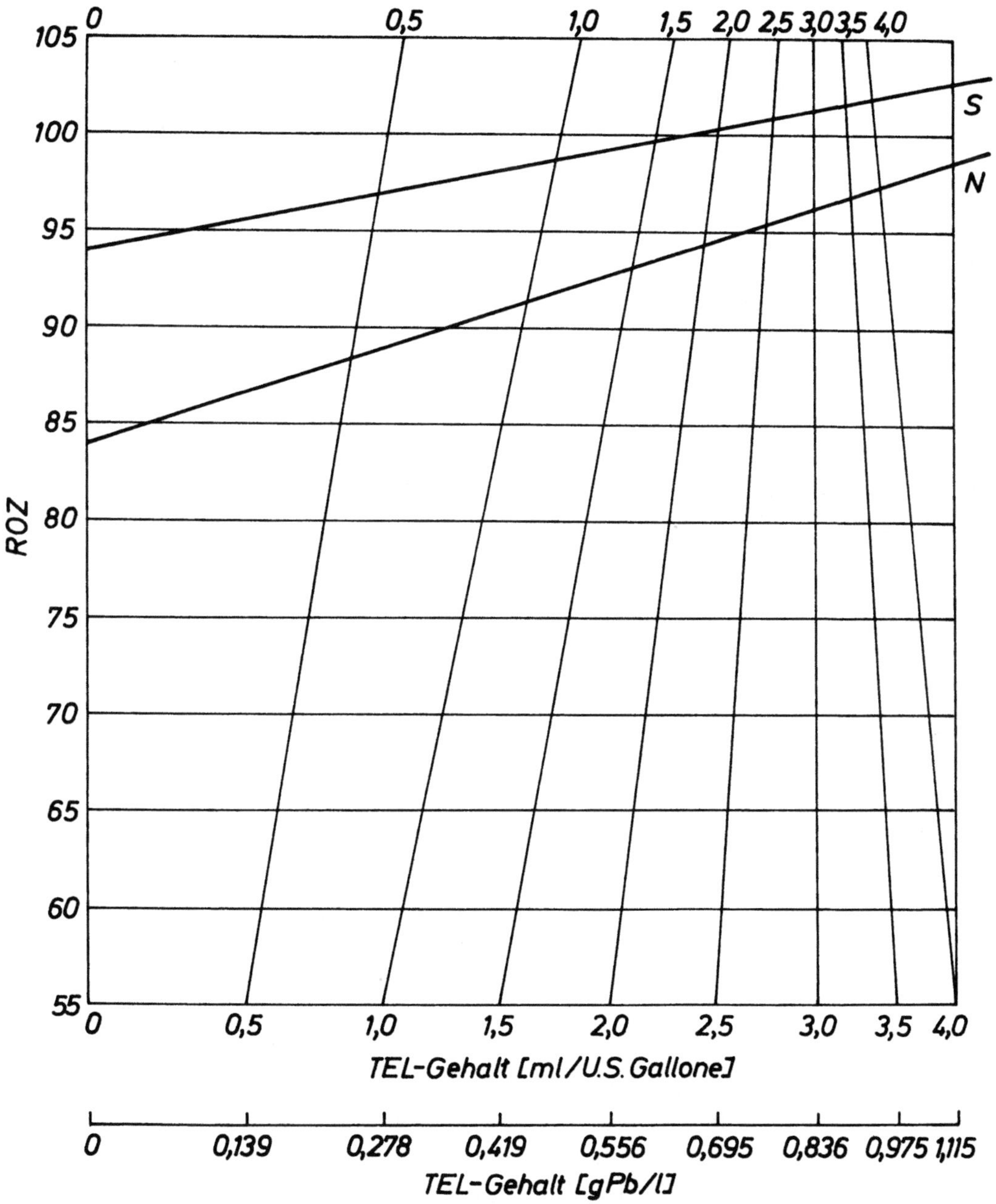

zahlen erreicht. Der Effekt einer bestimmten Zugabe von TEL bzw. TML zu verschiedenen Kraftstoffen ist verschieden: Er wird als lead susceptibility bezeichnet.

Abb. 13 zeigt die Abhängigkeit der ROZ eines bestimmten Normal- bzw. Superbenzins von der Bleizugabe (11).

Ähnliche Abhängigkeiten ergeben sich bei der Zugabe von Methanol zu den Grundkraftstoffen, Abb. 14. Auch hier ergibt sich eine deutliche Steigerung der Oktanzahl durch das Methanol.

ABBILDUNG 14: ROZ-Abhängigkeit vom Methanolzusatz bei Normal- und Superbenzin

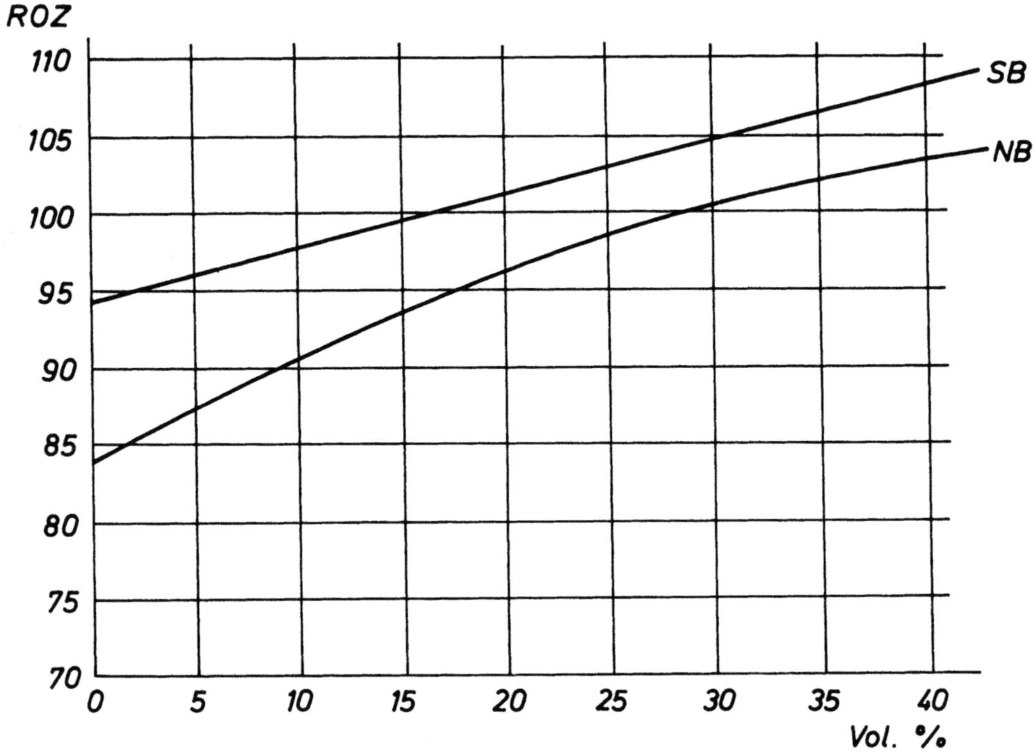

Wie ersichtlich ist die durch einen bestimmten Methanolzusatz erzielbare Erhöhung der Oktanzahl bei Normalbenzin wesentlich größer als bei Superbenzin. Daneben ist noch zu beachten, daß die chemische Zusammensetzung des Grundbenzins großen Einfluß auf die durch einen Methanolzusatz erzielbare Oktanzahlverbesserung hat.

Es ist selbstverständlich auch möglich, sowohl Bleiverbindungen als auch Methanol für die Einstellung der gewünschten Oktanzahl zu verwenden. Die

Abb. 15 und 16 zeigen den Einfluß eines Methanolzusatzes auf ein Normal- und ein Superbenzin, die mit 0,15 g/l Pb verbleit sind. Auch hier ist der günstige Einfluß des Methanolzusatzes erkennbar.

Wie schon erwähnt, sind zur Beurteilung eines Vergaserkraftstoffes neben der ROZ auch die MOZ und die FOZ heranzuziehen. Auch durch diese hat der Methanolzusatz einen günstigen Einfluß, er ist jedoch bei MOZ nicht so stark wie bei der ROZ. Entsprechende Abhängigkeiten zeigen die Abb. 17 und 18. Es kann daher notwendig sein, den erforderlichen Methanolzusatz nicht nach der erforderlichen ROZ, sondern nach der MOZ einzustellen.

Es ist jedoch zu beachten, daß die erforderlichen Werte für jedes Benzin neu ermittelt werden müssen, da sie stark von der chemischen Zusammensetzung des Benzins abhängen. Man kann jedoch mit den nachstehenden Werten als Richtwerten rechnen:

	Zusatz Methanol	
	10 Vol.%	15 Vol.%
Normalbenzin		
Erhöhung der ROZ	6,5	9,5
Erhöhung der MOZ	4,5	6,0
Erhöhung der FOZ	10,8	13,7
Superbenzin		
Erhöhung der ROZ	3,3	5,0
Erhöhung der MOZ	2,2	3,0
Erhöhung der FOZ	8,5	11,0

Aufgrund dieser Werte ergibt sich nun folgendes Bild:

Bei dem Normalbenzin müssen ohne Methanol 0,31 g/l Pb zugesetzt werden, um die erforderliche ROZ (91 + 0,6 Vorgabe) zu erreichen; bei Zugabe von 15 Vol.% Methanol wäre die ROZ bereits über der Erfordernis liegend, die MOZ ist aber zu gering, und es müssen etwa 0,02 g/l Pb zugesetzt werden. Der Methanolzusatz hat also 0,29 g/l Pb eingespart.

Bei dem Superbenzin müssen ohne Methanol zur Erreichung der erforderlichen ROZ von 97,5 + 0,6 Vorgabe 0,20 g/l Pb zugesetzt werden. Wegen der MOZ müssen hier aber auch bei 15 Vol.% Methanolzusatz noch 0,15 g/l Pb zugesetzt werden; die Bleieinsparung beträgt also nur 0,05 g/l Pb.

Aus diesen beiden Rechnungen ist ersichtlich, daß sicherlich durch den Methanolzusatz eine Verringerung des Bleizusatzes möglich ist, daß aber das Ausmaß dieser Verringerung sehr verschieden sein kann. Bei Superbenzin ist die bei Zusatz von 15% Methanol mögliche Bleizusatzverringerung mit 0,05 bis 0,10 g/l Pb, bei Normalbenzin 0,2 bis 0,3 g/l Pb abzuschätzen.

ABBILDUNG 15: ROZ-Abhängigkeit vom Methanol- und Bleizusatz bei Normalbenzin

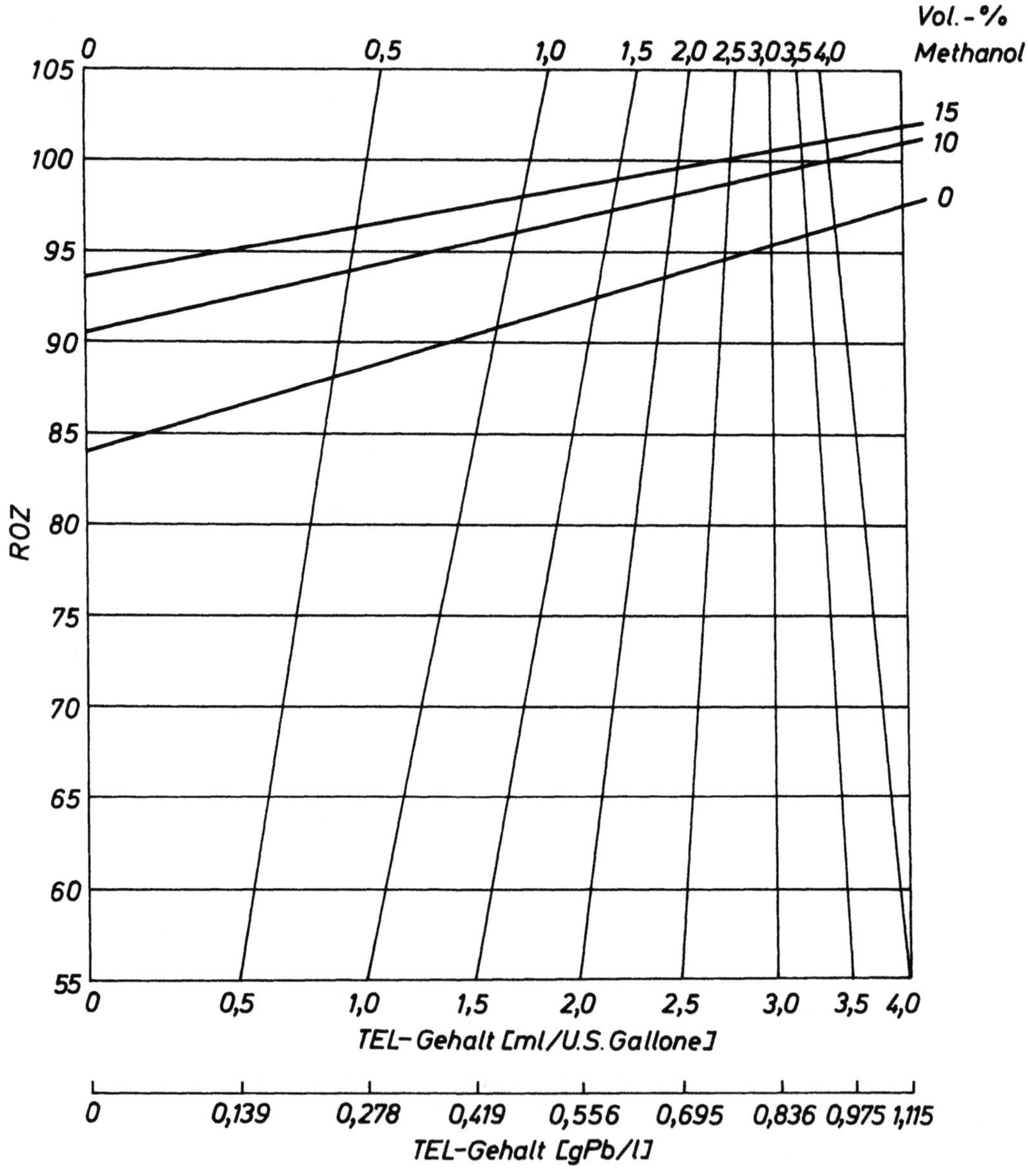

ABBILDUNG 16: ROZ-Abhängigkeit vom Methanol- und Bleizusatz bei Superbenzin

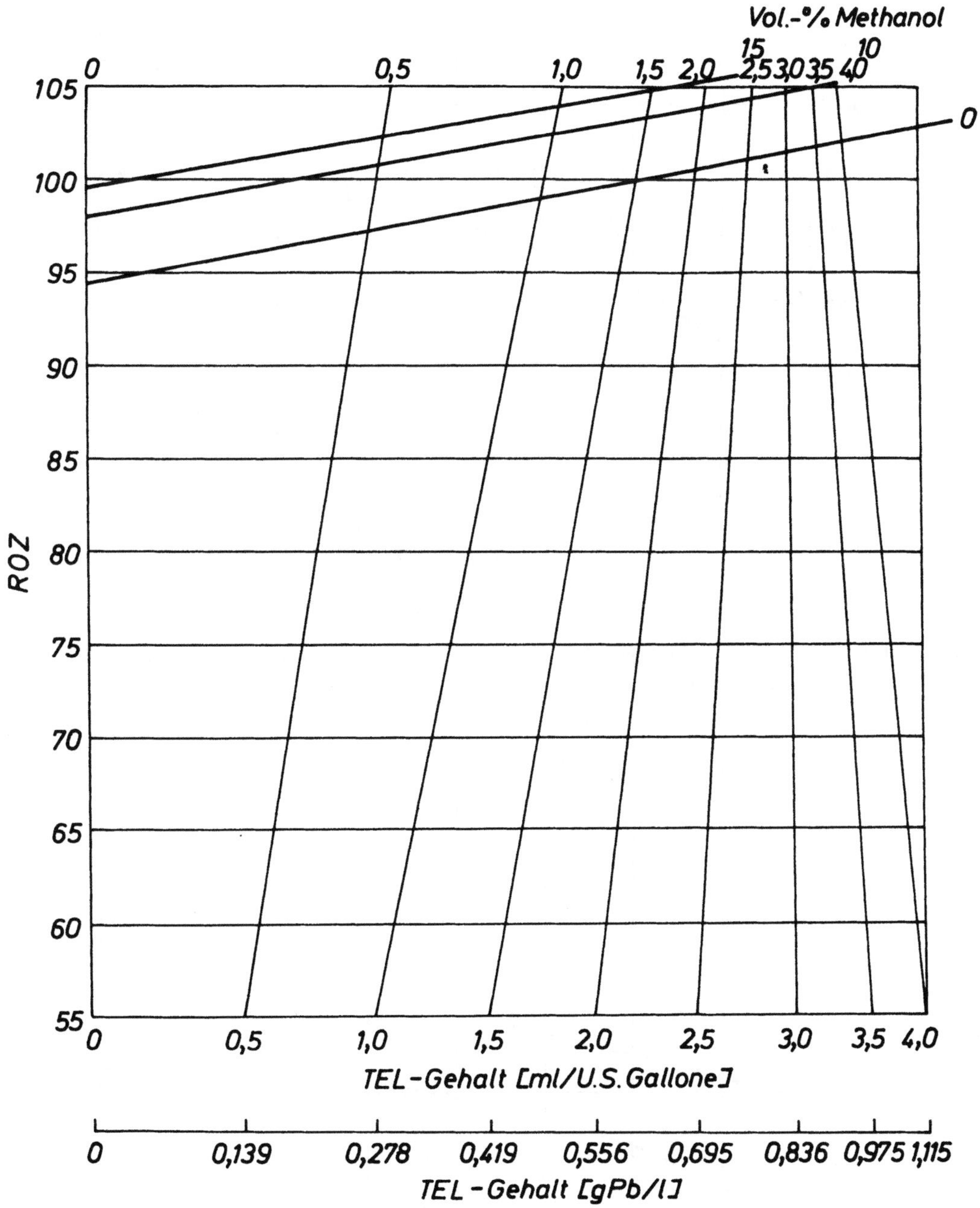

ABBILDUNG 17: Verbesserung der Klopffestigkeit durch Methanolzugabe zu einem Normalgrundbenzin

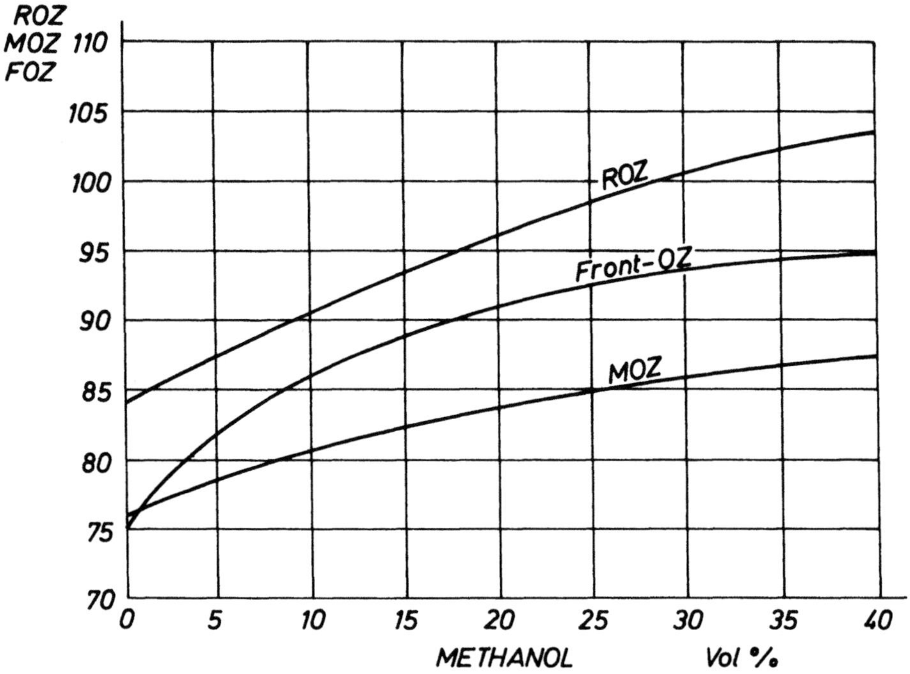

ABBILDUNG 18: Verbesserung der Klopffestigkeit durch Methanolzugabe zu einem Supergrundbenzin

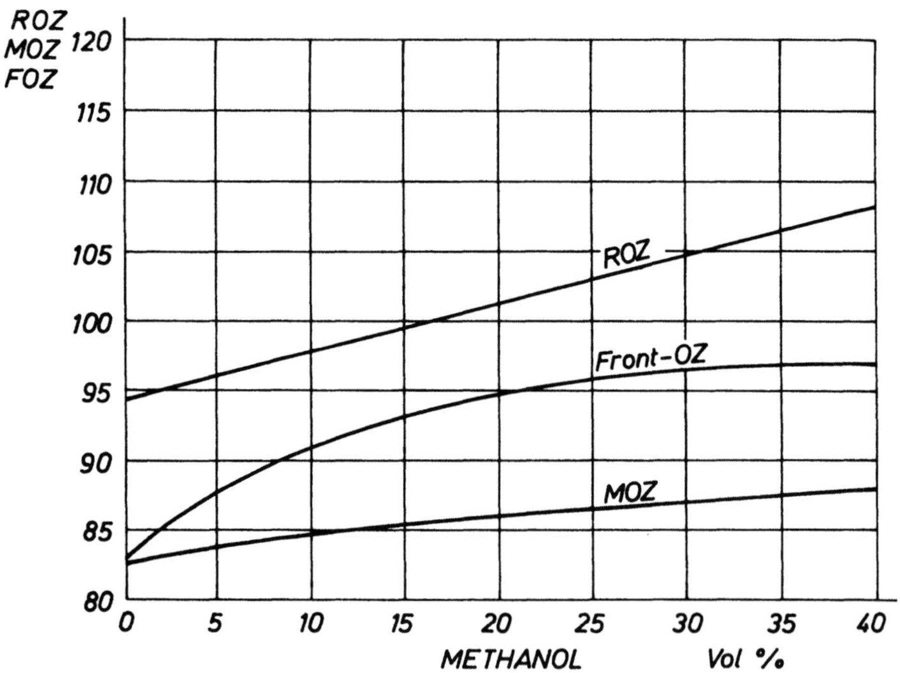

2.3 Betriebliche Probleme im Motor bei Verwendung von Methanol-Benzin-Gemischen

2.3.1 Die Motorleistung bei Benzin-Methanol-Gemischen

Methanol hat verglichen mit Benzin nur etwa den halben Energieinhalt (siehe Abschnitt 2.1). Diese Tatsache wirkt sich jedoch bei der Verwendung von Methanol als Vergaserkraftstoff aus zwei Gründen nicht auf die Motorleistung aus:

1. Bei der Leistung des Motors ist nicht der Energieinhalt reinen Kraftstoffes, sondern der des angesaugten Luft-Kraftstoff-Gemisches entscheidend. Infolge des geringeren Luftbedarfes des Methanols unterscheidet sich dieser Gemischheizwert des Methanols praktisch nicht von dem des Benzins, sodaß aus diesem Grunde kein Leistungsverlust zu erwarten ist.
2. Die Verdampfungswärme des Methanols ist wesentlich höher als die des Benzins. Dadurch wird die angesaugte Luft im Vergaser stärker abgekühlt und der volumetrische Füllungsgrad des Zylinders steigt an.

Bei Benzin-Methanolgemischen wirken sich diese Faktoren nur beschränkt aus. Insbesondere ist die Vergasereinstellung zu berücksichtigen. Wird unterstellt, daß ein Wechselbetrieb mit reinem Benzin und Benzin-Methanolgemisch möglich sein soll, so tritt infolge des geringeren Luftbedarfs des Methanols bei Verwendung von Benzin-Methanolgemischen eine effektive Abmagerung des angesaugten Gemisches ein, deren Auswirkungen sich den vorgenannten Effekten überlagern.

Messungen haben ergeben, daß die Leistung von in ihrer Vergasung und Zündung auf Benzin eingestellten Motoren bei Verwendung von Benzin-Methanolgemischen bis 15% Methanol im größten Teil des Arbeitsbereiches des Motors keinen Leistungsabfall zeigen, lediglich bei sehr hohen Drehzahlen war ein Abfall von max. 3% erkennbar.

Der Einsatz von Benzin-Methanolgemischen scheint daher die Motorleistungen nicht merkbar zu verändern.

2.3.2 Der Kraftstoffverbrauch bei Benzin-Methanol-Gemischen

Neben der Motorleistung ist auch der spezifische Kraftstoffverbrauch eine wesentliche Kenngröße bei der Beurteilung von Benzin-Methanolgemischen. Bei einem solchen Vergleich sind jedoch die Vergleichsbedingungen von ausschlaggebender Bedeutung.

Abb. 19 zeigt einen Vergleich des Kraftstoffverbrauches eines wassergekühlten 1,5 l Motors bei Vollgas in Abhängigkeit von der Drehzahl: Gegenüber reinem Benzin tritt bei einem 15% Methanol-Benzingemisch ein Mehrverbrauch von etwa 4,5% auf. Berücksichtigt man jedoch den geringeren Energieinhalt des Benzin-Methanolgemisches, so ergibt sich, daß bei diesem Gemisch gegenüber Benzin etwa 4% weniger Energie verbraucht wird, d.h. der energetische Wirkungsgrad um etwa 4% höher ist (12).

ABBILDUNG 19: Vergleich des Kraftstoffverbrauches

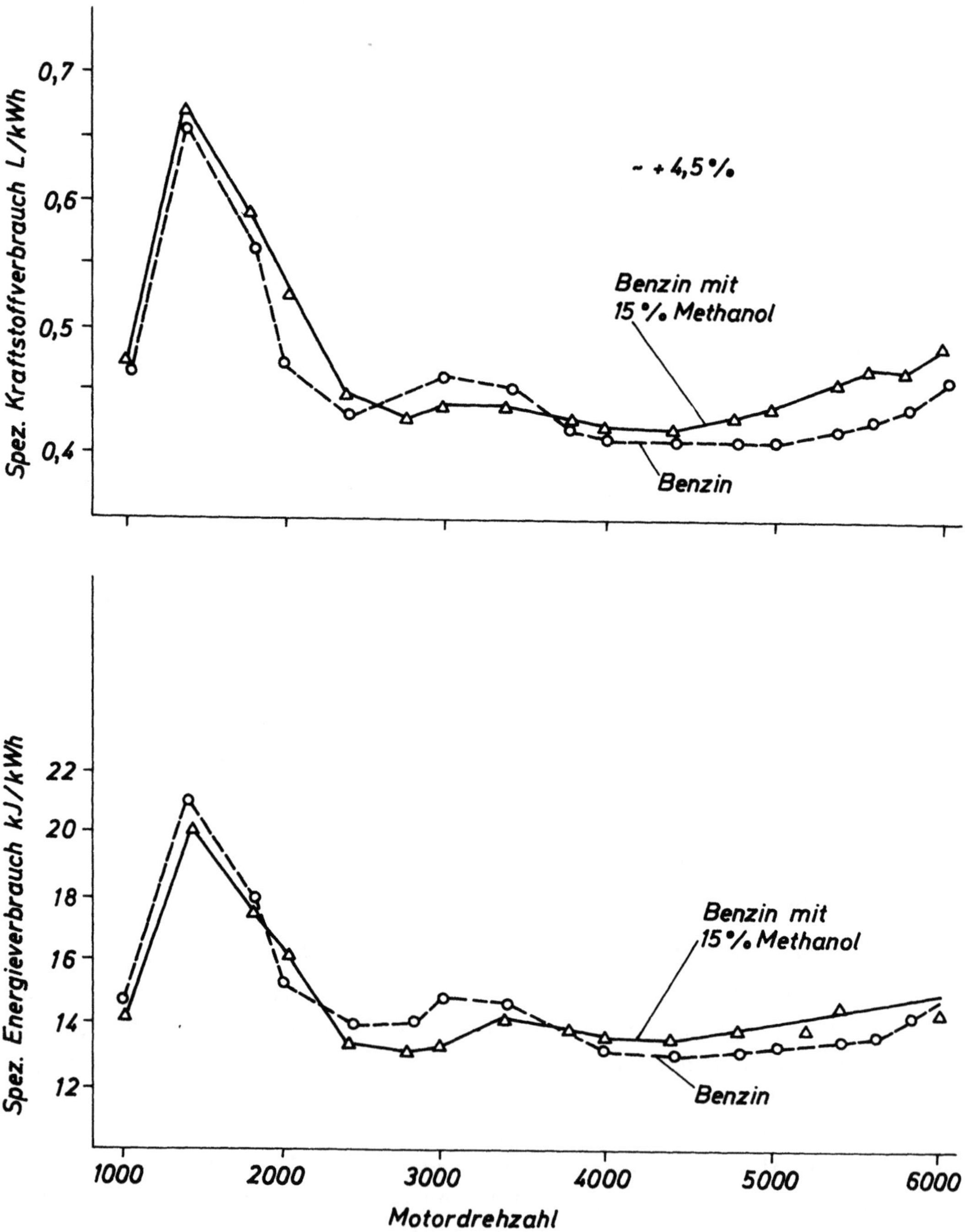

Der Kraftstoffverbrauch eines fahrenden Autos, also bei gedrosseltem Vergaser, liegt jedoch in beiden Fällen praktisch gleich (Abb. 20).

Für eine Gesamtbeurteilung ist jedoch auch diese Darstellung nicht unbedingt repräsentativ, da Nebenbedingungen, wie Kaltstart, Leerlauf vor Kreuzungen etc. nicht berücksichtigt werden. Nimmt man hierfür die Betriebsbedingungen des Europa Abgastests als Maßstab, so zeigt sich ein deutlicher Vorteil des Benzin-Methanolgemisches:

TABELLE 4: Kraftstoffverbrauch im Europa-Test

		Verbrauch auf Gewichtsbasis		Verbrauch auf Energiebasis	
		g/Test	rel. bez. auf reines Benzin %	KJ/Test	rel. bez. auf reines Benzin %
Benzin	Kaltstart	373	100	3917	100
	Warmstart	328	100	3444	100
Benzin + 15% Methanol	Kaltstart	360	96	3448	88
	Warmstart	310	95	2969	86
reines Methanol	Kaltstart	810	214	3765	96
	Warmstart	644	196	3027	77

In diesen Werten zeigen sich eindeutige Vorteile für das Benzin-Methanolgemisch, das einen um 5 bis 6% geringeren Kraftstoffverbrauch erwarten läßt. Andererseits zeigt dies auch die starke Abhängigkeit der Verbrauchsrelationen von den Betriebsbedingungen des Fahrzeugs, so daß für eine genauere Beurteilung wesentlich mehr Meßdaten vorhanden sein müßten. Trotzdem kann jetzt schon festgestellt werden, daß bei Verwendung von Benzin-Methanolgemischen keine wesentlichen Änderungen des Kraftstoffverbrauchs zu erwarten sind.

2.3.3 Der Abgasausstoß von Otto-Motoren

Die vollständige Verbrennung von Benzin mit Luft führt zu Kohlendioxid und Wasserdampf als Reaktionsprodukte. Beim Umsatz des Benzin-Luftgemisches im Otto-Motor handelt es sich jedoch nicht um eine normale Verbrennung, sondern um eine Verpuffung. Dies hat zur Folge, daß neben dem - vom hygienischen Standpunkt aus - weitgehend unbedenklichen Kohlendioxid und Wasser-

ABBILDUNG 20: Der Kraftstoffverbrauch in Abhängigkeit von der Fahrzeuggeschwindigkeit

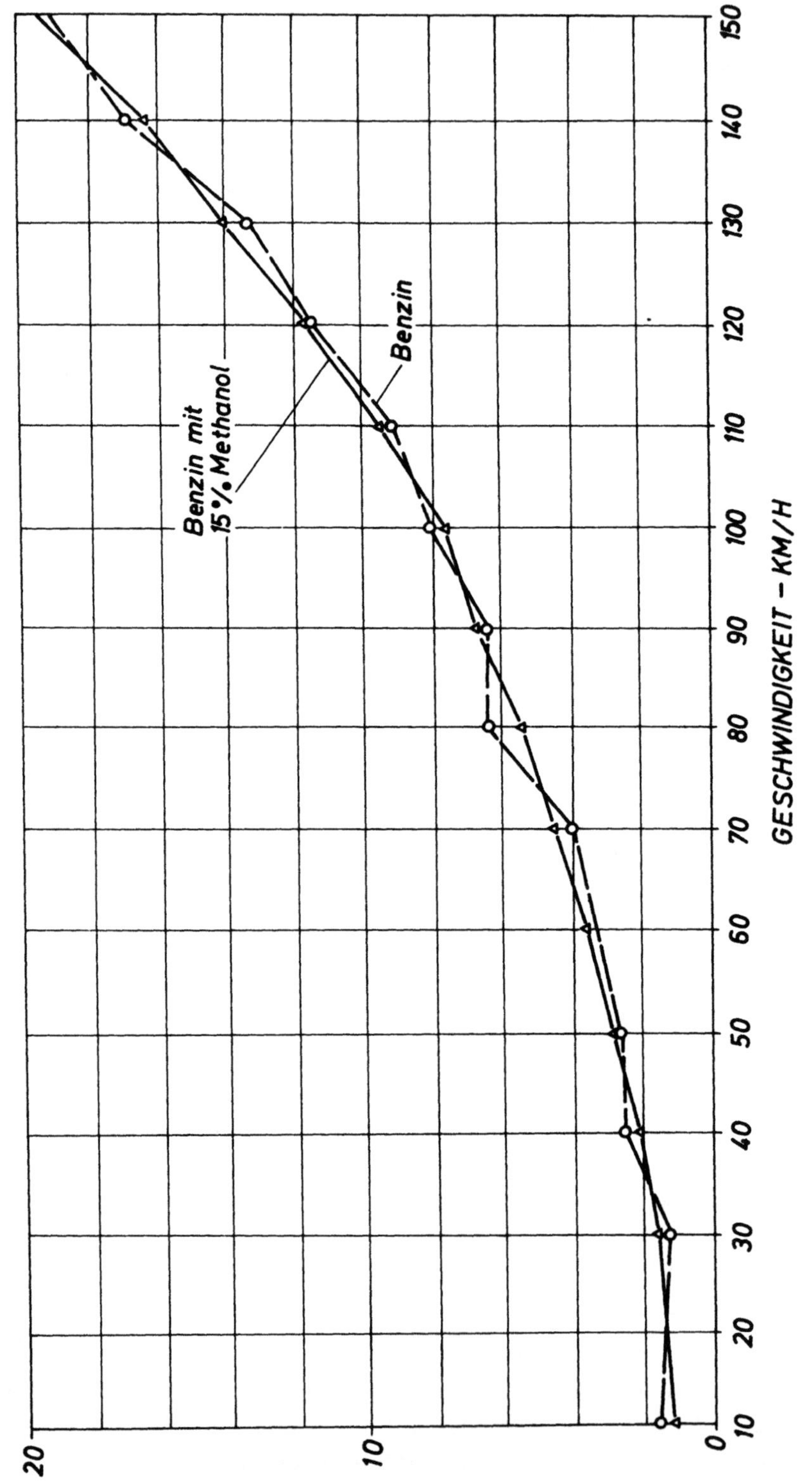

dampf eine ganze Reihe von Verbindungen entstehen, deren Abgabe an die Umgebung eine erhebliche Belastung der Umwelt darstellt. Zusätzlich ist noch zu bedenken, daß der Vergaserkraftstoff noch Zusätze, insbesondere Bleiverbindungen, enthält, deren Oxidationsprodukte ebenfalls zum größten Teil mit den Auspuffgasen ausgestoßen werden.

Um die Schadstoffemission eines Otto-Motors beurteilen zu können, genügt die Angabe einer Abgasanalyse nicht; es muß auch die ausgestoßene Abgasmenge mitberücksichtigt werden. Daneben ist auch der Betriebszustand des Motors von großer Bedeutung, insbesondere seine Temperatur, seine Drehzahl und seine Leistungsabgabe. Um einen objektiven Vergleich der Schadstoffabgabe zu erhalten, wurden international Testzyklen genormt, die jetzt allgemein anerkannt sind. In den Vereinigten Staaten ist der California Test Cycle eingeführt, in Europa im EG-Bereich der Europa-Zyklus, Abb. 21 und Abb. 22.

Beiden Testen ist gemeinsam, daß sie versuchen, das normale Fahrverhalten eines Personenkraftwagens im Stadtverkehr, beginnend mit einem Kaltstart, zu simulieren. Die gesamte Abgasmenge des Testes wird in einem Kunststoffbeutel gesammelt und dann analysiert. Entscheidend ist nun die entstandene Schadstoffmenge, angegeben in g Schadstoff je Test.

Es ist bisher noch nicht gelungen, alle in Abgas eines Otto-Motors vorhandenen chemischen Substanzen einwandfrei zu identifizieren und quantitativ zu bestimmen. Man kennt jedoch die hauptsächlichen Schadstoffe bzw. Schadstoffgruppen. Diese sollen im folgenden kurz diskutiert werden:

Kohlenmonoxid

Kohlenmonoxid ist mengenmäßig die bei weitem größte Einzelkomponente der Schadstoffemission eines Otto-Motors. Je nach den Betriebsbedingungen sind im Abgas 1 bis 11 Vol.% CO enthalten. Dies bedeutet einen Anfall von bis zu 0,4 kg Kohlenmonoxid je kg Kraftstoff.

Eingeatmetes Kohlenmonoxid wird vom Hämoglobin des Blutkreislaufes in der Lunge etwa 200 mal stärker als Sauerstoff aufgenommen und blockiert so den Sauerstofftransport im Blutkreislauf. Der festgesetzte MAK-Wert für CO beträgt 50 ppm und wird in den verkehrsdichten Gebieten von Großstädten bei entsprechenden Witterungslagen oft überschritten.

Der Verringerung des Kohlenmonoxidausstoßes von Kraftfahrzeugen kommt daher besondere Bedeutung zu.

Stickoxide

Durch die hohen Reaktionstemperaturen des Benzin-Luftgemisches im Zylinder kommt es zu einer Reaktion zwischen dem Stickstoff und dem Sauerstoff der Luft. Die Gehalte im Abgas schwanken je nach der Motorbauart und den Betriebsbedingungen zwischen 100 und etwa 6000 ppm (= 0,6%).

Auch die Stickoxide werden vom Blut aufgenommen und blockieren den Sauerstofftransport. Ihre Verringerung wäre ebenfalls sehr wichtig.

ABBILDUNG 21: California Testzyklus

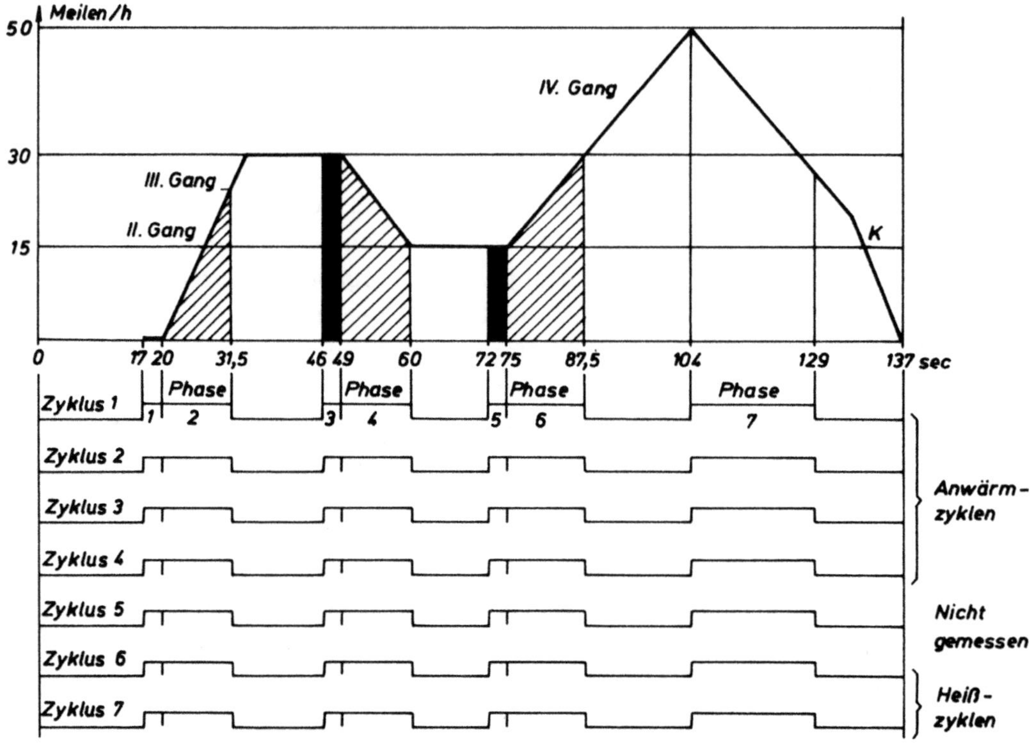

ABBILDUNG 22: Europäischer Testzyklus

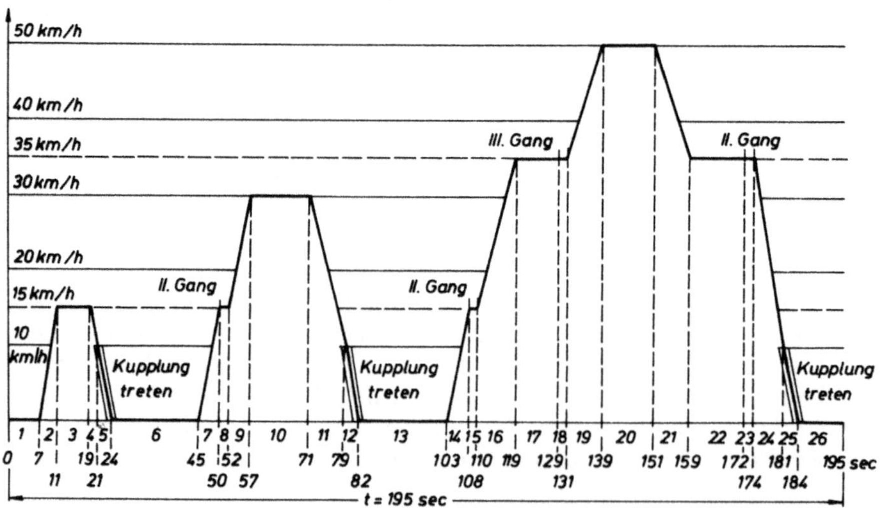

Bleiverbindungen

Das im Vergaserkraftstoff enthaltene Blei wird zum größten Teil mit dem Abgas ausgestoßen. Eine Verringerung dieser Schadstoffmenge ist nur durch eine Verringerung des Bleizusatzes im Kraftstoff möglich. Dies ist jedoch bei konstant zu haltender Oktanzahl nur möglich, wenn die chemische Zusammensetzung entsprechend geändert wird, d.h. mehr Aromaten im Kraftstoff enthalten sind. Ein höherer Gehalt an Aromaten ist jedoch ebenfalls nicht wünschenswert, da sonst der Ausstoß an zyklischen kondensierten Kohlenwasserstoffen ansteigen könnte.

Kohlenwasserstoffe

Der Umsatz der Kohlenwasserstoffe bei der Verpuffung im Motor ist nicht vollständig; es bleiben unverbrannte Reste zurück. Bei noch kaltem Motor und/ oder bei gezogenem Choker sind die unverbrannten Kraftstoffanteile im Abgas besonders hoch. Daneben bilden sich auch bei betriebswarmem Motor neue, im Kraftstoff nicht vorhandene Stoffe. Der Gehalt an Kohlenwasserstoffen im Abgas beträgt im Normalbetrieb 100 bis 700 ppm (= 0,01 bis 0,07%). Besonders gefährlich vom hygienischen Standpunkt aus sind die höher kondensierten aromatischen Kohlenwasserstoffe, z.B. das Benzpyren, das als stark krebserregende Substanz bekannt ist.

Jeder Verringerung einer oder mehrerer dieser Schadstoffkomponenten kommt vom gesundheitlichen Standpunkt insbesondere in Ballungsräumen größte soziale Bedeutung zu, da unter gewissen Bedingungen die zulässigen Grenzen heute bereits überschritten werden. Es ist zunächst nicht möglich, die Auswirkungen einer Verringerung der Schadstoffemission auf die Volksgesundheit anzugeben; es steht jedoch außer Zweifel, daß es sich hierbei um beträchtliche Werte handeln würde.

2.3.3.1 Die Beeinflussung der Abgasemissionen durch einen Methanolzusatz zum Kraftstoff

Die Zusammensetzung des Abgases von Otto-Motoren wird durch einen Zusatz von Methanol sehr stark beeinflußt. Dies ist an sich zu erwarten, da der Reaktionsverlauf im Zylinder durch das Methanol verändert wird.

Bei jeder Angabe eines Vergleiches ist die Vergleichsbasis wichtig, da sonst Fehlschlüsse gezogen werden. Gerade bei der Schadstoffemission ist dies wichtig, da es mehrere Vergleichsmöglichkeiten gibt.

Zunächst kann die Abgasanalyse herangezogen werden. Sie ist als Vergleichsbasis nicht sehr gut geeignet, da einerseits die Abgasmenge nicht berücksichtigt wird, andererseits aber die Betriebsbedingungen des Motors zusätzlich genau festgehalten werden müssen. Die einfache Bestimmbarkeit dieses Vergleiches führt aber dazu, daß er in der Literatur immer wieder herangezogen wird.

Besser scheint der Vergleich der Abgasemission mit Hilfe der schon erwähnten Abgastestzyklen, also des California Test Cycle oder des Europa-Tests. Besonders letzterer gibt die Verhältnisse im Stadtverkehr relativ genau wieder und scheint daher für einen Vergleich besonders geeignet:

Wird der Europa-Test herangezogen, so sind zwei weitere Randbedingungen festzulegen:

a) Ob der Test mit Kaltstart oder Warmstart geführt wird,

b) ob die Einstellung des Motors für jeden Treibstoff vor dem Test optimiert wird oder ob keine Anpassung vorgenommen wird.

Für Kalt- oder Warmstart sind die Tests jeweils parallel auszuführen und zu vergleichen; die Bewertung der Unterschiede zwischen diesen beiden Möglichkeiten wird dann getrennt zu führen sein.

Anders ist es bei der Bewertung der Einstellung des Motors. Obwohl es zunächst zweckmäßiger scheint, die Motoreinstellung für den eingesetzten Kraftstoff jeweils zu optimieren, muß doch berücksichtigt werden, daß später in der Praxis auf jeden Fall ein Wechselbetrieb mit Benzin und mit einem Benzin-Methanol-Gemisch erfolgen wird, ohne daß der Motor jeweils umgestellt werden kann. Es scheint daher richtig, einen für den Betrieb mit normalem Kraftstoff eingestellten Motor für den Vergleich zu verwenden und keine Anpassung für das Methanolgemisch vorzunehmen.

Vergleiche auf der beschriebenen Basis sind bisher nur wenige verfügbar:

In Tabelle 5 ist der Vergleich der Schadstoffmengen beim Europa-Test mit einem 1,5 l 4-Zylindermotor bei gleicher Vergaser- und Zündzeitpunkteinstellung angegeben. Es sind jeweils die Werte für normalen Vergaserkraftstoff, für Vergaserkraftstoff mit 15% Methanolzusatz und für reines Methanol gegenübergestellt (13).

Diese Zahlen lassen erkennen, daß durch einen Zusatz von 15% Methanol zum Vergaserkraftstoff eine Verringerung der Kohlenoxidemission um 60 bis 70%, der Kohlenwasserstoffemission um 15 bis 18% und der Emission an hochkondensierten aromatischen Kohlenwasserstoffen um 87% erreichbar ist. Dies ist wohl ein entscheidender Vorteil, der für die Zumischung von Methanol zum Vergaserkraftstoff spricht.

Neben dem Schadstoffausstoß im Europa-Test sind auch andere Vergleiche publiziert worden. Hier ist zunächst ein Vergleich der Schadstoffemissionen bezogen auf die abgegebene Arbeit (kWh) zu erwähnen, der mit einem Einzylinder-Versuchsmotor bei Vollgas und 2000 upm ausgeführt wurde (Kompression 8,2) (14). Die Ergebnisse sind in den Abb. 23 bis 25 dargestellt.

Bei der Betrachtung der CO-Emissionen ist zu berücksichtigen, daß zur Verbrennung des Methanol-Benzingemisches weniger O_2 benötigt wird und daher bei gleicher Vergasereinstellung mehr Sauerstoff für die Verbrennung zur Verfügung steht.

ABBILDUNG 23: CO-Emission eines Einzylindermotors bei 2000 upm bei Vollgas; Kompressionsverhältnis 8,2

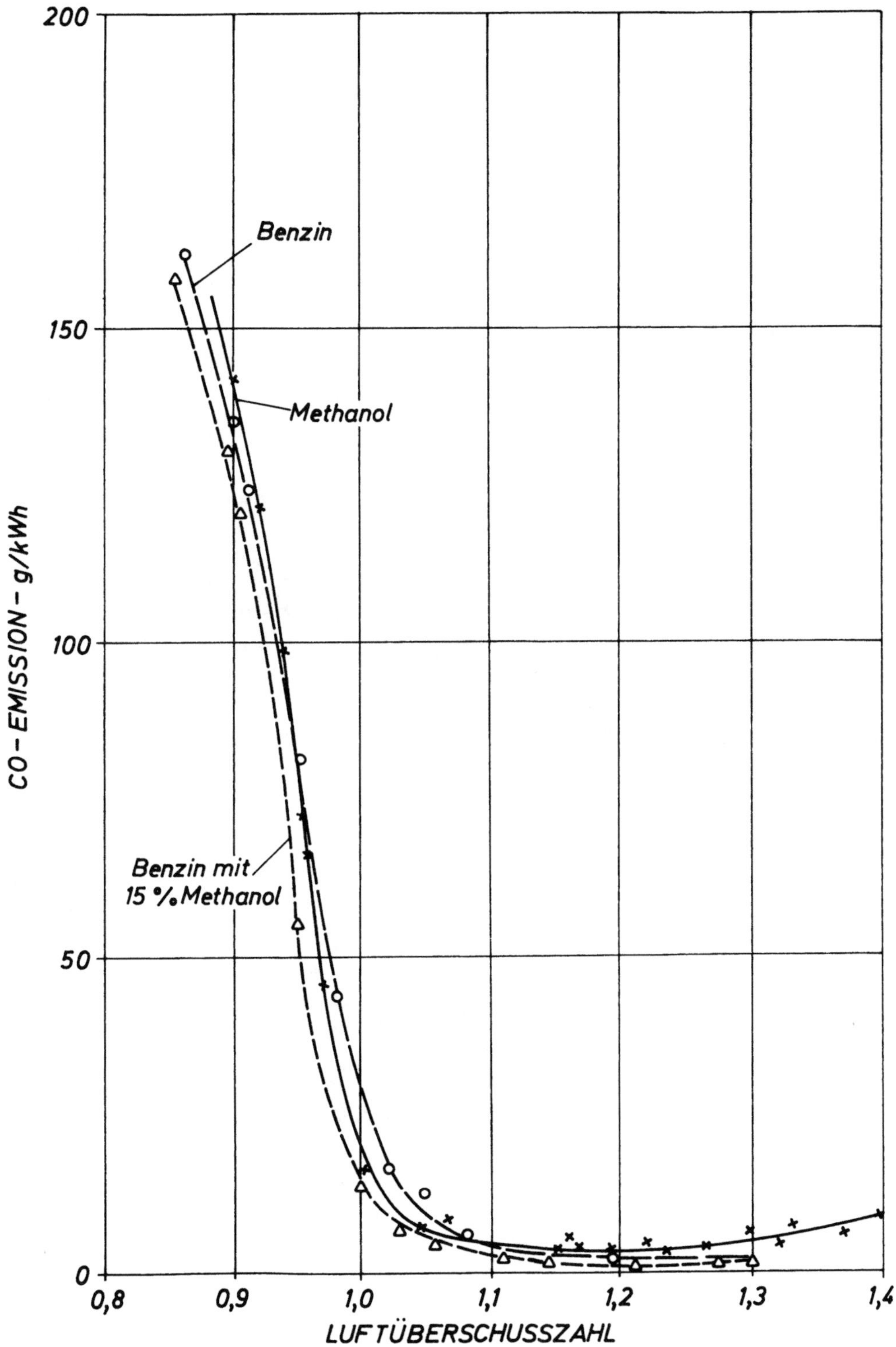

ABBILDUNG 24: Kohlenstoff-Emission eines Einzylindermotors bei 2000 upm bei Vollgas; Kompressionsverhältnis 8,2

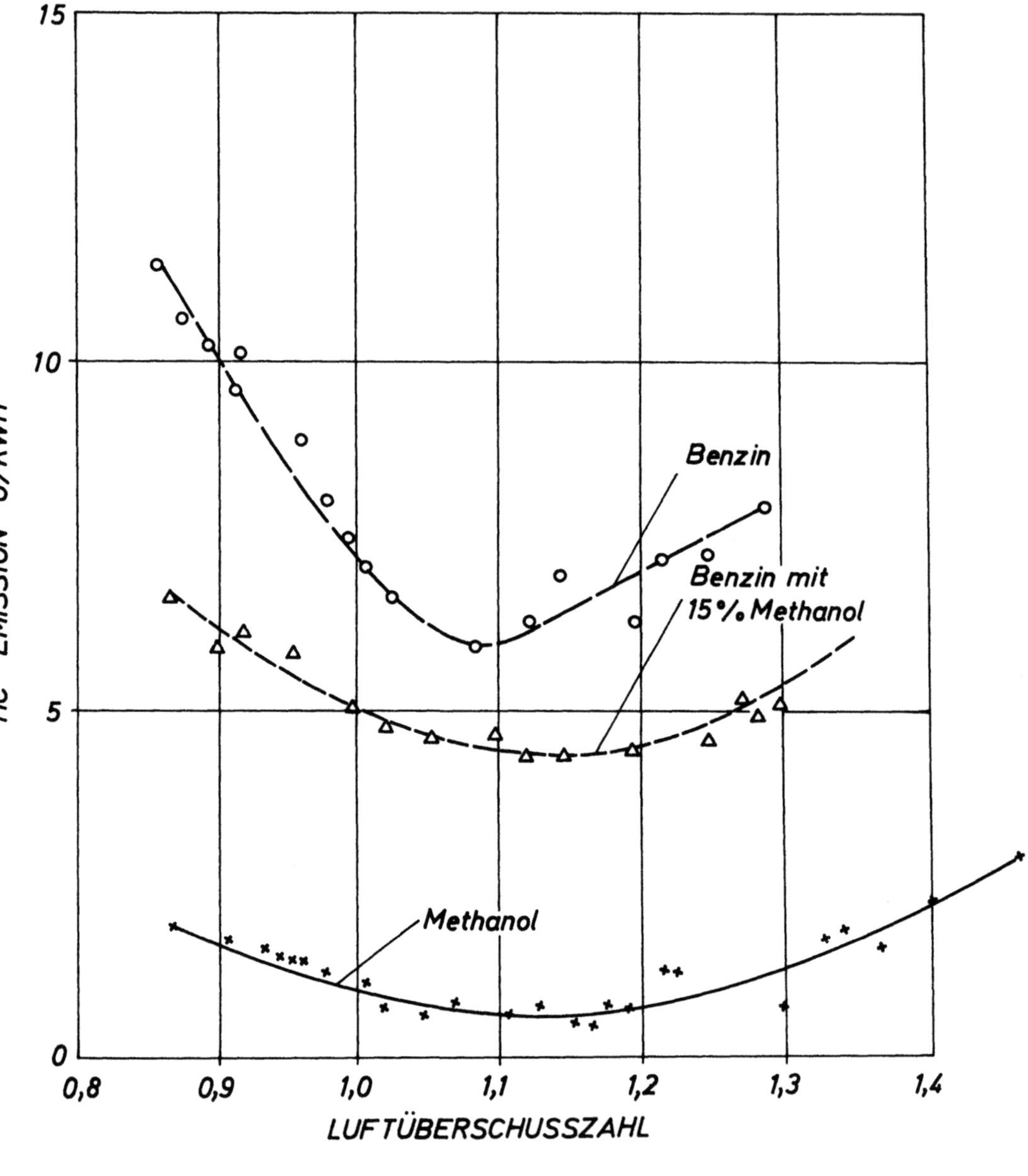

ABBILDUNG 25: NO_x-Emission eines Einzylindermotors bei 2000 upm bei Vollgas; Kompressionsverhältnis 8,2

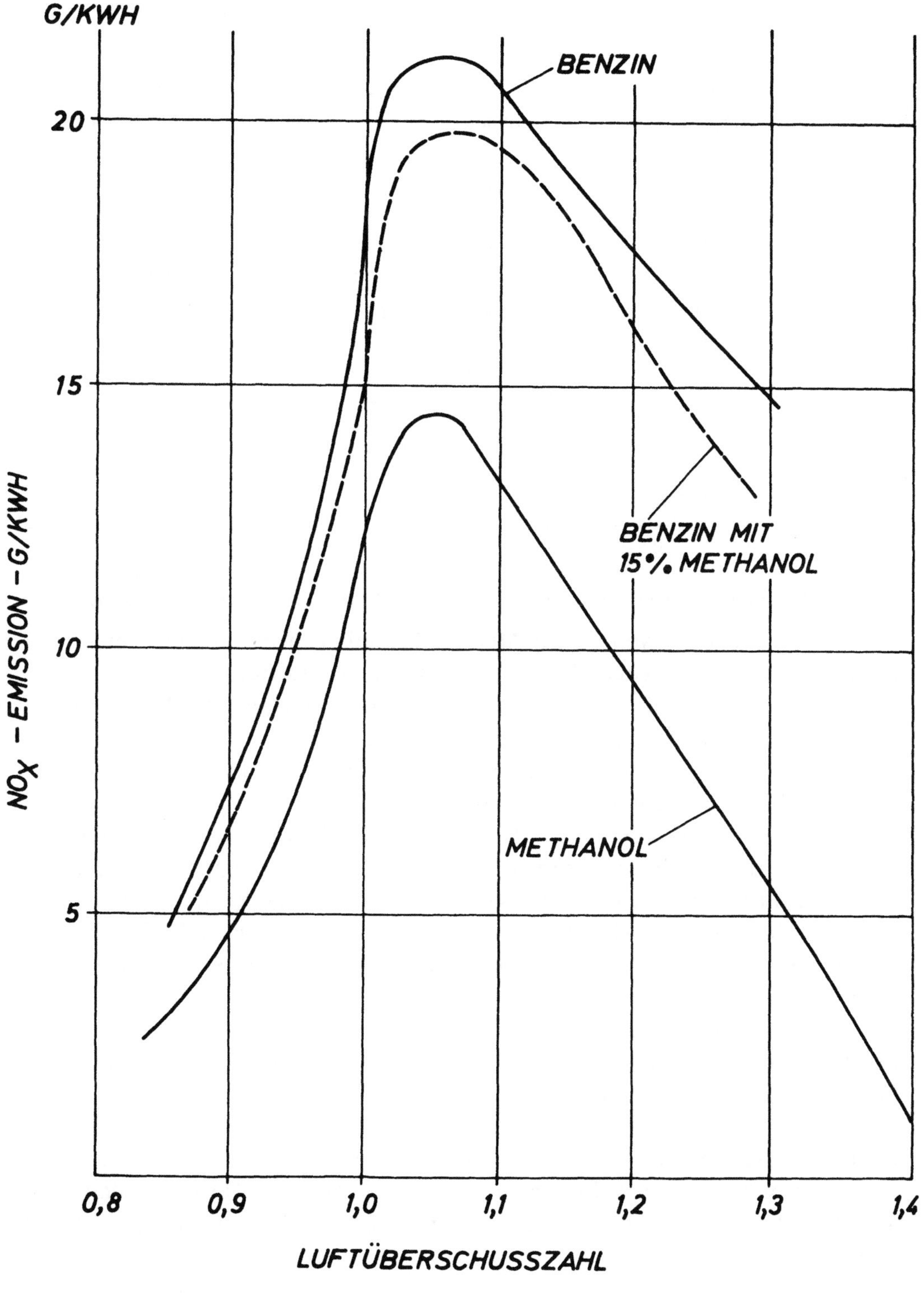

TABELLE 5: Abgasemissionen im Europa-Test

		CO		Kohlenwasserstoffe (FID)		Höher kondens. zykl. Kohlenwasserstoffe	
	Startbedingungen	g/Test	relativ zu Benzin %	g/Test	relativ zu Benzin %	µg/Test	relativ zu Benzin %
Benzin	kalt	136	100	9,8	100	7035	100
	warm	112	100	7,9	100		
Benzin + 15% Methanol	kalt	56	41	8,3	85	900	13
	warm	34	30	6,5	82		
reines Methanol	kalt	102	75	12,0	122	303	4
	warm	36	32	5,7	72		

2.3.4 Das Betriebsverhalten von Motoren mit Benzin-Methanol-Gemischen

Bei Verwendung von Benzin-Methanol-Gemischen in normalen, nicht adaptierten Kraftfahrzeugen können zwei Probleme auftreten:

Unruhiger Lauf bzw. Aussetzen des Motors infolge einer Phasentrennung des Kraftstoffes durch erhöhten Wassergehalt;

Aussetzen des Motors bzw. Startschwierigkeiten infolge Dampfpolsterbildung in der Kraftstoffleitung.

Wie schon im Abschnitt 2.2.1 dargelegt, bestehen im Dreistoffsystem Benzin - Methanol - Wasser größere Mischungslücken, deren genaue Ausdehnung von der Zusammensetzung der Benzinkomponente abhängig ist. Während Benzine, die einen höheren Gehalt an Aromaten aufweisen - also z.B. Superbenzin - hinreichend wasserverträglich sind, können bei aromatenarmen Benzinen Schwierigkeiten auftreten:

Innerhalb der Mischungslücke zerfällt das Benzin-Methanol-Wassergemisch in zwei Phasen: eine Benzin-reiche, Methanol- und Wasser-arme und eine Methanol- und Wasser-reiche und Benzin-arme Phase.

Da die wäßrige Phase spezifisch schwerer ist, sinkt sie zum Boden des Behälters ab. Gelangt sie zum Vergaser, so wird sie zwar teilweise verdampfen, ihr Energieinhalt genügt jedoch nicht für den Betrieb des Motors, so daß dieser aussetzt. Die Behebung einer solchen Störung ist nur durch Entleeren des Tanks möglich.

Mischungen von Benzin und Methanol sind hygroskopisch, d.h. sie nehmen Wasser auch aus der Luft auf. Die Gefahr der Bildung einer zweiten, wäßrigen Phase besteht daher nicht nur bei Verunreinigungen solcher Gemische mit flüssigem Wasser, sondern auch bei ungeeigneter Lagerung, d.h. bei freiem Zutritt von Luft. Diese Gefahr darf aber nicht überschätzt werden, da alle Lagergefäße für Kraftstoffe von der Raffinerie über die Transportbehälter und die Tankstellen bis zum Fahrzeugtank schon wegen der sonst viel zu hohen Verdampfungsverluste an Kraftstoff mit nur engen Atmungsleitungen ausgerüstet sind. Versuche in der BRD haben gezeigt, daß selbst bei längerer Lagerung von Treibstoff unter normalen Verhältnissen nur einige ppm Wasser aufgenommen werden (15).

Als vorläufiger Grenzwert für die Entmischung wird eine Temperatur von - 15° C bei einem Wassergehalt des Kraftstoffes von 0,10% gefordert; erst weitere Straßenversuche werden zeigen, ob mit dieser Grenze auch unter den österreichischen klimatischen Bedingungen das Auslangen gefunden werden kann.

Eine Beeinflussung des Korrosionsverhaltens von Teilen des Motors durch den Zusatz von Methanol zum Kraftstoff ist nicht zu erwarten, da weder Methanol noch dessen Verbrennungsprodukte korrosiv auf die dort verwendeten Werkstoffe wirken. Schwierigkeiten könnten sich lediglich im Vergaser ergeben. Dort werden teilweise Leichtmetallegierungen und Kunststoffe verwendet, die u.U. korrodieren können.

Das Verhalten selten verwendeter Aluminiumlegierungen ist von der Menge der Methanolzumischung abhängig; bis 10% Zusatz sind keine Schwierigkeiten zu erwarten, der Einfluß höherer Zusätze müßte noch geprüft werden. Die normalerweise im Vergaser verwendeten Zinklegierungen sind Methanol-unempfindlich (16).

Die Kunststoffteile (vorwiegend Polyamide) quellen unter dem Einfluß von Methanol und müßten ausgetauscht werden. Die Herstellfirmen müßten entsprechende Austauschsätze zur Verfügung stellen; wer die Kosten des Austausches zu tragen hat, wäre noch zu klären.

Da Methanol ein gutes Lösungsvermögen für Harze und gummiähnliche Substanzen, wie sie im Benzin in geringen Mengen vorhanden sind, aufweist, ist - verglichen mit dem Benzinbetrieb - eine weitgehende Vermeidung der Ablagerung solcher Substanzen zu erwarten.

2.4 Toxikologische und sicherheitstechnische Aspekte der Methanolzumischung

Methanol ist ein Giftstoff. Der MAK-Wert beträgt derzeit in der BRD 200 ppm oder 260 mg/m³. Die Giftwirkung kann sowohl durch Einatmen der Dämpfe, durch Einwirkung auf die Haut als auch durch Verschlucken hervorgerufen werden.

Im Vergleich mit normalem Vergaserkraftstoff, der aromatische Kohlenwasserstoffe und auch flüchtige Bleiverbindungen enthält, scheint Methanol weniger gefährlich. Sein Zusatz zum Benzin würde daher keine besonderen toxikologischen Probleme aufwerfen, die über die bisher bei dem Umgang mit Vergasertreibstoffen auftretenden hinausgehen.

Methanol ist brennbar und weist einen Flammpunkt (DIN 51 755) von 10^0 C auf; der von Benzin liegt bei - 20^0 C, also wesentlich tiefer. Auch hier ist keine Verschärfung der bereits bestehenden Sicherheitsrisken zu erwarten.

3. DIE HERSTELLUNG VON METHANOL

Methanol ist eine wichtige Grundchemikalie der chemischen Industrie; die Weltproduktion beträgt gegenwärtig etwa 11 Millionen Tonnen je Jahr. Dementsprechend verfügen wir über eine ausgereifte Produktionstechnologie; es können derzeit Einstranganlagen bis zu einer Leistung von 2500 tato oder 800.000 jato gebaut werden.

Die Herstellung des Methanols zerfällt in zwei Stufen:

die Synthesegaserzeugung (eines Gemisches von Wasserstoff und Kohlenmonoxid), und

die Methanolsynthese und -reinigung.

Während die Synthesegaserzeugung dem eingesetzten Rohstoff angepaßt werden muß, ist die eigentliche Methanolsynthese rohstoffunabhängig.

3.1 Rohstoffe und Synthesegaserzeugung

Als Rohstoff für die Herstellung des benötigten Synthesegases kann jeder beliebige gasförmige, flüssige oder feste Brennstoff dienen; auch elektrische Energie kann eingesetzt werden, wenn der Umweg über die Elektrolyse von Wasser und die Reduktion von Kohlendioxid in Kauf genommen wird.

Die meisten bestehenden Methanolanlagen setzen Erdgas als Rohstoff ein, da die Herstellung von Synthesegas aus Methan ein technisch einfacher Prozeß ist. Für die Methanolsynthese nach der Gleichung

$$CO + 2\,H_2 \rightarrow CH_3OH$$

wird ein Gasgemisch von 1/3 Kohlenmonoxid und 2/3 Wasserstoff benötigt. Wird Methan mit Wasserdampf umgesetzt, so entsteht nach der Gleichung

$$CH_4 + H_2O \rightarrow CO + 3\,H_2$$

ein zu wasserstoffreiches Synthesegas. Es kann zwar für die Methanolsynthese eingesetzt werden, nach der Abtrennung des gebildeten Methanols verbleibt jedoch der überschüssige Wasserstoff als Restgas; dieses wird für die Befeuerung der Methanspaltöfen eingesetzt, bedeutet aber, da es auch auf den Synthesedruck komprimiert werden mußte, einen Energieverlust. Alternativ kann bei der Methanspaltung auch eine entsprechende Menge Kohlendioxid zugesetzt werden, das mit dem überschüssigen Wasserstoff nach der Gleichung

$$CO_2 + H_2 \rightarrow CO + H_2O$$

reagiert und das Kohlenmonoxid/Wasserstoff-Verhältnis auf den gewünschten Wert von 1 zu 2 bringt.

Die Technologie der Synthesegasherstellung ist prinzipiell die gleiche wie die bei der Ammoniakherstellung benötigte. Es liegen also nicht nur die Erfahrungen aus den Methanol-, sondern auch die aus den Ammoniakanlagen vor, so daß neue Anlagen keine nennenswerten Schwierigkeiten mehr bieten.

Steht Erdgas als Rohstoff nicht zur Verfügung, so kann eine flüssige Erdölfraktion eingesetzt werden. Leichtbenzin kann ähnlich wie Methan verarbeitet werden, d.h. durch eine Spaltung mit Wasserdampf. Hierbei ist einerseits das höhere Kohlenoxid/Wasserstoff-Verhältnis des entstehenden Synthesegases von Vorteil, andererseits besteht die Gefahr einer Rußabscheidung am Spaltkatalysator, so daß eine höhere Dampfzugabe erforderlich ist. Die bisherigen technologischen Erfahrungen mit Leichtbenzin als Rohstoff für die Synthesegasherstellung sind nicht sehr groß; gegenwärtig ist der Einsatz von Leichtbenzin aber wegen dessen hohen Kosten auch von der wirtschaftlichen Seite her uninteressant geworden.

Höhere Erdölfraktionen, besonders aber das schwere Heizöl, können nicht mehr durch Wasserdampfspaltung zu Synthesegas umgeformt werden, hier muß die partielle Oxidation eingesetzt werden, ein Verfahren, das der Vergasung von Kohle analog ist. Die für die Spaltung benötigte Wärme kann nicht mehr wie bei der Dampfspaltung von außen zugeführt werden, sondern sie muß durch Verbrennung eines Teiles des Einsatzstoffes im Reaktor selbst erzeugt werden: Es wird hierfür also Sauerstoff in hochprozentiger Form zusätzlich benötigt; für dessen Herstellung fallen beträchtliche weitere Kosten an. Technisch durchentwickelte Verfahren sind beispielsweise das Texaco- oder das Shell-Vergasungsverfahren, von denen jeweils mehrere Anlagen schon seit einigen Jahren in Betrieb sind, so daß genügend Betriebserfahrungen vorliegen. Die Vergasung von schweren Fraktionen hat wegen der hohen Kosten bisher nur bei Vorliegen besonderer Umstände Verwendung gefunden.

Das gleiche gilt für die Herstellung von Synthesegas aus Stein- oder aus Braunkohle; auch sie erfordert hohe Investitionen und hohe Betriebskosten, so daß eine Wirtschaftlichkeit nur bei sehr günstigen Kohlenpreisen gegeben ist. Für die Erzeugung von Synthesegas aus Kohle stehen zwei großtechnisch erprobte Verfahren zur Verfügung, die Lurgi Druckvergasung und das Koppers-Totzekverfahren.

Die Lurgi Druckvergasung setzt als Einsatz stückige Kohle voraus; als Nebenprodukte fallen größere Mengen an Schwefel- und Stickstoffverbindungen an. Dafür ist eine Vergasung bei erhöhtem Druck möglich, wodurch sich die Kosten der Synthesegaskompression verringern.

Das Koppers-Totzekverfahren vergast praktisch ausschließlich zu Kohlenmonoxid und Wasserstoff, wodurch die Gasreinigung sehr einfach ist; dafür ist es bisher nicht gelungen, das Verfahren unter erhöhtem Druck zu betreiben. Die Technologie auf diesem Gebiet ist jedoch noch in voller Entwicklung, so daß zu hoffen ist, daß in einigen Jahren die Synthesegaserzeugung auf Basis Kohle auch wirtschaftlich interessant sein wird.

Andere Energieformen, wie z.B. elektrische Energie, können ebenfalls für die Methanolherstellung eingesetzt werden. Es muß hier zunächst Wasserstoff durch Elektrolyse erzeugt werden und dieser mit Kohlendioxid - aus dem Rauchgas eines fossilen Brennstoffes oder aus Kalk gewonnen - zu Synthesegas umgesetzt werden. Auch ein Gemisch von Kohlendioxid und Wasserstoff kann zur Methanolsynthese verwendet werden nach der Gleichung

$$CO_2 + 3\ H_2 \rightarrow CH_3OH + H_2O\ .$$

Auch hier ist jedoch aus Kostengründen ein technischer Einsatz nicht zu erwarten.

3.1.1 Aus Erdgas

Für die Herstellung des Synthesegases aus Erdgas wird heute fast ausschließlich das ICI-Verfahren verwendet. Dabei wird zunächst das Erdgas mit Wasserdampf bei Temperaturen bis 950° C und Drücken bis 40 bar umgesetzt; es entstehen Kohlenmonoxid und Wasserstoff:

$$CH_4 + H_2O \rightarrow CO + 3\ H_2\ .$$

Daneben bildet sich auch eine gewisse Menge an Kohlendioxid. Die Reaktion ist endotherm und benötigt im technischen Betrieb einen Katalysator.

Die Zufuhr der Reaktionswärme bei der benötigten Temperatur wirft besondere Probleme auf, einerseits bei der Auswahl der Apparatewerkstoffe, andererseits aber auch in der Wärmeökonomie des Prozesses. Die für die Erdgasspaltung entwickelten Röhrenöfen sind direkt beheizt und vereinigen im gleichen Apparat die Reaktion und die Wärmerückgewinnung aus den Rauchgasen, Abb. 26.

Das Erdgas wird zunächst auf den Spaltdruck verdichtet und vorgewärmt, dann durch einen Entschwefelungsreaktor geleitet; die Schwefelverbindungen müssen dort praktisch vollständig entfernt werden, da der nachgeschaltete Spaltkatalysator schwefelempfindlich ist. Nach Zumischen des überhitzten, hochgespannten Wasserdampfes wird das Reaktionsgemisch über den in außen beheizten Rohren von 80 bis 100 mm Durchmesser angeordneten, nickelhältigen Spaltkatalysator geleitet, wo bei Temperaturen von 850 bis 900° C die Spaltung des Methans erfolgt. Die Beheizung der Rohre erfolgt durch Rauchgase aus der Verbrennung eines beliebigen Brennstoffes, meist ebenfalls Erdgas.

An den Werkstoff der Reaktorrohre werden wegen der hohen Temperatur und des hohen Druckes große Anforderungen gestellt. Es handelt sich um spezielle Chrom-Nickelstähle; die Rohre selbst werden im Schleudergußverfahren hergestellt, um eine einwandfreie Qualität zu gewährleisten.

Anschließend an die Reaktion wird sowohl aus dem Spaltgas als auch aus dem Rauchgas in mehreren Wärmetauschern die Abwärme zurückgewonnen. Der optimale Aufbau dieser Wärmetauscher-Kaskaden entscheidet über die Wärmeökonomie des gesamten Verfahrens.

Für die nachfolgende Verdichtung des Synthesegases vom Spaltdruck (etwa 35 bar) auf den Synthesedruck (etwa 100 bar) wird mechanische Energie für den Kompressorantrieb benötigt. Während man früher hierfür Elektromotore verwendet hat, werden heute meist Dampfturbinen eingesetzt. Der für den Antrieb erforderliche Dampf wird aus der Abwärme des Spaltofens erzeugt, ebenso der Prozeßdampf für die Spaltung selbst.

Das Spaltgas wird vor der Kompression möglichst tief gekühlt, um den Wasserdampfüberschuß auszukondensieren und anschließend im Turbokompressor auf den Synthesedruck verdichtet.

Wie schon weiter oben erwähnt, bildet sich bei der Spaltung von Erdgas mit Wasserdampf ein Gasgemisch, das aus drei Teilen Wasserstoff und einem Teil Kohlenmonoxid besteht; für die Methanolsynthese wird jedoch ein Gemisch von zwei Teilen Wasserstoff und einem Teil Kohlenmonoxid benötigt. Zur Lösung dieses Problems sind zwei Möglichkeiten gegeben:

Entweder man beschickt die Methanolsynthese mit dem wasserstoffreicheren Gemisch, wie es bei der Dampfspaltung des Erdgases anfällt. Dann reichert sich der überschüssige Wasserstoff im Synthesekreislauf an und muß als sogenanntes Purgegas gemeinsam mit den anderen Inertgasresten, wie Methan und Stickstoff, ausgeschleust werden. Dies ist zwar ein sehr einfaches Verfahren, bedingt jedoch einen erhöhten Energieaufwand für die Kompression, da der überschüssige Wasserstoff zunächst verdichtet, dann aber wieder entspannt wird. Wegen der Einfachheit des Verfahrens wird diese Arbeitsweise jedoch technisch vielfach verwendet.

Oder man korrigiert das Kohlenmonoxid/Wasserstoff-Verhältnis im Spaltgas durch Ersatz eines Teiles des Wasserdampfes durch Kohlendioxid. Nach der Reaktionsangleichung

$$3\ CH_4 + 2\ H_2O + CO_2 \rightarrow 4\ CO + 8\ H_2$$

entsteht dann ein Synthesegas mit der richtigen Zusammensetzung. Diesem Vorteil steht der Nachteil gegenüber, daß man das benötigte Kohlendioxid zunächst - meist aus dem Rauchgas des Spaltofens - rein gewinnen und dann auf den Spaltdruck komprimieren muß; der hierfür erforderliche apparative Auf-

ABBILDUNG 26: Schema eines Röhrenspaltofens

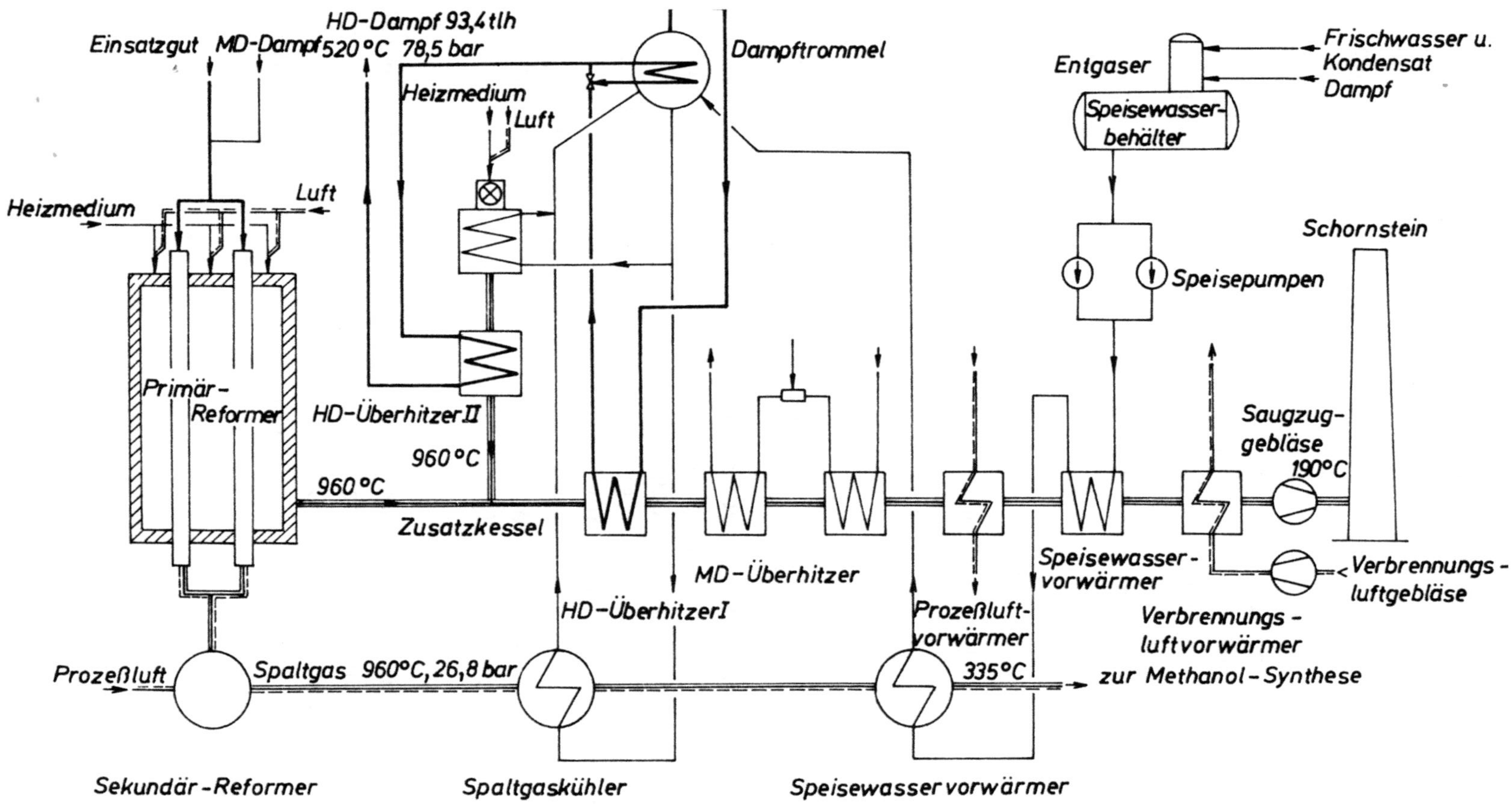

wand ist beträchtlich, so daß solche Anlagen trotz des niedrigeren Energiebedarfes relativ selten gebaut werden. Eine Ausnahme ist dann gegeben, wenn das Kohlendioxid aus anderen Anlagen, gegebenenfalls schon unter einem Vordruck, zur Verfügung steht. Dies ist beispielsweise bei der Herstellung von Synthesegas für die Ammoniakproduktion der Fall, bei der das Kohlendioxid aus dem Gas entfernt werden muß und normalerweise in die Atmosphäre abgeblasen wird. Die Kombination einer Methanol- mit einer Ammoniaksynthese bietet also besondere ökonomische Vorteile.

Ein Vergleich der beiden Alternativen ist aus den nachstehenden Verbrauchszahlen möglich, die sich auf 1 Tonne Methanol beziehen:

	ohne CO_2-Zugabe	mit CO_2-Zugabe
Erdgas, Nm^3	990	670
Kohlendioxid, Nm^3	-	196
Brennstoff, Gcal	-	1,96
El. Energie, kWh	30	75

Bei Einsatz von Erdgas als Brennstoff bei der Variante mit Kohlendioxidzugabe ergibt sich ein Gesamtbedarf von rd. 900 Nm^3 Erdgas je Tonne Methanol, also um fast 10% weniger als bei der ersten Variante; hierbei ist allerdings noch der erhöhte Kraftbedarf von 45 kWh je t Methanol und zusätzlich jener für die Kohlendioxidgewinnung zu berücksichtigen.

Zusammenfassend kann gesagt werden, daß unter den österreichischen Gegebenheiten, d.h. bei relativ hohen Erdgaspreisen - der Zusatz von Kohlendioxid bei der Synthesegasherstellung durchaus interessant wäre; es sollte aber nach einer günstigen Kombinationsmöglichkeit mit Kohlendioxid-produzierenden Verfahren gesucht werden.

3.1.2 Aus Naphtha

Die Herstellung des Synthesegases für die Methanolherstellung aus Naphtha ist insoferne interessant, als dabei ohne weitere Maßnahme ein Gas mit der richtigen Zusammensetzung entsteht. Das C/H-Verhältnis der Paraffinkohlenwasserstoffe steigt mit wachsendem Molekulargewicht stark an und nähert sich dem Idealwert von 2 rasch an:

CH_4	4	C_5H_{12}	2,40
C_2H_6	3	C_6H_{14}	2,33
C_3H_8	2,67	C_7H_{16}	2,29
C_4H_{10}	2,50	C_8H_{18}	2,25

Dabei ist zu berücksichtigen, daß infolge der Unidealität der Spaltreaktion, d.h. durch die dabei auftretende Kohlendioxidbildung, praktisch ein Wasserstoff/Kohlenmonoxid-Verhältnis von 2,1 bis 2,2 gegenüber dem theoretisch erforderlichen von 2,0 gewünscht wird. Die Kohlenwasserstoffe im Benzinbereich sind also hierfür sehr gut brauchbar.

Diesem Vorteil steht jedoch der Nachteil gegenüber, daß das straight-run Benzin sowohl als Rohstoff für die Petrochemie, als auch - entsprechend veredelt - als Treibstoff für Otto-Motore benötigt wird und daher einen relativ hohen Preis hat.

Rein energetisch betrachtet ist die Möglichkeit jedoch günstig, wie ein Vergleich der spezifischen Energieeinsatzwerte mit jenen bei Erdgas als Rohstoff zeigt:

	Erdgas	Erdgas mit CO_2-Zugabe	Naphtha
Erdgas, Gcal	8,47	7,71	-
Naphtha, Gcal	-	-	8,03
El. Energie, kWh	30	75	58

Technisch wird die Spaltung von Naphtha in zwei Stufen ausgeführt. In der ersten Stufe wird das Naphtha mit überhitztem Wasserdampf bei mäßiger Temperatur über einen hochaktiven Nickelkontakt geführt. Dabei zerfallen die höheren Kohlenwasserstoffe in einer schwach exothermen Reaktion und es entsteht ein Gasgemisch, das ohne Berücksichtigung des Wasserdampfes etwa 60% Methan, 20% Wasserstoff und 20% Kohlendioxid enthält. Dieses Gemisch wird dann in einer zweiten Spaltstufe in einem Röhrenofen bei hoher Temperatur (850 - 900^0 C) zum Kohlenmonoxid-Wasserstoffgemisch gespalten.

Für österreichische Verhältnisse ist der Einsatz von Naphtha für die Methanolherstellung in größerem Ausmaß nicht zu empfehlen, denn man würde damit dem Treibstoff-pool eine entsprechende Naphthamenge entziehen. Eine Sonderstellung würden hier jedoch jene niedersiedenden Benzinanteile einnehmen, die wegen des durch einen eventuellen Methanolzusatz steigenden Dampfdruckes nicht mehr im Vergasertreibstoff untergebracht werden könnten (siehe Abschnitt 2.2.2), also vorwiegend Butane und Pentane. Sollte parallel mit der Einführung des Methanolzusatzes zum Vergasertreibstoff nicht eine Forcierung des Absatzes an Flüssiggas (Propan und Butan) für die Haushaltsheizung oder als Treibstoff erfolgen, so ist zu erwarten, daß ein Überangebot dieser Produkte auftritt. Eine zweckmäßige Verwendung der Überschußmenge könnte bei der Methanolherstellung erfolgen. Die Wirtschaftlichkeit eines solchen Einsatzes ist jedoch problematisch, da der Preis für die Butanfraktion, auf gleichen Heizwert bezogen, nur in der Größenordnung des Erdgases, d.h. bei etwa S 1.250.- je Tonne liegen dürfte.

3.1.3 Aus schweren Rückständen

Schwere Rückstände wurden bisher vorwiegend aus wirtschaftlichen Gründen noch nicht für die Erzeugung von Synthesegas für die Methanolherstellung eingesetzt, wohl aber für jene für Ammoniak, die technisch sehr ähnlich ist. Die erforderliche Technologie ist daher weitgehend bekannt.

Eine katalytische Spaltung der schweren Rückstände ist nicht möglich; sie müssen daher bei hoher Temperatur mit Sauerstoff und Wasserdampf partiell oxidiert werden, wobei sich ein Gemisch von Wasserstoff, Kohlenmonoxid und Kohlendioxid bildet, das noch Ruß und Schwefelwasserstoff als Verunreinigungen enthält. In einer nachgeschalteten Gaswäsche müssen diese Nebenprodukte entfernt werden, zunächst der Ruß in einer Ölwäsche, dann der Schwefelwasserstoff und das Kohlendioxid in einer Rektisolwäsche mit Methanol bei Temperaturen um - 50^0 C (Abb. 27). Ein Teilstrom des Gases muß noch zur Einstellung des erforderlichen Kohlenmonoxid/Wasserstoff-Verhältnisses konvertiert werden.

Die partielle Oxidation erzeugt die erforderliche Spaltwärme, die bei der Dampfspaltung im Röhrenofen von außen zugeführt werden muß, im Reaktor selbst durch teilweise Verbrennung des eingesetzten Rohstoffes. Dieser Wärmeübergang hat praktisch einen Wirkungsgrad von 100%, da keinerlei Verluste auftreten, so daß der Energieeinsatz entsprechend niedrig ist; je Tonne Methanol sind etwa 9,0 Gcal als Rückstandsöl erforderlich.

Der bei der partiellen Oxidation angewendete Reaktionsdruck kann innerhalb weiter Grenzen - von Atmosphärendruck bis 90 bar - variiert werden. Da andererseits die Methanol-Synthese bei 50 bis 120 bar betrieben werden kann, ist eine Abstimmung der beiden Drücke aufeinander möglich, wodurch die Synthesegaskompression vollständig entfallen kann.

Als Einsatzstoff für die partielle Oxidation ist neben den schweren Rückständen und Hochdruckdampf Sauerstoff erforderlich, der in einer gesonderten Anlage durch Tieftemperaturzerlegung von Luft gewonnen werden muß. Dieser Verfahrensschritt ist sowohl energetisch als auch apparativ aufwendig und belastet das Verfahren wirtschaftlich sehr.

Um wirtschaftlich mit den anderen Rohstoffen konkurrenzfähig zu sein, müßten die schweren Rückstände entsprechend billig zur Verfügung stehen. Dies ist derzeit nicht der Fall, da das schwere Heizöl und das Erdgas heizwertmäßig etwa gleich teuer sind. Es ist also kein Anreiz für den Einsatz der schweren Rückstände für die Methanolerzeugung gegeben.

Diese Situation könnte sich ändern, wenn der Schwefelgehalt des schweren Heizöles begrenzt wird. Je nach den eingesetzten Rohölen kann das schwere Heizöl bis zu 4% Schwefel enthalten, der bei dessen Verbrennung als Schwefel-

ABBILDUNG 27: Synthesegasherstellung nach dem Texaco-Verfahren

a	Reaktor
b	Rußwäscher
c	Wasserentspannungsgefäß
d	Naphthastripper

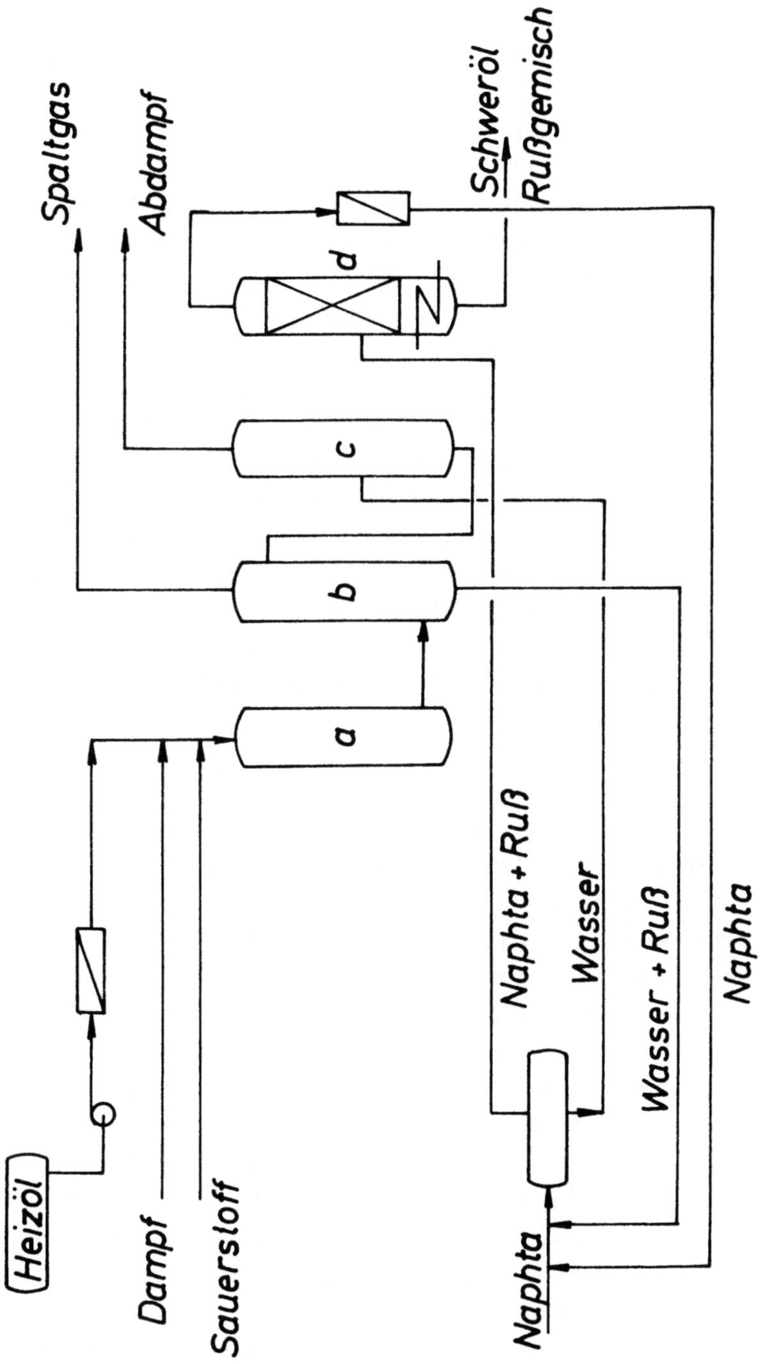

dioxid in die Atmosphäre abgegeben wird und so eine beträchtliche Belastung der Umwelt darstellt. Es sind daher Bestrebungen im Gange, den Schwefelgehalt im schweren Heizöl zu limitieren; einige Länder haben bereits entsprechende gesetzliche Vorschriften erlassen. Es ist daher anzunehmen, daß auch in Österreich ab etwa 1980 mit einem maximal zulässigen Schwefelgehalt von 2% oder darunter zu rechnen ist.

Für die Produktion dieses schwefelarmen Heizöls gibt es mehrere Möglichkeiten. Am wirtschaftlich günstigsten scheint eine Variante, bei der der atmosphärische Rückstand zunächst im Vakuum möglichst weit reduziert wird. Das Destillat kann dann relativ einfach und billig - ähnlich dem Gasöl entschwefelt werden. Zur Einstellung des gewünschten Schwefelgehaltes im Heizöl wird dann das entschwefelte Destillat mit dem nicht entschwefelten Vakuumrückstand rückgemischt: Hier verbleibt aber bei den schwefelreicheren Rohölen ein Überschuß an Vakuumrückstand, da nicht die gesamte anfallende Menge im Heizöl untergebracht werden kann, ohne die zulässige Schwefelgrenze zu überschreiten. Bei einer weiteren Reduktion des zulässigen Schwefelgehaltes im Heizöl unter 2% würde sich der Überschuß am Vakuumrückstand weiter erhöhen.

Ein Ausweg aus dieser Problematik ist durch den Einsatz von Rohölen mit einem entsprechend niedrigen Schwefelgehalt möglich. Diese Rohöle sind aber wesentlich teurer als die schwefelreicheren, so daß eine andere Lösung notwendig scheint. Diese ist mit einem Einsatz des schwefelreichen Vakuumrückstandes für Verwendungszwecke möglich, bei denen der Schwefelgehalt nicht an die Atmosphäre abgegeben wird, also beispielsweise für die Herstellung von Synthesegas für die Methanolherstellung. Hierauf wird im Abschnitt 3.5 zurückgekommen.

3.1.4 Aus Kohle

Die Produktion von Methanol aus festen Brennstoffen ist das älteste Verfahren: Bei der Einführung der Methanolsynthese im Jahre 1923 in Deutschland wurde das erforderliche Synthesegas aus Braunkohle hergestellt. Dieser Rohstoff blieb bis etwa 1950 der überwiegende; erst durch die Entwicklung der Erdgasgewinnung und der Petrochemie hat sich dieses Bild verschoben.

Inzwischen hat sich auch die Methanolsynthese weiter entwickelt. Während früher bei Temperaturen von 320 bis 380^0 C und Drücken von über 300 bar mit einem Zinkoxid-Chromoxid-Katalysator gearbeitet wurde, ist durch die Entwicklung eines neuen Katalysators auf Basis Kupferoxid eine wesentliche Reduktion des Synthesedruckes und der Synthesetemperatur möglich geworden. Dieser neue Katalysator ist aber wesentlich schwefelempfindlicher als der früher gebräuchliche, so daß bei der Herstellung des Synthesegases aus schwefelhältigen Rohstoffen - also vor allem aus schweren Rückständen und aus Kohle - besondere Reinigungsprobleme auftreten.

Die Vergasung von Kohle hat zwischen 1920 und 1940 eine stetige technische Entwicklung durchlaufen. Zweck dieser damals entwickelten und gebauten Anlagen war sowohl die Erzeugung von Heizgas als auch von Synthesegas für die Benzin-, die Ammoniak- und die Methanolsynthese. Mit dem Ende des Zweiten Weltkrieges kam diese Entwicklung zum Stillstand, es wurden vorwiegend auf Erdöl basierende Rohstoffe verwendet. Eine Änderung dieser Situation trat erst durch die Erdölkrise im Jahre 1973 ein. Als Folge des starken Preisanstieges des Rohöles wurde Kohle als Brennstoff und Rohstoff wieder interessant und die technische Entwicklung begann wieder dort, wo sie 1945 unterbrochen worden war; sie ist auch heute noch in vollem Fluß.

Die Vergasung der Kohle erfolgt grundsätzlich ähnlich wie die der schweren Erdölrückstände, d.h. durch partielle Oxidation. Durch die Tatsache, daß die Kohle infolge ihres festen Aggregatzustandes und ihres hohen Aschegehaltes wesentlich kompliziertere Anlagen erfordert, ist klar, daß ihr Einsatz nur dann wirtschaftlich ist, wenn sie heizwertmäßig günstiger als die schweren Rückstände zur Verfügung steht. Hier ist aber die Konkurrenzsituation zwischen diesen beiden Primärenergieträgern bei der Erzeugung von elektrischem Strom zu berücksichtigen. Der Unterschied der Verstromungskosten ist für das schwere Heizöl und für die Kohle nicht sehr groß. Die Wirtschaftlichkeit des Einsatzes von Kohle wird daher von den Möglichkeiten ihres Einsatzes für die Stromerzeugung bedingt sein. Solange schweres Heizöl für die Verstromung verwendet wird, kann der Einsatz von Kohle für die Methanolerzeugung wirtschaftlich nur unter besonderen Bedingungen vertretbar sein.

Für die Vergasung von Kohle stehen heute eine ganze Reihe von Verfahren zur Verfügung; jedoch sind nur zwei davon großtechnisch erprobt und bewährt: das Koppers-Totzek-Verfahren und die Lurgi-Druckvergasung. Alle anderen Prozesse sind wohl teilweise im pilot-Maßstab betrieben worden, aber der Schritt zur technischen Anlage fehlt noch, so daß sie zu einem Vergleich derzeit noch nicht herangezogen werden können. Besonders in den USA ist aber eine rege weitere Entwicklungstätigkeit im Gange, die im nächsten Jahrzehnt sicherlich zu neuen Verfahren führen wird.

Bei der Produktion von Synthesegas für die Methanolherstellung wird die Verfahrenswahl weiter eingeengt durch den Wunsch, die Vergasung unter einem möglichst hohen Druck auszuführen, um Kosten bei der nachzuschaltenden Kompression zu sparen. Da das Koppers-Totzek-Verfahren bisher nur für Vergasungsanlagen verwendet wurde, die bei nur unwesentlichem Überdruck arbeiten, erscheint dieses Vergasungsverfahren für die vorliegenden Überlegungen zwar technisch, nicht aber wirtschaftlich geeignet. Da in der BRD an einer Versuchsanlage für die Vergasung nach Koppers-Totzek unter Überdruck gearbeitet wird, könnte sich diese Situation möglicherweise bald ändern; eine großtechnische Bewährung wird aber sicherlich noch sechs bis zehn Jahre auf sich warten lassen.

Das Lurgi-Druckvergasungsverfahren ist also heute der einzige Prozeß, mit dessen Hilfe die Herstellung von Synthesegas für die Methanolsynthese unter wirtschaftlich tragbaren Bedingungen vorstellbar wäre. Dieses Verfahren kann schon auf eine mehr als vierzigjährige Entwicklung zurückblicken.

Die erste Generation der Lurgi-Gaserzeuger, die von 1936 bis 1954 gebaut wurden, war vornehmlich für die Vergasung von Braunkohle ausgelegt, um auf diese Weise Stadtgas und Synthesegas herzustellen.

Diese Generation war durch gewisse Konstruktionsmerkmale, wie das Vorhandensein einer Innenausmauerung, einer seitlich sitzenden Ascheschleuse, sowie durch die Zuführung des Vergasungsmittels durch die Antriebswelle des Rostes gekennzeichnet. Die zweite Generation diente der Entwicklung von Gaserzeugern für größere Kapazitäten. Die Eignung der Lurgi-Gaserzeuger sollte dabei auf Steinkohlen, insbesondere auf leichtbackende Steinkohlen, ausgedehnt werden. Die Konstruktion dieses Gaserzeuger-Typs erfolgte in einer Versuchsanlage in Oberhausen-Holten. In diesem Gaserzeuger-Typ wurden Stadtgase und Synthesegase hergestellt. In diese Kategorie fallen u.a. die Großanlagen Sasolburg/Südafrika (1954 in Betrieb gesetzt), Dorsten (1955), Westfield/Schottland (1960) und Coleshill/England (1963).

Ab 1969 wurde für die großen US-Projekte eine dritte Generation konstruktiv entwickelt, die folgende Zielrichtung hatte:

- Die Erhöhung der Durchsatzleistung pro Gaserzeuger,
- Universal-Gaserzeuger, geeignet für alle Kohlen, wobei für backende Steinkohle ein besonderer Kohleverteiler eingesetzt wird,
- Einsatz vereinfachter Bauelemente,
- Berücksichtigung der heutigen Fertigungsmethoden bei der Konstruktion der Gaserzeuger.

Die vierte Generation wird einen 5-m Gaserzeuger beinhalten, der ebenfalls für alle Kohlearten geeignet sein soll und 50% mehr Gasleistung ergeben soll als der 4-m Gaserzeuger der dritten Generation.

Von besonderem Interesse für die Lurgi-Druckvergasung ist die Verarbeitung von höherbackenden und -blähenden Kohlen geworden. Das vor allen Dingen auch mit Rücksicht auf laufende US-Projekte, da im Osten der Vereinigten Staaten preisgünstige Kohlen vorhanden sind, die einen hohen Back- und Blähgrad haben. Bisher ist in kommerziellen Lurgi-Gaserzeugern, d.h. in den Anlagen Dorsten, Westfield und Coleshill, nur Kohle vergast worden mit einer niedrigen Backzahl und mit einer Blähzahl von nicht mehr als zwei. Für die Verarbeitung dieser Kohlen, die bekanntlich unter erhöhtem Druck stärker backen als unter atmosphärischen Bedingungen, ist ein rotierender Kohleverteiler für die Einführung der Kohle in die Vergasungszone entwickelt worden, der Rührarme enthält, die durch rotierende Bewegung in der Zone, in der die Kohle verkokt, das Kohlebett gasdurchlässig erhält. Dieses System ist erfolgreich in den Anlagen verwendet worden, die bisher nur schwachbackende Kohlen durchsetzen mußten.

Prinzipiell arbeiten alle Vergaser gleich. Die feinstückige Kohle (ca. 5 bis 30 mm) wird mit Hilfe einer Druckschleuse in den Reaktor eingebracht und verteilt. Von unten wird in den Reaktor ein Wasserdampf-Sauerstoff-Gemisch eingeblasen, wodurch die Kohle vergast. Die heißen Reaktionsgase strömen durch die Kohleschüttung aufwärts und treiben zunächst die flüchtigen Bestandteile aus der Kohle aus, und trocknen anschließend die Kohle. Die in der Kohle vorhandene Asche wird am unteren Ende des Vergasers ausgetragen und im Wasser gequencht. Der Reaktor ist doppelwandig aus Stahl gefertigt, zwischen den Wänden ist Wasser, das teilweise verdampft und so den erforderlichen Vergasungsdampf liefert, Abb. 28.

Die Reaktionsgase verlassen oben den Reaktor. Sie bestehen aus Kohlendioxid, Wasserstoff, Kohlenmonoxid und Methan, daneben sind noch Schwefelwasserstoff, Teer, Ammoniak und andere Verunreinigungen vorhanden.

Es ist daher eine relativ aufwendige Gaswäsche notwendig, ähnlich wie sie bei Kokereigas vorgesehen wird. Die anfallenden Nebenprodukte wie Ammoniakwasser, Teer, Phenole, Schwefelwasserstoff, Cyanide u.a.m. erfordern weitere Verarbeitungsanlagen, so daß dadurch umfangreiche Nebenbetriebe entstehen; dies ist ein Nachteil des Lurgi-Druckvergasungsverfahren, der dessen Wirtschaftlichkeit stark vermindert.

In den meisten Fällen ist das H_2/CO-Verhältnis nicht optimal für den Einsatz in der am Schluß der Verfahrenskette geschalteten Methanolsynthese. Aus diesem Grunde wird der Gaserzeugung eine Rohgas-Konvertierung im Bypass nachgeschaltet, die die Aufgabe hat, einen Teil des CO in Wasserstoff umzusetzen.

Dieser Umsatz geschieht nach der Gleichung

$$CO + H_2O \rightarrow CO_2 + H_2$$

durch den nichtzersetzten Wasserdampf aus der Vergasung, so daß Frischdampf für diese Stufe nicht benötigt wird. Die besonderen Betriebsbedingungen der Rohgas-Konvertierung und die Eigenschaften des ausgewählten Comox-Katalysators erlauben das Vorhandensein von Teeröl, Benzin und schweren Kohlenwasserstoffen im Gas. Parallel zu der CO-Umsetzung geschieht in der Rohgas-Konvertierung eine Entschwefelung der Kohlenwasserstoffe, insbesondere des Gasbenzins, und außerdem eine Hydrierung dieser Produkte. Da in der Rohgas-Konvertierung Wasserdampf für den Umsatz von CO verbraucht wird, nimmt durch die Einführung dieser Stufe auch der Anfall an Gaswasser ab. In der nachfolgenden Gaskühlung fällt das Gaswasser aus und wird über eine Phenosolvan-Anlage mit nachgeschalteter Biologie aufbereitet, so daß es ohne Umweltbeeinträchtigung abgeleitet oder in der Anlage als Kühlwasser weiterverwendet werden kann. Gleichzeitig werden die flüssigen Kohlenwasserstoffe nach der Abscheidung eliminiert.

ABBILDUNG 28: Lurgi-Druckvergaser

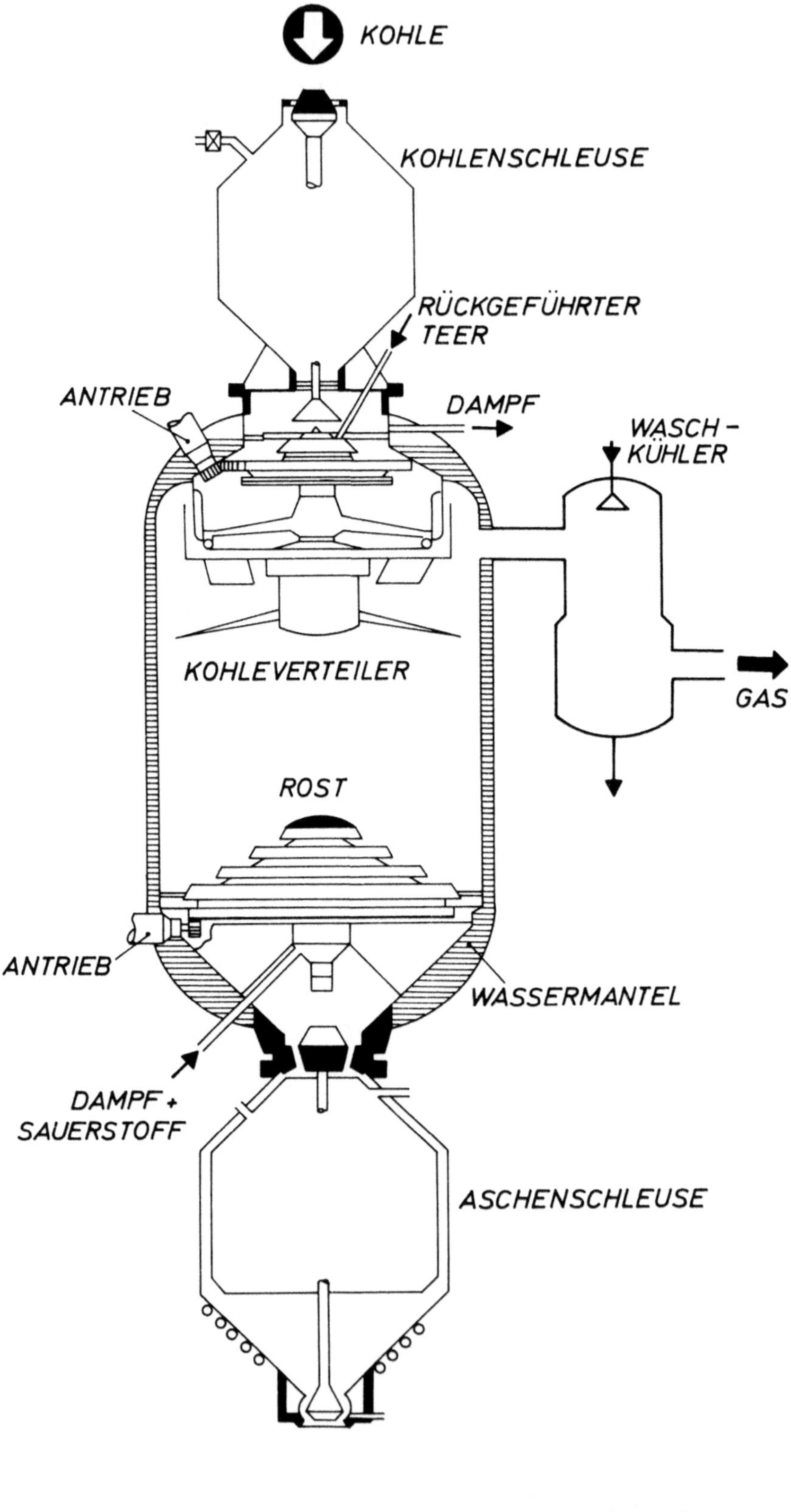

Auch das Synthesegas muß weiter gereinigt werden, da - wie schon erwähnt - der Methanol-Synthesekontakt sehr empfindlich auf verschiedene Verunreinigungen, besonders aber auf Schwefelverbindungen ist und dadurch leicht irreversibel vergiftet werden könnte. Im allgemeinen wird eine Rektisolwäsche mit tiefgekühltem Methanol vorgesehen, die alle diese Verunreinigungen entfernt. Die Regenerierung des Waschmethanol erfordert allerdings wieder eine zusätzliche Anlage, in der zunächst durch flüssig-flüssig-Extraktion die gelösten Kohlenwasserstoffe entfernt werden, dann die anorganischen und organischen Schwefelverbindungen, die in eine Claus-Anlage gehen, und das Kohlendioxid. Gleichzeitig wird das Synthesegas in der Rektisolwäsche auch getrocknet.

Eine zusätzliche Kompression des Synthesegases ist meist nicht notwendig, da die Vergasung beim gleichen Druck wie die nachgeschaltete Methanolsynthese ausgeführt werden kann.

Das im Synthesegas enthaltene Methan reichert sich im Kreislaufgas der Methanolsynthese an. Ein Teilstrom muß laufend abgezogen werden, wird mit Wasserdampf in einem Röhrenofen gespalten und rezirkuliert.

Aus der vorstehenden Beschreibung ist schon ersichtlich, daß eine Anlage zur Herstellung von Synthesegas aus Kohle technisch wesentlich komplizierter ist als eine auf Erdölkohlenwasserstoffen basierende; dementsprechend ist der Investitionsaufwand wesentlich höher, er liegt etwa 2 bis 2,5 mal so hoch. Eine Wirtschaftlichkeit wird daher nur bei sehr niedrigen Kohlenpreisen zu erwarten sein.

3.1.5 Aus unkonventionellen Rohstoffen

Das Synthesegas für die Methanolherstellung kann letztlich aus jeder Art von Energie hergestellt werden. Hier wäre zunächst elektrische Energie zu erwähnen, die aus Wasserkraft oder aus Kernenergie hergestellt werden kann. Der Prozeß hierfür besteht zunächst aus einer Elektrolyse von Wasser unter entsprechendem Druck, um Wasserstoff zu erzeugen. Als zweite Komponente ist am einfachsten Kohlendioxid vorzusehen, da die Methanolsynthese auch nach der Gleichung

$$CO_2 + 3\,H_2 \rightarrow CH_3OH + H_2O$$

geführt werden kann und hierfür ein Gemisch aus drei Teilen Wasserstoff und einem Teil Kohlendioxid als Rohstoff genügt. Das Kohlendioxid kann aus dem Rauchgas der Verbrennung konventioneller Brennstoffe oder durch Brennen von Kalk erzeugt werden.

Die wirtschaftlichen Voraussetzungen für eine solche Verfahrensvariante werden nur bei einem sehr tiefen Strompreis gegeben sein, keinesfalls also, wenn der erforderliche elektrische Strom aus konventionellen Brennstoffen oder durch Kernspaltung erzeugt werden muß.

Für die Verwertung der beispielsweise in Grönland zur Verfügung stehenden großen Mengen aus hydroelektrischer Energie ist dieser Prozeß sicherlich geeignet, da das erzeugte Methanol auf einfache Weise abtransportiert werden könnte, die elektrische Energie aber nur durch sehr lange und teure Unterwasserkabel. In Österreich sind dagegen keinerlei Voraussetzungen für einen solchen Prozeß gegeben.

Eine Herstellung des Synthesegases aus Kernenergie wäre auch unter Vermeidung der Erzeugung von elektrischem Strom und der dabei auftretenden großen Energieverluste aus der Spaltwärme direkt vorstellbar, allerdings müßte diese Wärme bei einer entsprechend hohen Temperatur, d.h. mindestens bei 900^0 C zur Verfügung stehen.

Mit Hilfe dieser Wärme wäre einerseits die Erzeugung von Kohlendioxid durch Zersetzen von Kalk, andererseits die von Wasserstoff durch eine thermische Zerlegung von Wasserdampf vorstellbar, also etwa nach den Gleichungen

$$CaCO_3 \rightarrow CaO + CO_2$$

$$3\ H_2O \rightarrow 3/2\ O_2 + 3\ H_2$$

$$CO_2 + 3\ H_2 \rightarrow CH_3OH + H_2O\ .$$

Als Bruttogleichung für diese Synthese ergibt sich

$$CaCO_3 + 2\ H_2O \rightarrow CH_3OH + CaO + 3/2\ O_2\ .$$

Der hierfür rein theoretisch erforderliche Energieaufwand liegt schon bei 7 Gcal/t Methanol, also fast so hoch, wie der für die Synthese aus Erdgas erforderliche reale Energieeinsatz. Bei den zu erwartenden Wirkungsgraden von etwa 50% ist also diese Synthese sicherlich energetisch wesentlich ungünstiger als die konventionellen Verfahren. Außerdem ist sie erst nach hinreichender technischer Erprobung von Hochtemperaturreaktoren überhaupt diskutabel, die noch nicht abzusehen ist.

Den Möglichkeiten der Herstellung von Methanol aus Sonnenenergie ist bisher noch wenig Beachtung gezollt worden, obwohl sie aussichtsreich erscheint. Hier sind mehrere Wege vorstellbar: Zunächst die Zwischenschaltung von elektrischer Energie, die in Photozellen erzeugt und dann, wie oben beschrieben, für die Methanolsynthese eingesetzt werden kann; dieser Weg scheint wegen der geringen zu erwartenden Wirkungsgrade (etwa 25% max.) kaum interessant. Das gleiche gilt für die Zwischenschaltung von Hochtemperaturwärme; z.B. mit Hilfe von Spiegelsystemen. Aussichtsreich scheint demgegenüber der biologische Weg, der sich auch für die österreichischen klimatischen Verhältnisse eignen würde. Als geeignete Energieträger wären hier Kartoffel oder Mais gegeben; aus der darin enthaltenen Stärke könnte durch Vergären Alkohol erzeugt werden.

Wahrscheinlich wäre hierbei das einfacher zu produzierende Aethanol dem Methanol aber überlegen, was jedoch prinzipiell für diese Betrachtung keinen Unterschied ausmacht. Da die Landwirtschaft bei der Erzeugung von Lebensmitteln in Österreich bereits einen durch den Verbrauch der Bevölkerung gesetzten Plafond erreicht hat und größere Exporte unmöglich scheinen, wäre auf diesem Weg eine praktisch unbegrenzte Möglichkeit einer „landwirtschaftlichen" Energiegewinnung gegeben. Eine genauere Untersuchung dieser Möglichkeit wäre wünschenswert.

3.2 Die Methanolsynthese

Die Herstellung des Methanols aus dem Synthesegas verläuft nach der Gleichung

$$CO + 2\,H_2 \rightarrow CH_3OH\,.$$

Die Reaktion erfordert zu ihrem Ablauf erhöhte Temperatur, erhöhten Druck und einen Katalysator. Die notwendigen Betriebsbedingungen hängen von der Aktivität des Katalysators ab. Man unterscheidet hier prinzipiell zwischen dem Hochdruck- und dem Niederdruckverfahren.

Das Hochdruckverfahren wurde von der Badischen Anilin- und Sodafabrik in Ludwigshafen um 1920 entwickelt. Es verwendet einen Katalysator, der aus Zinkoxid und Chromoxid besteht und arbeitet bei 350^0 C und 370 bar. Der Katalysator ist sehr stabil, vor allem auch gegen Schwefelverbindungen.

Das Niederdruckverfahren verwendet Katalysatoren auf Kupferbasis, die wesentlich aktiver, aber auch empfindlicher sind. Das Synthesegas muß daher auf einen Schwefelgehalt von unter 1 ppm gereinigt werden, dafür werden nur ein Druck von etwa 50 bis 100 bar und eine Temperatur von 250 bis 270^0 C benötigt.

Alle in letzter Zeit gebauten Methanolanlagen verwenden das Niederdruckverfahren, da dessen Herstellungskosten günstiger liegen.

Das Fließschema der Methanolsynthese zeigt die Abb. 29. Das Synthesegas wird zunächst in einem Kompressor auf den Synthesedruck komprimiert und durch den Katalysator-gefüllten Reaktor geführt, wo der Umsatz zu Methanol stattfindet. Aus dem austretenden Gas wird das Methanol durch Kühlen auskondensiert und das nicht umgesetzte Gas in den Reaktor rückgeführt.

Das kondensierte Methanol wird je nach der geforderten Reinheit in einer oder zwei Kolonnen von Wasser und gebildeten Nebenprodukten getrennt.

Apparativ ist die Methanolherstellung durch die großen vorliegenden Betriebserfahrungen gut durchentwickelt. Wesentliche Teile sind der Synthesegas-

ABBILDUNG 29: Fließbild der Methanolherstellung

1	Synthesegaskompressor	7	Kreislaufkompressor
2	Wärmetauscher	8	Vorkolonne
3	Reaktor	9	Hauptkolonne
4	Wärmetauscher	10	Verdampfer
5	Wärmetauscher	11	Verdampfer
6	Methanol-Abscheider		

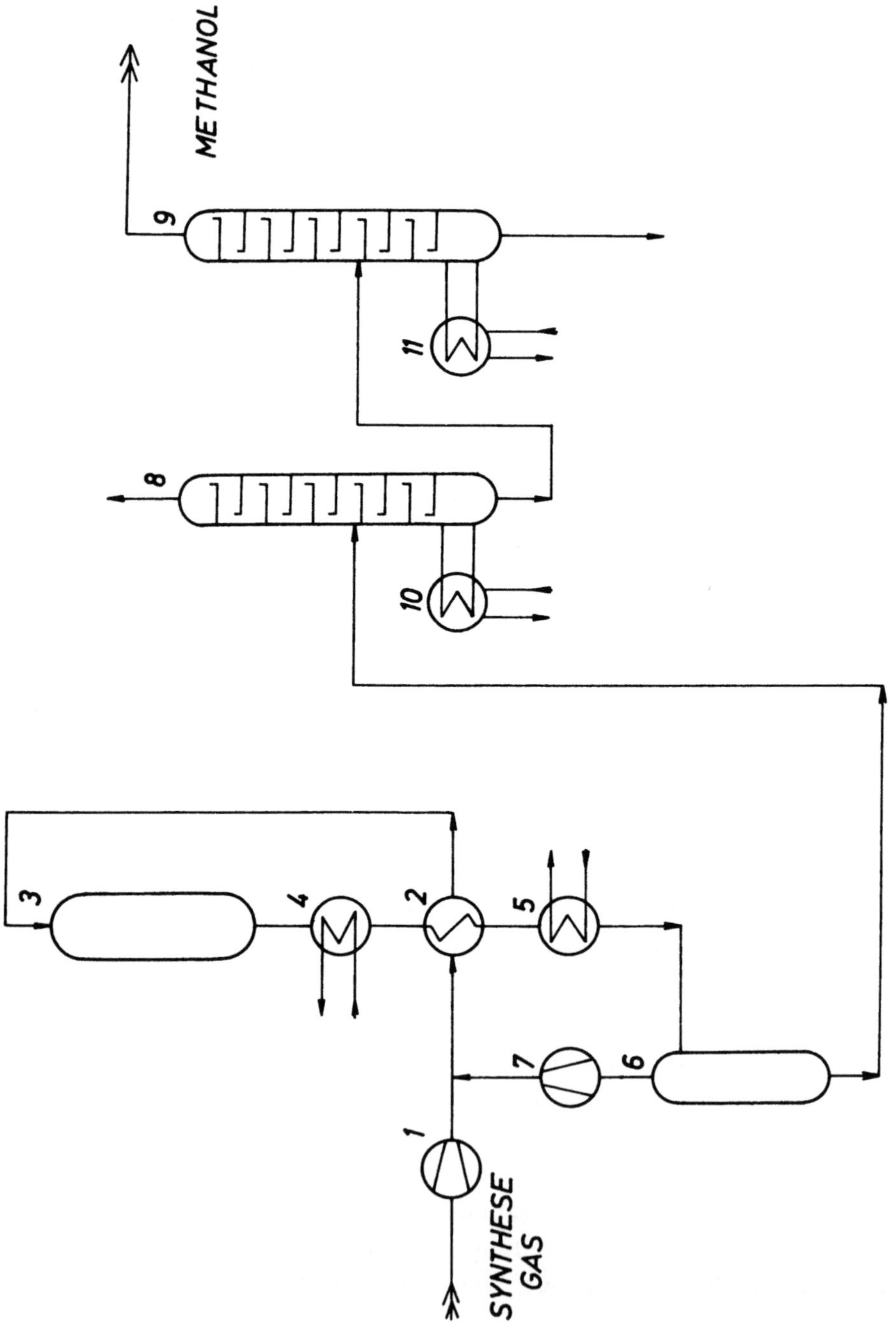

kompressor, früher meist als Kolbenmaschine, jetzt als Turbomaschine gebaut, und der Reaktor, ein Hochdruckgefäß von beachtlichen Dimensionen.

Für die technische Ausführung des Methanolsynthesereaktors gibt es zwei Alternativen: Den Quenchreaktor und den Röhrenreaktor.

Die Bildung des Methanols aus Kohlenmonoxid und Wasserstoff nach der Gleichung

$$CO + 2\,H_2 \rightarrow CH_3OH$$

ist exotherm, d.h. es wird dabei Wärme frei, die abgeführt werden muß. Die Leistung der Synthesereaktoren ist durch die mögliche Intensität dieser Wärmeabfuhr festgelegt. Im Quenchreaktor wird die Reaktorkühlung durch eine mehrmalige Zugabe von kaltem Synthesegas bewirkt, im Röhrenreaktor durch indirekte Kühlung des in Röhren angeordneten Kontaktes mit siedendem Wasser.

In Abb. 30 ist ein i-ξ-Diagramm für die Methanolsynthese für das stöchiometrische CO/H_2-Gemisch dargestellt. In dieses Diagramm sind der Verlauf der Synthese bei einem Quenchreaktor und einem Röhrenreaktor eingezeichnet. Man erkennt, daß im Röhrenreaktor wesentlich höhere Methanolkonzentrationen möglich sind, d.h. daß eine geringere Kreislaufgasmenge benötigt wird. Energiemäßig hat dies allerdings wenig Einfluß, da infolge des geringen Dampfdruckes des Methanols die Auskondensation auch bei geringer Methanolkonzentration im Gas sehr weitgehend erfolgt.

Da die anfallende Reaktionswärme beträchtlich ist (etwa 0,8 Gcal/t Methanol) spielt auch deren Verwertung eine wichtige Rolle bei der gesamten Energieökonomie der Methanolsynthese. Trotz der angeführten Unterschiede in der Konstruktion der Synthesereaktoren lassen sich in beiden Fällen geeignete Schaltungen für die Nutzung der Reaktionswärme finden.

3.3 Die Methanolqualität

Das Methanol wurde bisher fast ausschließlich für seine Verwendung in der chemischen Industrie erzeugt. Dementsprechend waren die Anforderungen an seine Reinheit sehr hoch. So wurden für das Produkt der Niederdrucksynthese mit Kupferkatalysatoren folgende Verunreinigungen angegeben:

Dimethyläther	150 ppm*)
Methylformiat	600 ppm
Ketone	80 ppm
Äthanol	625 ppm
Höhere Alkohole	500 ppm

*) 1 ppm = 1 part per million = 0,0001%.

ABBILDUNG 30: i-ξ-Diagramm für die Methanolsynthese, stöchiometrisches Gemisch (schrägwinkeliges Diagramm)

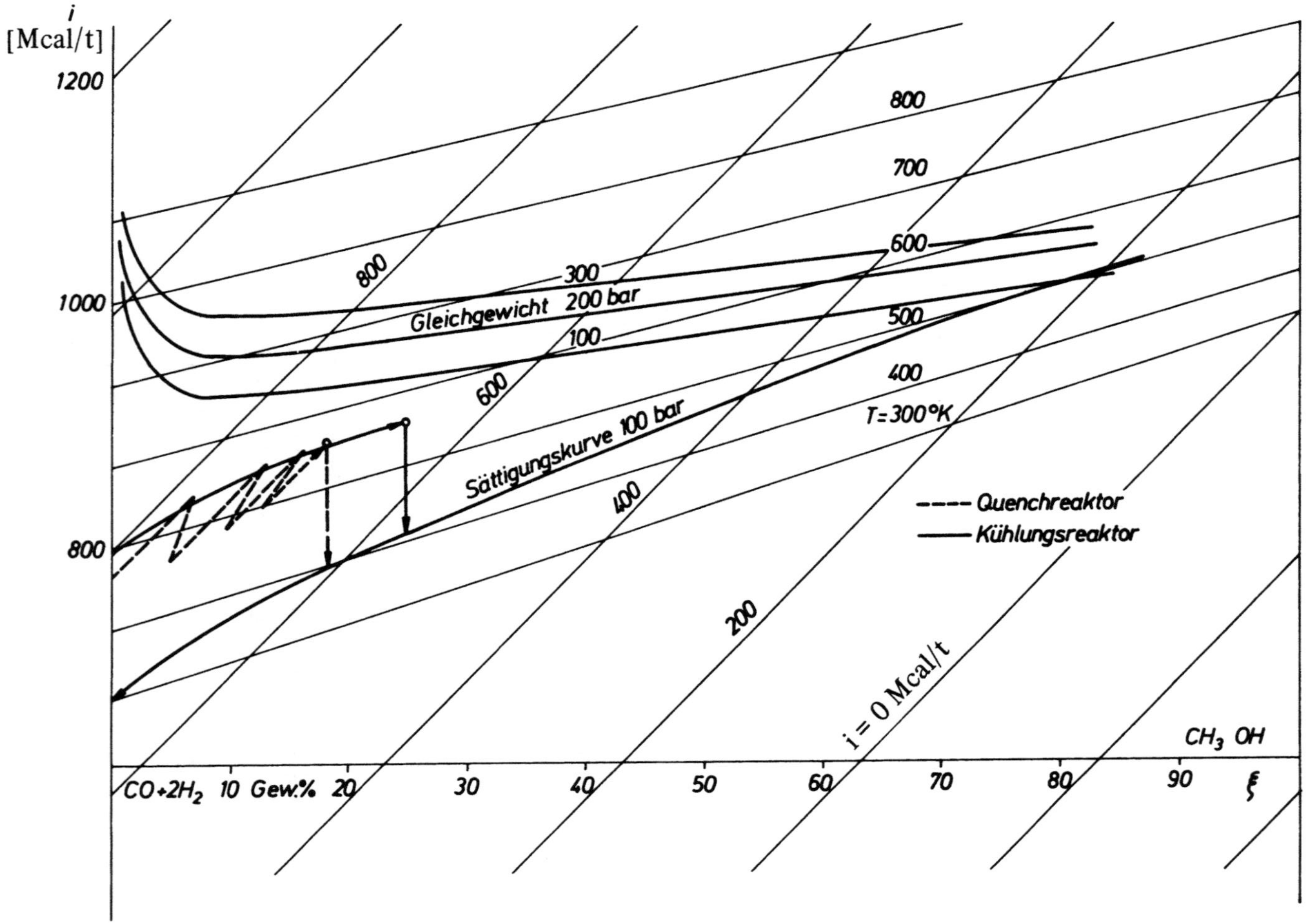

Für den Einsatz als Zusatz zum Vergasertreibstoff würde eine wesentlich geringere Reinheit genügen; nur auf einen niedrigen Wassergehalt müßte besonderes Gewicht gelegt werden. Andererseits wäre ein höherer Gehalt an höheren Alkoholen, also an Äthanol, Propanolen und Butanolen, nicht nur tolerabel, sondern sogar wünschenswert, da dadurch die Zusätze an Lösungsvermittlern bei Normalbenzin verringert werden könnten (siehe Abschnitt 2.2.1)

Der Wassergehalt des Methanols ist keine Frage der Auslegung der Synthese, sondern eine der nachfolgenden Destillation. Bei der Synthese bildet sich stets eine größere Menge an Wasser durch den Gehalt des Synthesegases an Kohlendioxid, bei dessen Umwandlung Wasser in stöchiometrischer Menge entsteht:

$$CO_2 + 3\ H_2 \rightarrow CH_3\ OH + H_2O\ .$$

Außerdem enthält das Synthesegas bei der Herstellung aus Erdgas oder Naphtha stets auch noch Feuchtigkeit, denn es ist ja mit Wasser bei der Temperatur des Synthesegaskühlers, d.h. also bei 30 - 40° C je nach vorhandener Kühlwassertemperatur, gesättigt. Dieses Wasser passiert die Synthese unverändert und scheint im Produkt auf.

Bei einer Synthesegasreinigung durch eine Rektisolwäsche ist das Synthesegas praktisch wasserfrei und enthält auch kaum noch Kohlendioxid. Hier ist die direkte Herstellung eines wasserarmen Methanols vorstellbar. Da eine solche Gasreinigung aber kostspielig ist, wird man sie nur anwenden, wenn man dazu gezwungen ist, d.h. bei Einsatz von schwerem Heizöl oder von Kohle als Rohstoff für die Synthesegaserzeugung.

Das Rohmethanol, also das direkt aus der Synthese kommende Produkt, wird üblicherweise in zwei hintereinander geschalteten Kolonnen gereinigt. In der ersten Kolonne, Abb. 29, werden die Verunreinigungen entfernt, die niedriger als das Methanol sieden, wie z.B. der Dimethyläther; das Sumpfprodukt wird in einer zweiten Kolonne von den höhersiedenden Verunreinigungen befreit, d.h. von Wasser und den höhersiedenden Alkoholen. Will man letztere im Methanol belassen, so müßte man das Gemisch mit Wasser weiter auftrennen, was prinzipiell zwar möglich, durch das Auftreten von azeotropen Gemischen aber erschwert ist.

Der im Methanol verbleibende Restgehalt an Wasser ist also nur durch die Auslegung, bzw. die Betriebsweise der zweiten Reinigungskolonne bestimmt und kann frei gewählt werden. Wird als Grenzwert für den zulässigen Wassergehalt im fertig gemischten Treibstoff 0,1 Gew.% angenommen (siehe Abschnitt 2.2.1), so würde dies bei einem Methanolgehalt von rd. 10 Gew.% einen Gehalt von 1% Wasser in diesem Methanol bedeuten. Davon sollten max. 5% schon im Methanol vorhanden sein, d.h. für das zuzumischende Methanol ergibt sich ein Limit von 0,05 Gew.% oder 500 ppm Wasser. Dieser Gehalt ist technisch ohne Schwierigkeiten erreichbar.

3.4 Die Herstellungskosten von Methanol

Zur Errechnung der Herstellkosten von Methanol sind zwei Gruppen von Angaben notwendig:

a) Die Investitionskosten und der Betriebsmittel- und Arbeitsstundenbedarf;
b) die Preise der Rohstoffe, Energien, die Arbeitsstundenkosten und die Amortisations- und Zinsquoten.

Die Investitionskosten und der Betriebsmittel- und Arbeitsstundenverbrauch hängen ihrerseits wieder von der Anlagengröße, dem Verfahren und dem Rohstoff ab. Um die Darstellung nicht unnötig zu komplizieren, wird nur das Niederdruckverfahren für diesen Vergleich herangezogen und eine Anlagenkapazität von 1000 tato oder 330.000 jato Methanol zugrunde gelegt.

Hierfür sind an Investitionskosten erforderlich (Basis 1. 1. 1976):

Erdgas	S 630 Mio
Heizöl schwer	S 1050 Mio
Kohle	S 1470 Mio.

Die zugehörigen Energieverbräuche betragen je Tonne Methanol:

	Erdgas	Heizöl schwer	Kohle
Brennstoff, Gcal	8,0	9,0	10,5
El. Energie, kWh	30	130	200
Prozeßwasser, t	1,0	0,84	1,7
Kühlwasser, t	50	75	80

Für Instandhaltung sind 4%, für Steuern und Versicherungen 2% von der Investition zu berücksichtigen.

Als Energiepreise werden eingesetzt:

Erdgas	S 100,-/Gcal
Heizöl schwer	S 110,-/Gcal
Braunkohle	S 70,-/Gcal.

Mit diesen Werten ergibt sich die folgende vergleichende Kostenrechnung für die Methanolherstellung ohne Berücksichtigung der Verwaltungs- und Vertriebskosten, der Lagerhaltung, des Betriebskapitals und des Gewinnes, da nur ein Vergleich angestrebt wird, Tab. 6.

Wie daraus zu ersehen ist, werden die Herstellkosten des Methanols weitgehend von den Rohstoffkosten einerseits und daneben noch von den investi-

TABELLE 6: Vergleich der Herstellkosten von Methanol*)

	Erdgas		Heizöl schwer		Braunkohle	
	S/t	%	S/t	%	S/t	%
Brennstoff	800,-	61,5	990,-	53,3	735,-	39,2
Elektrische Energie	25,-	1,9	97,5	5,2	150,-	8,0
Prozeßwasser	5,0		4,20		8,50	
Kühlwasser	10,-		15,-		16,-	
Personalkosten	10,-		20,-		30,-	
Verwaltung, Betriebskosten	10,-		10,-		10,-	
Instandhaltung 4%	76,36	5,9	127,27	6,8	178,18	9,5
Steuern, Versicherung	38,18	2,9	63,64	3,4	89,09	4,7
Amortisation 10%	190,91	14,7	318,18	17,1	445,45	23,8
Zinsen 7%	133,63	10,3	222,72	12,0	311,82	16,6
	S/t 1.299,08		S/t 1.858,52		S/t 1.874,04	

*) Nur relativ zum Vergleich der möglichen Rohstoffe; ohne Gewinn, Verwaltungs- und Vertriebskosten, Lagerhaltung, Transportkosten, Geländeaufschluß, Betriebskapital etc.

tionsabhängigen Kosten andererseits determiniert; alle anderen Positionen sind nur von untergeordneter Bedeutung.

Zur weiteren Beurteilung ist die Abhängigkeit der Herstellkosten des Methanols vom Energiepreis in der Abb. 31 dargestellt, und zwar für Erdgas, Heizöl schwer und Braunkohle.

Es zeigt sich, daß das Erdgas als Rohstoff wesentliche wirtschaftliche Vorteile bietet, selbst dann, wenn mit Preisen um und über S 1,-/Nm^3 gerechnet werden muß.

Heizöl schwer und Braunkohle ergeben wesentlich höhere Herstellkosten, wenn man sie zu den heute üblichen Preisen einsetzt; der Unterschied gegen Erdgas beträgt rund 43% und liegt bei Heizöl schwer und Braunkohle etwa gleich.

Aus diesen Zahlen geht hervor, daß das Erdgas - wenn es in entsprechender Menge verfügbar ist - den günstigsten Rohstoff für die Methanolherstellung darstellt. Sowohl Heizöl schwer als auch Braunkohle ergeben nicht nur höhere Herstellkosten, sondern erfordern auch einen wesentlich höheren Kapitaleinsatz.

Aus den Werten der Tabelle 6 läßt sich errechnen, daß Heizöl schwer zu einem Preis von rd. S 500,-/t zur Verfügung stehen müßte, um daraus Methanol gleichpreisig mit dem aus Erdgas erzeugten herstellen zu können; dies ist wesentlich weniger als der übliche Heizölpreis von S 1.100.- bis 1.200.-/t.

Durch den noch immer steigenden Bedarf an Vergaserkraftstoffen und den - auch durch den vermehrten Einsatz von Erdgas - stagnierenden oder sogar fallenden Verbrauch an Heizöl ergibt sich für die Raffinerien das Problem der Vermarktung des überschüssigen Heizöls. Dem überlagert sich der in einigen Jahren sicherlich auftretende Wunsch nach einer Entschwefelung des Heizöles. Die Herstellung von Methanol aus einem schweren, schwefelreichen Rückstand würde hier eine der technischen Alternativen darstellen. Eine Entscheidung hierüber ist nur aufgrund eines wirtschaftlichen Vergleiches mit den anderen Alternativen möglich, der über den Rahmen dieser Studie hinausgeht.

Dem gegenüber kann mit einiger Sicherheit gesagt werden, daß der Einsatz von Braunkohle für die Methanolherstellung aus verschiedenen Gründen nicht in Betracht kommt. Neben den hohen Herstell- und Investitionskosten ist auch die Kohle nicht in entsprechenden Mengen (ca. 1 Mio t/a) verfügbar; ein Zukauf würde - abgesehen von den hohen Transportkosten - nur eine neue Importabhängigkeit auf dem Energiesektor mit sich bringen, die sicherlich abzulehnen ist.

ABBILDUNG 31: Relative Herstellkosten von Methanol in Abhängigkeit vom Rohstoffpreis

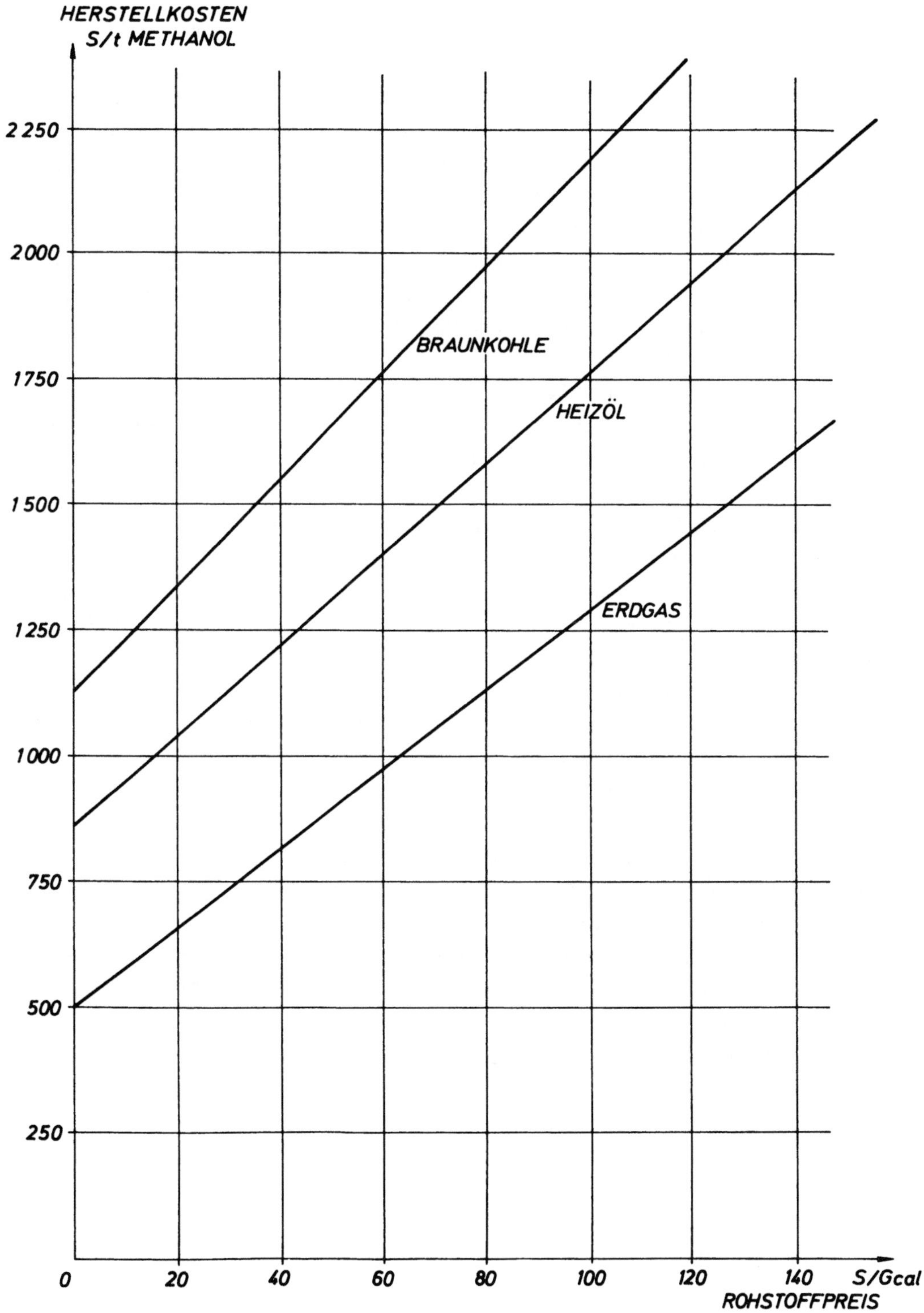

3.5 Möglichkeiten für eine Verbesserung der konventionellen Methanolsynthese

Bei den technisch einfachsten Verfahren zur Herstellung von Methanol, nämlich bei Einsatz von Erdgas als Rohstoff, ist ein Energieaufwand von 8 Gcal je Tonne erzeugtes Methanol erforderlich. Bezogen auf den Heizwert des Methanols von 4,7 Gcal/t entspricht dies einem energetischen Wirkungsgrad von 58,75%. Dieser Wirkungsgrad ist sicherlich einer der höchsten bei chemischen Synthesen und ist nur durch die hohen Produktionskapazitäten und durch die fortgeschrittene Produktionstechnologie erreichbar. Trotzdem ist die Frage nach der Möglichkeit weiterer Verfahrensverbesserungen zu stellen, die eine Verminderung des Energieeinsatzes erlauben würden. Zur Beurteilung dieser Frage ist zunächst eine Energiebilanz über das Verfahren aufzustellen; dies wird im folgenden kurz versucht.

Der Energieeinsatz beträgt 8,0 Gcal/t Methanol aus Erdgas; die daneben für den Antrieb verschiedener Pumpen und Gebläse erforderlichen 30 kWh/t elektrische Energie, d.s. 0,026 Gcal/t können gegenüber dem Erdgaseinsatz vernachlässigt werden.

Von der eingesetzten Energie finden sich 4,7 Gcal oder 59% im Produkt. Weitere 2,55 Gcal werden mit dem Kühlwasser abgeführt, rd. 0,25 Gcal sind im Rauchgas des Methanspaltofens als Abwärme enthalten. Der Rest von 0,5 Gcal stellt die echten Verluste dar, die also nur 6% der eingesetzten Energie ausmachen.

Die Hauptwärmeabfuhr liegt also in den mit Kühlwasser versorgten Prozeßkühlern. Von diesen gibt es in der Anlage hauptsächlich drei:

- der Synthesegaskühler vor der Gaskompression;
- der Synthesegaskühler nach dem Kompressor;
- die Kondensation nach den Dampfturbinen der Kompressoren.

Das Problem in allen diesen Kühlern ist die niedrige Temperatur der anfallenden Wärmemengen, die dadurch nicht mehr direkt verwertbar sind, obwohl sie prinzipiell noch verfügbar wären.

Damit wird das Problem des Energiebedarfes auf eine Untersuchung der Exergiebilanz verlagert: Es ist weniger die Frage der Quantität als die der Qualität der Abwärmemengen zu stellen.

Als Lösungsmöglichkeiten sind zunächst folgende drei Alternativen zu prüfen:

1. Verwertung der anfallenden Abwärmen trotz ihres tiefen Temperaturniveaus;
2. Anhebung des Temperaturniveaus der Abwärme bis sie im Verfahren nutzbar ist;
3. Vermeidung von Exergieverlusten im Verfahren und damit Verminderung der Abwärmen.

3.5.1 Die Verwertung der Abwärme

Die weitere Nutzung der Abwärmen, die im Kühlwasser oder mit dem Rauchgas abgegeben werden, wären z.B. mit Hilfe einer Freonturbine für die Erzeugung von mechanischer oder elektrischer Energie möglich. Der nutzbare Anteil bestimmt sich aus den beiden Temperaturniveaus des Freonkreislaufes. Als obere Temperatur ist die mittlere Temperatur, bei der die Abwärme zur Verfügung steht, einzusetzen, also etwa 70^0 C. Das untere Temperaturniveau ist durch die Temperatur des zur Verfügung stehenden Kühlwassers gegeben; diese schwankt jahreszeitlich erheblich. Es kann zunächst, einschließlich des Temperaturgefälles im Kondensator, 30^0 C angenommen werden.

Aus diesen beiden Temperaturen errechnet sich ein nutzbarer Anteil der Abwärme von

$$E = Q \frac{343 - 303}{343} = 0{,}117\ Q\,.$$

Bei einer Abwärmemenge von 2,8 Gcal je Tonne Methanol ergibt dies eine theoretische Nutzleistung von rund 0,3 Gcal/t; die praktisch gewinnbare Leistung würde bei etwa 0,2 Gcal liegen. Damit wäre keine wesentliche Verbesserung des Wirkungsgrades erreichbar.

Während bei der Gewinnung von elektrischer Energie nur der Exergieanteil der Abwärme nutzbar ist, gibt es andere Möglichkeiten, bei denen die gesamte Abwärme verwendet werden könnte: Als solche kommen alle Verwendungen in Betracht, bei denen Wärme bei einem niedrigen Temperaturniveau gebraucht wird. Zunächst wäre hier die Fernheizung von Wohnungen zu nennen. Das Temperaturniveau der Abwärme könnte ohne besonderen Mehraufwand auf 90^0 C erhöht werden. Bei einer 1000 tato Methanolanlage fallen etwa 100 Gcal/h Abwärme an, die für etwa 10 000 Wohneinheiten ausreichen würden. Der Nachteil liegt nur in der auf die kalte Jahreszeit beschränkten Nutzung der Abwärme; für die Sommerzeit wäre eine entsprechende Kühlung vorzusehen.

Erhebliche Mengen an Wärme bei niedriger Temperatur werden auch von verschiedenen Industrien benötigt, so z.B. bei der Herstellung von Kochsalz und von Zucker, in Molkereien u.a.m. Während wohl keiner dieser Betriebe die volle anfallende Wärmemenge nutzen könnte, so bieten sie doch den Vorteil einer gleichmäßigen Abnahme über das ganze Jahr.

Bei der Errichtung einer größeren Methanolanlage wären daher die Möglichkeiten einer Abwärmenutzung genau zu untersuchen. Wenn sie auch keine direkte Senkung des Energieeinsatzes bringt, so ist doch indirekt eine beträchtliche Ersparnis gegeben.

3.5.2 Die Anhebung des Temperaturniveaus der Abwärme

Die Anhebung des Temperaturniveaus der Abwärme ist mit einer Wärmepumpe vorstellbar. Auch hier sind die erforderlichen Temperaturniveaus für die benötigte Leistung entscheidend. Während das untere Niveau wie im Falle 1 bei etwa 70° C liegt, muß das obere Niveau so festgelegt werden, daß die Wärme im Verfahren auch untergebracht werden kann und so zu einer echten Einsparung von Energie führt; zunächst wird angenommen, daß dies möglich ist, wenn man bis auf das Niveau des im Verfahren benötigten Mitteldruckdampfes anhebt, der für die Erdgasspaltung benötigt wird. Dies entspricht - ohne die notwendige Überhitzung - einem Sattdampfdruck von 38 bar, d.h. von etwa 250° C.

Basierend auf diesen beiden Temperaturen ergibt sich ein theoretischer Kraftbedarf von 1,47 Gcal oder 1715 kWh je Tonne Methanol; die anfallende Wärmemenge würde 4,27 Gcal betragen. Zur Erzeugung der erforderlichen elektrischen Leistung von 1715 kWh oder 1,47 Gcal wäre in einem modernen Kraftwerk mit einem Wirkungsgrad von 33% eine Wärmemenge von 4,41 Gcal erforderlich, also mehr als die hier zurückgewonnenen 4,27 Gcal. Eine solche Lösung wäre also unwirtschaftlich. Besser wäre der Antrieb der Wärmepumpe mit einer Gegendruckturbine mit Hochdruckdampf; der dabei anfallende Mitteldruckdampf könnte aber nicht mehr im Verfahren verwendet werden, denn am Mitteldruckdampf ist schon durch die Wärmeabgabe der Wärmepumpe ein Überschuß gegeben. Auch hier wäre also nur die Abgabe von Wärme an einen anderen Verbraucher denkbar.

Ganz abgesehen von den hohen Investitionskosten einer derartig großen Wärmepumpenanlage, die wegen des hohen Temperatursprunges mehrstufig arbeiten müßte, zeigt sich, daß die Verwertung der Abwärme in einer Wärmepumpe keine entscheidende Verbesserung des thermischen Wirkungsgrades der Methanolsynthese erwarten läßt, da die direkte Verwertung der Abwärme sicherlich die günstigere Alternative ist.

3.5.3 Die Vermeidung von Exergieverlusten

In die Synthese des Methanols werden Energie in Form von fossilen Brennstoffen und von elektrischer Energie eingesetzt. Beide, sowohl die chemische wie auch die elektrische Energie, entsprechen Wärmen auf einem unendlich hohen Temperaturniveau, d.h. sie sind reine Exergie.

Das gleiche gilt für das im Verfahren erzeugte Methanol; auch sein Energiegehalt ist reine Exergie.

Im Prozeß selbst ist eine so klare Unterscheidung nicht mehr möglich. Als Beispiel hierfür möge der Spaltofen dienen. Zur Erreichung einer günstigen Lage des Spalt-Gleichgewichtes ist eine Temperatur von 850 bis 950° C erforderlich; die Reaktionsgase, also Erdgas und Wasserdampf, müssen auf diese Temperatur erhitzt, ferner muß die Reaktionsenthalpie zugeführt werden. Die Zufuhr der Wärme erfolgt indirekt durch Rauchgas aus der Erdgasverbrennung mit Luft im Ofenraum um die Katalysator-gefüllten Spaltrohre. Nach Ablauf der Reaktion sind sowohl das Reaktionsgemisch als auch das Rauchgas noch auf hoher Temperatur. Die darin enthaltene fühlbare Wärme, aber auch die Kondensationswärme des im Reaktionsgas enthaltenen Wasserdampfes, fallen als Abwärmen an und können genutzt werden. Technisch erfolgt dies durch eine Reihe von Wärmetauschern, wie sie beispielsweise die Abb. 32 für das Rauchgas des Spaltofens zeigt.

ABBILDUNG 32: Wärmetauscherzug nach einem Primärreformer
Aus L. Silberring, Sulzer-Rundschau 1969, Nr. 2

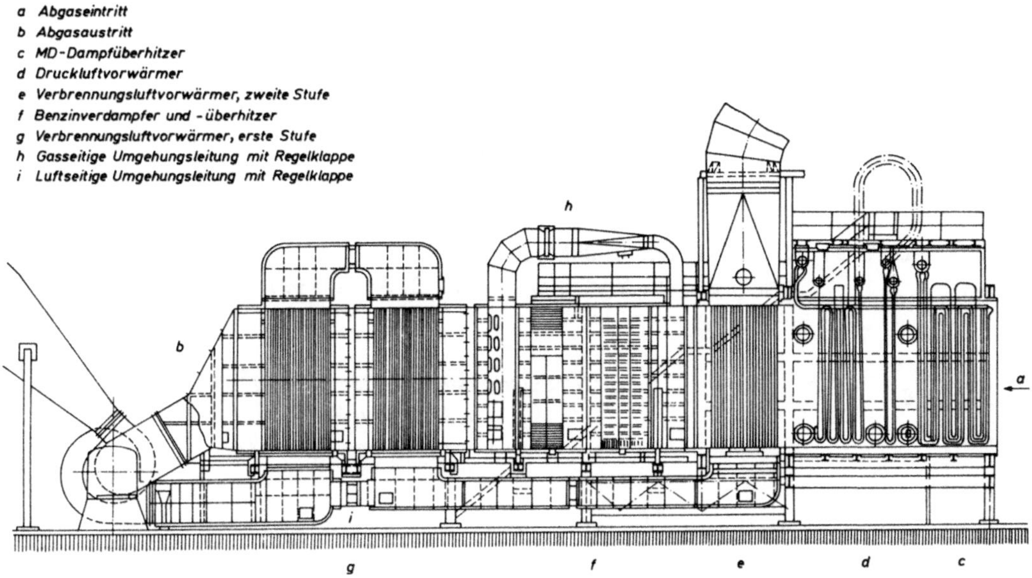

ABBILDUNG 33: Abkühlgase der Rauchgase eines Reformers
Aus H. Appel, H. Gössling, Chem. Z. 96, 135 (1972)

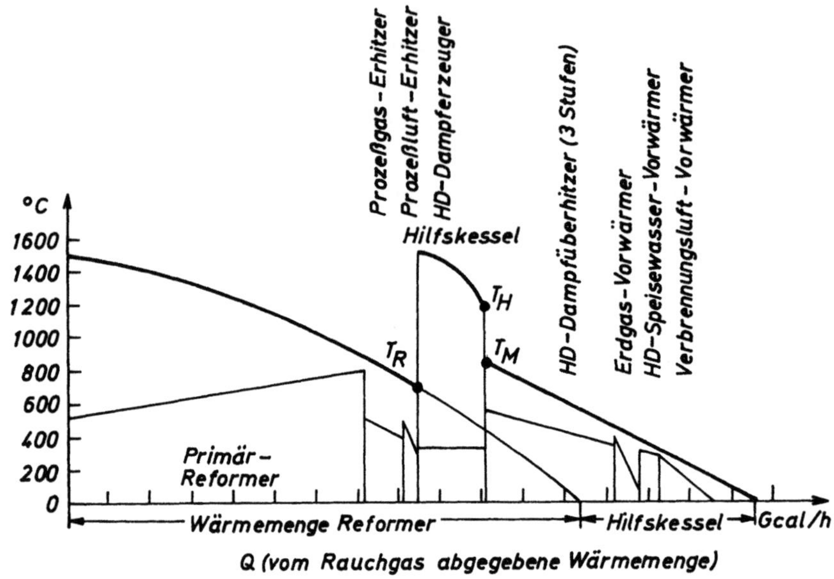

ABBILDUNG 34: Q, t-Diagramm-Produktgasstrom
Aus J. Becker, Verfahrenstechnik 3, 335 (1969)

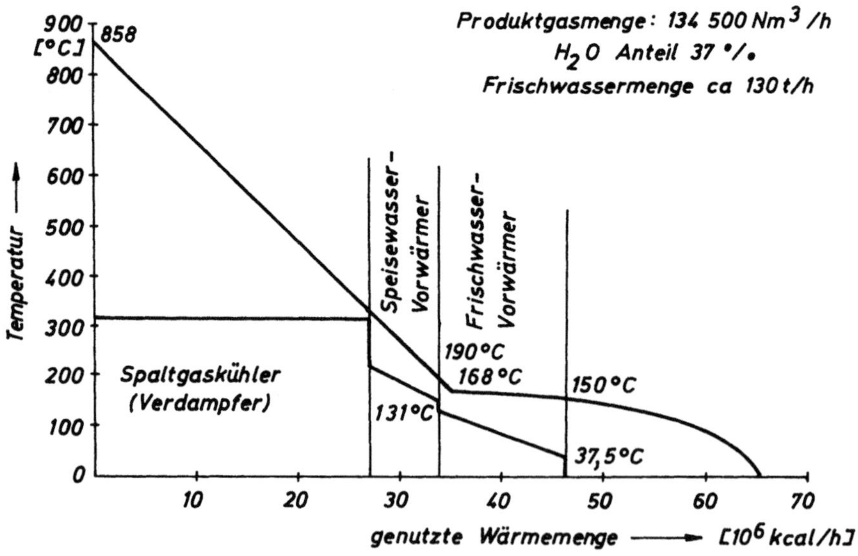

Für die Auslegung dieser Wärmetauscherkaskaden ist es wesentlich, daß die gewonnenen Wärmemengen bei einer möglichst hohen Temperatur verwertet werden können. Jeder Verlust an Temperaturniveau bedingt ja eine Exergieeinbuße. Die Auslegung verwendet daher i-T-Diagramme, in die die Wirkungsweisen der einzelnen Wärmetauscher eingesetzt werden (Abb. 33 und 34). Durch die anfallenden Kondensationswärmen sind die Zusammenhänge zwischen dem Wärmeinhalt und der Temperatur der Gaskühlkurven keine Geraden - wie sie in erster Näherung für reine fühlbare Wärmen zu erwarten wären - sondern gekrümmte Kurven. Hier ergibt sich die erste Schwierigkeit, nämlich die Anpassung der Wärmeaufnahmekurven für die einzelnen Vorwässerstufen an die Wärmeabgabekurve. Ziel der Auslegung muß sein, die beiden Kurven möglichst knapp aneinander zu bringen, damit der Temperaturunterschied zwischen der abgegebenen und der aufgenommenen Wärme und damit der Exergieverlust, möglichst gering gehalten werden kann.

Dabei ergibt sich eine weitere Schwierigkeit. Gemäß der Grundgleichung für den Wärmetausch ist die übergehende Wärmemenge Q gleich dem Produkt aus der Wärmetauschfläche F, der Wärmedurchgangszahl k und der wirksamen Temperaturdifferenz Δt:

$$Q = F \cdot k \cdot \Delta t .$$

Umgeformt heißt dies, daß die zur Übertragung einer bestimmten Wärmemenge erforderliche Wärmetauschfläche gleich dem Quotienten aus der Wärmemenge und dem Produkt aus der Wärmeübergangszahl und der Temperaturdifferenz ist:

$$F = \frac{Q}{k \cdot \Delta t} .$$

Die notwendige Wärmetauschfläche, d.h. die Größe des Wärmetauschers, wird also umso größer, je kleiner die wirksame Temperaturdifferenz ist. Dem Bestreben nach einem geringen Exergieverlust, d.h. nach einer geringen Temperaturdifferenz ist also die erforderliche Apparategröße gegenläufig und setzt daher diesem Bestreben eine technische Grenze. Hierbei spielt aber das absolute Temperaturniveau der Wärmen eine wichtige Rolle.

Die gleiche Temperaturdifferenz bewirkt bei einem höheren Temperaturniveau einen wesentlich geringeren Exergieverlust als bei einem niedrigen. Man wird also bei der Auslegung von Hochtemperaturwärmetauschern eine höhere Temperaturdifferenz anwenden können, als bei solchen bei niedriger Temperatur.

Mathematisch ausgedrückt ergibt sich folgender Ausdruck für die bei einem bestimmten exergetischen Wirkungsgrad η erforderliche Temperaturdifferenz eines Wärmetauschers:

$$\Delta T = T_1 \left(1 - \frac{T_u}{T_1 - \eta(T_1 - T_u)}\right),$$

wobei T_u die Umgebungstemperatur und T_1 das Temperaturniveau der abzugebenden Wärme bedeuten. Eine graphische Darstellung dieser Funktion für einige η-Werte zeigt die Abb. 35.

Wie daraus zu ersehen ist, läßt ein exergetischer Wirkungsgrad von 98% bei 800° C eine Temperaturdifferenz von 56°, bei 300° C aber nur mehr eine von 10° C zu. Gerade die Niedertemperaturwärmetauscher müssen also besonders reichlich ausgelegt werden. Hier bestehen sicherlich noch Möglichkeiten der Exergieeinsparung, die sich rückwirkend wieder als eine Energieeinsparung auswirken können.

3.5.4 Wirtschaftliche Auswirkungen der Energieeinsatzminderung

Wie aus den vorgehenden Abschnitten ersichtlich ist, gibt es genügend Möglichkeiten, den Energieeinsatz für die Methanolerzeugung zu vermindern: Allen diesen ist aber gemeinsam, daß sie zusätzliche Investitionen erfordern. Dies drückt sich in der Kostenrechnung für das Methanol einerseits durch die Einsparung bei den Energiekosten, andererseits durch eine Erhöhung der kapitalabhängigen Kosten aus. Es wäre daher sinnlos, den Energieeinsatz allzusehr zu drücken, wenn die Erhöhung der Abschreibung den dadurch erzielten Vorteil wieder wettmachen würde.

Hier zeigt sich deutlich, daß die Energieanalyse allein kein geeignetes Instrument zur Rationalisierung von Prozessen ist, sondern daß vielmehr alle Faktoren, die in die Kostenrechnung eingehen, mit berücksichtigt werden müssen. Schwierigkeiten bereitet jedoch die Festlegung des einzusetzenden Energiepreises, da dieser in den meisten Fällen nicht nach den Regeln der freien Marktwirtschaft, sondern nach anderen Gesichtspunkten festgelegt wird: Dies ergibt im vorliegenden Fall eine Verzerrung des Bildes. Der Erdgaspreis in Österreich ist im Verhältnis zum Preis des schweren Heizöles zu niedrig angesetzt. Wie in Abschnitt 3.4 ausgeführt, wurden in dieser Studie Erdgaspreise von S 100,-/Gcal, Heizöl schwer Preise von S 110,-/Gcal und Kohlepreise von S 70,-/Gcal angenommen, wie es etwa den derzeitigen Preisen für Neubezüge entspricht.

Dieser Erdgaspreis ist sicherlich zu niedrig, denn Erdgas ist ein höherwertiger Energieträger als Heizöl schwer. Wenn aber der Erdgaspreis zu niedrig angesetzt wird, verzerrt sich nicht nur die Konkurrenzlage der einzelnen Rohstoffe untereinander, sondern auch der Vergleich zwischen Energieverbrauch und Investitionen, deren Folge eine Fehlauslegung der Produktionsanlagen ist. Je teurer die eingesetzte Energie ist, desto höhere Investitionen können zur Einsparung von Energie getätigt werden; wird aber der Energiepreis künstlich niedrig gehalten, so werden diese zusätzlichen Investitionen unterlassen und ein höherer Energieverbrauch in Kauf genommen. Hieraus ist der große Einfluß des

ABBILDUNG 35: Abhängigkeit der mittleren Temperaturdifferenz in einem Wärmeaustauscher von der absoluten Temperatur bei gleichem exergetischen Wirkungsgrad

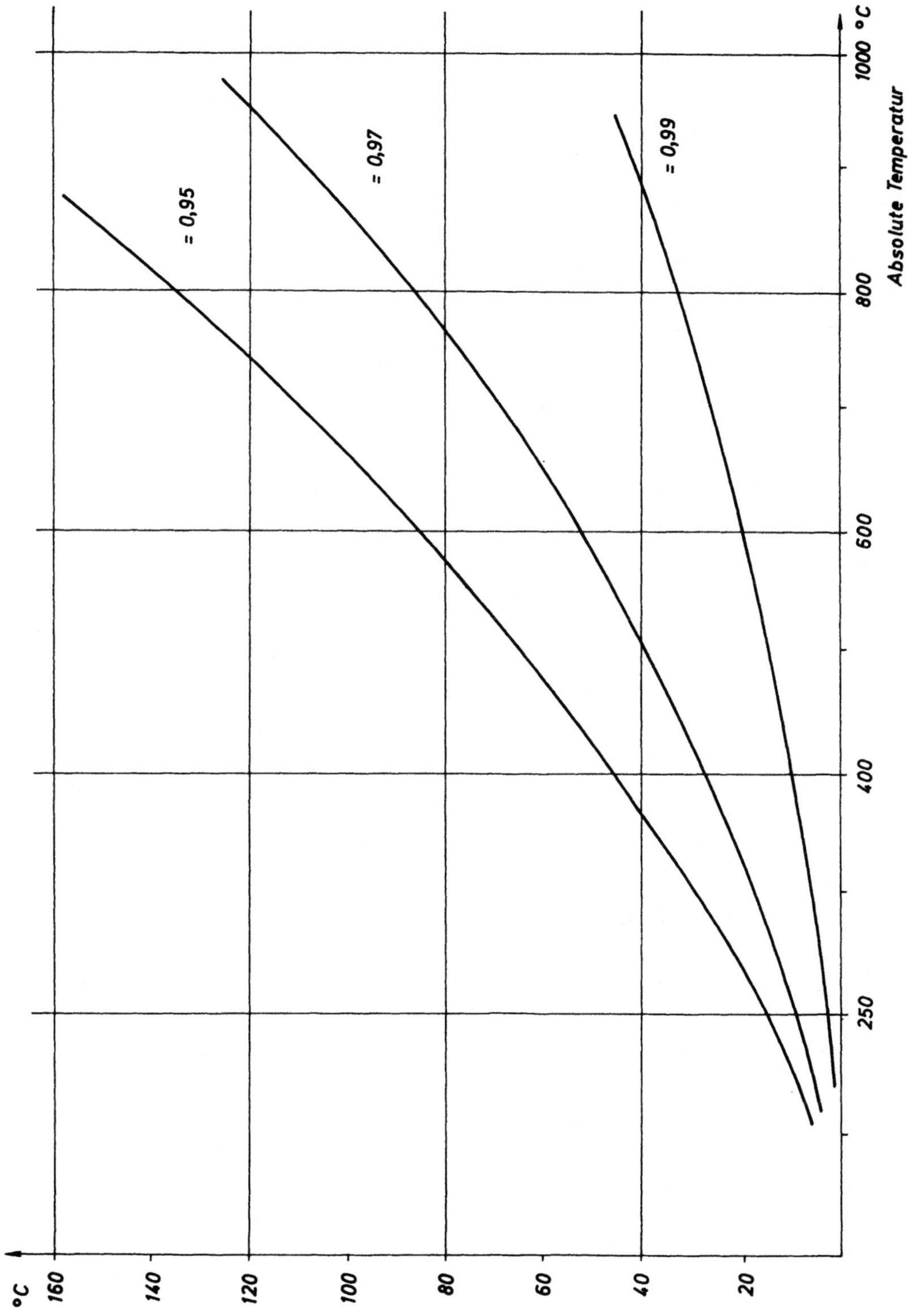

Energiepreises nicht nur auf die jeweiligen Herstellkosten, sondern auch auf die Planung der Produktionsanlagen ersichtlich. Einmal gemachte Fehler bei der Auslegung der Anlagen sind aber später bei einer Erhöhung des Energiepreises meist nicht mehr korrigierbar, so daß die Anlage dann in ihrer gesamten weiteren Lebensdauer mit überhöhten Herstellkosten produziert.

Grundsätzlich ist bei allen Produktionsanlagen ein Zusammenhang zwischen dem Energieeinsatz und den Investitionskosten gegeben. Im vorliegenden Falle ist dieser besonders bedeutend, da Rohstoffeinsatz und Energieeinsatz identisch sind und die Kosten dafür maßgeblich in die Herstellkostenrechnung eingehen (siehe Abschnitt 3.4).

Die untere Grenze des Energieeinsatzes ist theoretisch bei einem energetischen Wirkungsgrad der Anlage von 100% gegeben; technisch ist eine solche Anlage nicht realisierbar, was dadurch ausgedrückt werden kann, daß die Investitionskosten unendlich hoch angesetzt werden.

Andererseits ist es möglich, die Anlage ohne Rücksicht auf den Energieverbrauch auf minimale Investitionskosten auszulegen. In diesem Falle wird der Energieverbrauch zwar nicht unendlich hoch, wohl aber sehr hoch sein, da alle Vorkehrungen für eine Energierückgewinnung entfallen.

Zwischen diesen beiden Extremen wird der wirkliche Auslegepunkt der Anlage zu suchen sein.

Den Zusammenhang zwischen Energieverbrauch und Investitionskosten zeigt beispielsweise die Abb. 36 für die Herstellung von Ammoniak aus Erdgas (17). Dieses Verfahren ist in seiner Technologie und seiner Problematik der Methanolherstellung völlig analog, so daß sich die daraus gewinnbaren Rückschlüsse ohne weiteres auf die Methanolherstellung übertragen lassen.

Aus dieser Kurve ist zunächst der weite Bereich der möglichen Auslegungen der Anlage ersichtlich. Der genaue Auslegepunkt ist durch eine Näherungsmethode leicht bestimmbar. Man beginnt mit der minimalen Investition; jedes weitere zusätzliche Investitionsinkrement muß sich aufgrund der erzielbaren Energieersparnis selbst rechnen, d.h. eine Erniedrigung der Herstellkosten ergeben. Die wirtschaftlich günstigste Auslegung ist erreicht, wenn die Herstellkosten des Produktes wieder zu steigen beginnen.

Dieser Auslegungspunkt bedeutet nicht, daß keine weitere Einsparung von Energie technisch möglich wäre; jede solche weitere Einsparung würde aber so hohe zusätzliche Investitionskosten bedingen, so daß sie wirtschaftlich nicht mehr gerechtfertigt werden könnte.

Es ist nicht möglich, allgemein die günstigste Auslegung eines Verfahrens anzugeben, da diese von einer Reihe von Faktoren abhängig ist, die von Fall zu Fall verschieden sind, wie z.B. der Energiepreis, die Amortisationszeit, die Verzinsung, die Anlagekapazität u.a.m. Sie müssen daher jeweils für die konkreten Situationen ermittelt werden. Wie groß die Einflüsse sein können, soll an dem nachfolgenden Zahlenbeispiel erläutert werden: Hierbei werden die Zahlen der

ABBILDUNG 36: Abhängigkeit des spezifischen Energieverbrauches von den Investitionskosten für die Herstellung von Ammoniak

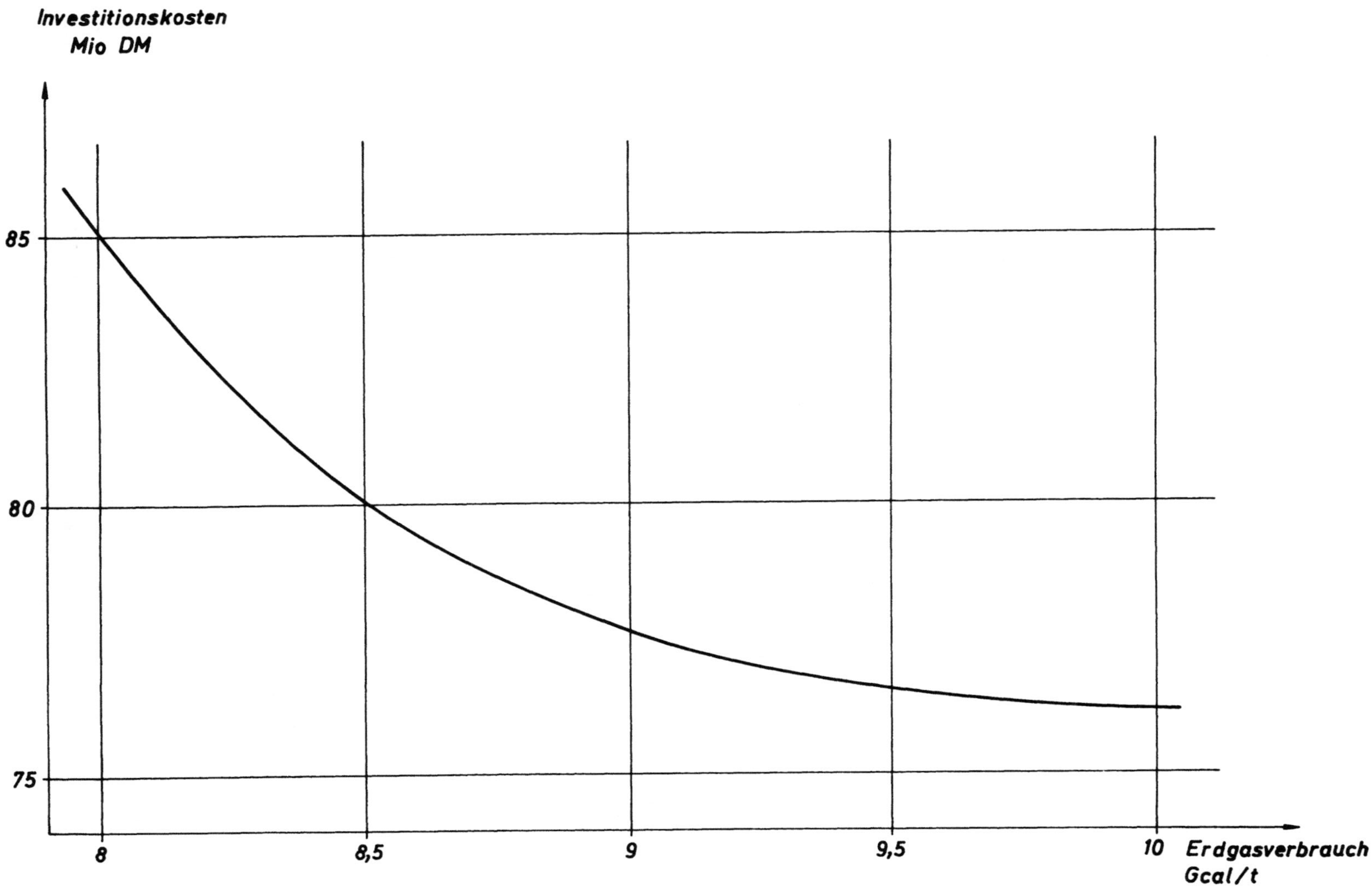

Kostenrechnung für die Methanolherstellung des Abschnittes 3.4 zugrunde gelegt (Tabelle 6).

Eine Verringerung des Energieeinsatzes um 10%, also von 8 auf 7,2 Gcal/t Methanol würde eine Verbilligung des Methanols um S 80,- je Tonne Methanol bedeuten; würden diese achtzig Schilling auf die kapitalabhängigen Kosten, also auf die Instandhaltung, Steuern, Versicherungen, Amortisation und Zinsen umgelegt, so könnten die Investitionskosten um 18%, d.h. von 630 Mio S um 115 Mio S auf 745 Mio S steigen, um das Methanol bei verringertem Energieeinsatz gleichpreisig herstellen zu können. Bei Anlehnung an die Kurve der Ammoniakerzeugung ist fast sicher anzunehmen, daß dies auch technisch realisierbar ist, insbesondere wenn man die Aufteilung der Investitionskosten für eine Methanolanlage betrachtet (Erdgas als Rohstoff) (18)

Entschwefelung	2%
Synthesegaserzeugung	32%
Dampferzeugung	14%
Kompression	24%
Synthese	22%
Destillation	6%

Es zeigt sich also hier, daß ein hoher Energiepreis ein wesentlicher Ansporn für eine energiesparende Auslegung der Produktionsanlagen ist. Die von den Anlagenbaufirmen üblicherweise angegebenen Energieverbrauchsziffern sind für relativ niedrige Energiepreise berechnet und nehmen auf Energiesparmaßnahmen wenig Rücksicht, weil dadurch die Investitionskosten steigen würden, wodurch wiederum ihre Wettbewerbsfähigkeit in Frage gestellt wäre.

3.6 Der Import von Methanol

Methanol ist eine wichtige organische Grundchemikalie, die in der chemischen Industrie für viele Zwecke eingesetzt wird; derzeit werden etwa 11 Mio Tonnen je Jahr erzeugt.

In letzter Zeit sind neben dieser Produktion auch Projekte bekannt geworden, die den Einsatz von Methanol als Brennstoff bzw. Energieträger vorsehen. Die Grundlage hierfür ist das Problem, daß große Vorkommen von Erdgas in Ländern liegen, in denen dessen Nutzung nicht möglich ist. Der Transport dieses Erdgases über Land ist einfach und billig in Pipelines möglich, über See wirft es aber große Probleme auf, da das Erdgas - vorwiegend Methan - erst bei einer Temperatur von – 164° C verflüssigt werden kann und auch bei dieser Temperatur transportiert werden muß. Der für eine solche Transportkette - Verflüssigungsstation, Spezialtanker, Verdampferstation - erforderliche Kapitalbedarf ist außerordentlich hoch, so daß nach Alternativen gesucht wurde.

Eine solche Alternative ist die Erzeugung von Methanol aus dem Erdgas und der anschließende Transport dieses Methanols, der in normalen Tankern erfolgen könnte. Im Bestimmungshafen könnte das Methanol wieder in Methan umgeformt - was aber einen beträchtlichen Energieverlust bedeuten würde - oder als solches als Brennstoff eingesetzt werden. Auf diese Weise würde das Methanol in großer Menge und relativ billig zur Verfügung stehen und könnte importiert werden.

Nachteilig würde sich dabei allerdings der Transport vom Anladungshafen bis zur österreichischen Raffinerie bemerkbar machen, da dieser auf dem Schienenweg erfolgen müßte. Gegenüber dem Rohöltransport durch die Pipeline wären hier erheblich höhere Kosten zu erwarten.

In letzter Zeit sind aus der UdSSR Pläne für den Bau größerer Methanolkapazitäten bekannt geworden, aus denen Methanol für den Export angeboten werden wird. Dem Import von Methanol nach Österreich kann im Rahmen der vorliegenden Untersuchung für eine Übergangszeit bis zum Anlaufen einer entsprechenden österreichischen Produktion Bedeutung zukommen. Insbesondere für Einführungszeit und Bedarf in Österreich könnten größere Mengen importiert werden.

Energiepolitisch würde der Import von Methanol die Importabhängigkeit unseres Landes auf dem Energiesektor nicht vermindern können; es könnte sich aber durch das Methanol eine weitere Möglichkeit zur geographischen Streuung der Energieimporte ergeben.

4. METHANOL IN EINER ENERGIENOTSTANDSSITUATION

Die Pläne zur Versorgung des inländischen Bedarfes im Falle einer Energienotstandssituation haben - spätestens seit der Energiekrise im Herbst 1973 - eine beträchtliche Bedeutung erlangt. Es ist daher zu prüfen, ob durch den Einsatz von Methanol als Treibstoffzusatz in dieser Richtung Vorteile zu erwarten wären.

Dazu muß zunächst die Versorgung mit Vergaser- und mit Dieseltreibstoff im Krisenfalle betrachtet werden. Die bisherigen Überlegungen basieren auf zwei Gegebenheiten:

a) der österreichischen Rohölproduktion

b) einer Lagerhaltung.

Österreich verfügt über eine eigene Rohölproduktion von etwa 2 Millionen t/Jahr, die auch im Krisenfalle zur Verfügung stünde. Verglichen mit dem Verbrauch an Erdölprodukten von rund 10 Millionen Tonnen im Jahr ist dies zwar nur etwa 20%, würde aber doch eine gewisse Notversorgung ermöglichen. Hierbei tritt aber folgende Schwierigkeit auf: Die österreichischen Rohöle sind besonders benzinarm. Für die Erzeugung des Vergasertreibstoffes müßte daher vorwiegend die katalytische Crackanlage herangezogen werden, als deren Einsatz Vakuumgasöl benötigt wird; bei dessen Erzeugung wiederum verbleibt eine große Menge an Asphalt als Rückstand, der wegen seines hohen Stockpunktes nicht als Heizöl schwer abgegeben werden kann und daher wertlos ist. Auch das Crackbenzin allein würde nicht ohne weiteres den üblichen Anforderungen für einen Vergaserkraftstoff entsprechen.

Es ergibt sich also die Situation, daß zwar einerseits eine Rohölmenge von 2 Millionen Tonnen/Jahr zur Verfügung steht, andererseits aber daraus eine Erzeugung von Vergaserkraftstoff und von Heizöl schwer der üblichen Qualität nur beschränkt möglich ist.

Die Lagerhaltung an Rohöl und an Fertigprodukten kann hier zwar sicherlich helfen, stellt aber auch keine befriedigende Lösung des Notversorgungsproblems dar. Eine Methanolanlage mit einer Kapazität von etwa 300 000 jato würde im Krisenfall eine wesentliche Hilfe in der Versorgung mit Vergaserkraftstoff darstellen. Die Erhöhung des Methanolzusatzes auf 30 bis 35% würde bei dem weitgehend aromatisch-basischen Crackbenzin ohne besondere Schwierigkeiten möglich sein, würde allerdings bei den Kraftfahrzeugen eine entsprechende Nachstellung des Vergasers und der Zündung erfordern.

Voraussetzung für die Produktion des Methanols wäre jedoch eine auch in der Krise gesicherte Rohstoffversorgung dieser Anlage, die ihrerseits die Engpaßprodukte der Versorgung nicht belasten darf. Hier bieten sich drei Varianten an:

a) die Rohstoffbasis Erdgas,
b) die Rohstoffbasis schwere Rückstände,
c) die Rohstoffbasis steirische Braunkohle.

Die Lagerung von Erdgas in Untertagespeichern ist eine der sichersten und wirtschaftlichsten Lagermöglichkeiten von Energie. Da Österreich über einige erschöpfte Erdgaslagerstätten verfügt, brauchen solche nicht künstlich geschaffen, sondern nur durch eine entsprechende Verrohrung adaptiert werden. Derzeit bestehen Lagermöglichkeiten für 250 Mio Kubikmeter Erdgas, eine Kapazitätserweiterung um 1000 Mio Kubikmeter ist in Planung. Da je Tonne Methanol etwa 1000 Kubikmeter Erdgas benötigt werden, ist auf diese Weise auch die Methanolproduktion in Krisenzeiten weitgehend gesichert.

Alternativ wäre auch die Herstellung aus schwerem Asphalt möglich, da dieser aus dem österreichischen Rohöl in genügender Menge zur Verfügung steht und auch in Krisensituationen nicht anderweitig genutzt werden könnte.

Auch die Versorgung einer Methanolanlage mit heimischer Braunkohle wäre im Krisenfall möglich, der Bedarf an Braunkohle würde allerdings stark steigen. Die für eine Produktion von 300 000 jato Methanol erforderlichen 1,000 000 jato Braunkohle wären dann - neben dem Bedarf der Kraftwerke und der Raumheizung - kaum verfügbar.

Es kann also festgestellt werden, daß eine Produktion von etwa 300 000 jato Methanol auf Basis Erdgas oder schwere Rückstände im Krisenfall eine wertvolle Ergänzung der Versorgung mit Vergaserkraftstoff darstellen würde.

5. ZUSAMMENFASSUNG UND EMPFEHLUNGEN FÜR DIE EINFÜHRUNG VON BENZIN-METHANOLGEMISCHEN ALS KRAFTSTOFF IN ÖSTERREICH

Die Zumischung von 10 bis 15% Methanol zum Vergaserkraftstoff in Österreich ist zu empfehlen, da sie eine beträchtliche Verringerung der Schadstoffemissionen der Autoabgase ergeben würde, die besonders in den Ballungsräumen sehr erwünscht wäre. Abhängig von der motorischen Bauweise der einzelnen Automodelle könnte die Kohlenmonoxid-Emission um mehr als die Hälfte verringert werden.

Durch den Zusatz des Methanols könnte der Bleigehalt im Vergaserkraftstoff abgesenkt werden; eine wegen der Schwankungen der Grundbenzinzusammensetzung nur ungefähre Abschätzung ergibt die Möglichkeit einer Absenkung des Bleizusatzes bei Normalbenzin um 0,2 bis 0,3 g/l und bei Superbenzin um 0,05 bis 0,1 g/l.

Um einen möglichst großen Effekt bei der Verringerung der Schadstoffemissionen zu erzielen, sollte sowohl dem Normal- als auch dem Superbenzin Methanol zugesetzt werden.

Die Leistung der Vergasermotoren und der Treibstoffverbrauch würden sich durch die Zumischung des Methanols nicht oder nur unwesentlich ändern. Andere Schwierigkeiten beim Betrieb der Fahrzeuge sind bei entsprechender Anpassung der Eigenschaften des Benzinanteils im Gemisch nicht zu erwarten. Bei Superbenzin wäre die Zumischung des Methanols ohne weiteres möglich, bei Normalbenzin müßten Lösungsvermittler zugesetzt werden, um die Wasserverträglichkeit bei tiefen Temperaturen im Winter zu verbessern. Die Veränderung des Dampfdruckes der Kraftstoffe durch den Methanolzusatz müßte durch eine entsprechende Einstellung der Grundbenzine in den Raffinerien kompensiert werden.

Veränderungen an der Vergaser- oder Motoreinstellung der Kraftfahrzeuge sind bei Verwendung der Gemische nicht erforderlich; die Fahrzeuge könnten alternativ ohne Einschränkung mit reinem Benzin oder mit Benzin-Methanol-Gemischen betrieben werden.

Der Verbrauch an Vergasertreibstoff in Österreich wird bis 1980 etwa 2,500 000 t/a erreichen; dies ergibt einen Methanolbedarf von 150 000 bis 300 000 t/a. Diese Menge könnte zwischenzeitlich importiert werden, langfristig wäre aber eine Erzeugung in Österreich anzustreben. Als Rohstoffbasis wäre importiertes Erdgas wirtschaftlich am günstigsten; aber auch dem Einsatz von schweren Erdölrückständen könnte im Zusammenhang mit der Erhöhung der Produktflexibilität der Raffinerien und mit der Notwendigkeit der Verringerung des Schwefelgehaltes des Heizöles Bedeutung zukommen. Für eine Entscheidung über den Rohstoff wäre eine diesbezügliche Detailuntersuchung erforderlich. Die Investitionskosten für eine derartige Methanolanlage werden zwischen 700 und 1100 Millionen Schilling liegen; die erforderliche Zeit für Planung und Errichtung der Anlage liegt bei drei bis vier Jahren.

Eine Abschätzung der Herstellkosten des Methanols läßt erwarten, daß dadurch keine Erhöhung des Kraftstoffpreises ausgelöst werden würde. Steuerliche Aspekte wären gesondert zu untersuchen.

Die Einführung eines Benzin-Methanolgemisches wäre möglichst bundes- oder zumindest ländereinheitlich anzustreben, um Wettbewerbsverzerrungen zu vermeiden, die durch unterschiedliche Belieferung entstehen könnten, es erscheint daher die Erlassung einer diesbezüglichen Verordnung zweckmäßig, die auch das Problem der Methanolzumischung zum importierten Vergaserkraftstoff regelt, was besonders für die westlichen Bundesländer wichtig ist.

Eine internationale Koordinierung der Einführung eines Methanolzusatzes zum Vergasertreibstoff ist notwendig, wenn auch - wegen der Möglichkeit des Alternativbetriebes mit Benzin - eine konzertierte Aktion nicht unbedingt erforderlich scheint.

Wegen der notwendigen Vorarbeiten ist zwischen dem prinzipiellen Entschluß zur Einführung eines Methanolzusatzes zum Vergasertreibstoff und dessen Verkauf an den Tankstellen ein Zeitraum von mindestens zwei Jahren vorzusehen; dies allerdings nur unter der Voraussetzung, daß die benötigten Methanolmengen zumindest teilweise aus Importen zur Verfügung stehen.

Wird bis zum Anlaufen einer österreichischen Produktion gewartet, so würde sich die genannte Zeitspanne auf zumindest vier Jahre erhöhen.

In der Zeit bis dahin sollten Großversuche mit einer größeren Anzahl von Kraftwagen unter wirklichen Betriebsbedingungen, eventuell unter Betreuung durch Kraftfahrerverbände, ausgeführt werden, um mehr Erfahrungen unter den österreichischen geographischen und klimatischen Bedingungen zu gewinnen und die Übergangsperiode möglichst reibungslos zu gestalten.

6. LIERATURÜBERSICHT (Stand Mitte 1976)

6.1 Im Text zitierte Literatur

1) G. WEISMANTEL, Chem. Engng. 1972, 27. Nov., 46, 47, 50
2) E. FIALA, Vortr. Hannover Messe 24. 4. 1974
3) F. BROICH, Allgem. angew. Chemie *20,* 2 (1969)
4) Bundesministerium für Verkehr, Brennstoffstatistik, jährlich erscheinend
5) W. BERNHARDT, Mögliche Alternativkraftstoffe für Verbrennungsmotoren, VW-Workshop, Wolfsburg, 13. 2. 1975
6) W. HAMPTON, Chem. Engng. 1975, 21. Juli, 58
7) Bundesministerium für Forschung und Technologie, Neuen Kraftstoffen auf der Spur, Bonn 1974, S. 34
8) W. WOLF, Alkohole und ihre motorische Verbrennung, Vortrag, 24. Haupttag. Deutschen Ges. f. Mineralölwiss. und Kohlechemie, Hamburg, 30. 9. - 3. 10. 1974
9) DOS 2 248 841, Veba Chemie, 5. 10. 1972
10) Jap. Kokai 74 26 305 Sumitomo Chem. Co. 4. 7. 1972
Jap. Kokai 74 26 306 Sumitomo Chem. Co. 5. 7. 1972
Jap. Kokai 73 34 803 Sumitomo Chem. Co. 29. 12. 1970
11) Diese und die weiteren Oktanzahlwerte nach Bundesministerium für Forschung und Technologie, Neuen Kraftstoffen auf der Spur, Bonn 1974
12) W. LEE, W. GEFFERS, AIChE Meeting, Boston 9. 9. 1975
13) W. LEE, W. GEFFERS, AIChE Meeting, Boston, 9. 9. 1975
14) W. LEE, a.a.O.
15) VDI Nachrichten *30*, 4, 1 (v. 30. 1. 1976)
16) D.A. FISHER, Shell's Field and Laboratory Experience in the Use of Alcohols as Gasoline Extenders, Vortrag, Stockholm 22/24. 3. 1976
17) K. MUNDO, Chem. Ing. Tech. *45,* 636 (1973)
18) J. BIDDER, M.J. HOLL, Record *1,* No. 4, 15 (1975)

Im weiteren sind die wichtigsten Literaturstellen angeführt, die weitere Information zum Thema enthalten:

6.2 Allgemeine Grundlagen

American Petroleum Institute, Use of Alcohol in Motor Gasoline - A Review, API, Publication No. 4082, August 1971

W. BERNHARDT, Mögliche Alternativ-Kraftstoffe für Verbrennungsmotoren, VW-Workshop 13. 2. 1974

Bundesministerium für Forschung und Technologie, Neuen Kraftstoffen auf der Spur; Bonn 1974

J.C. DAVIS, Can Methanol Fuel Contend? , Chem. Engng. 1973, 25. 6., 48

E. FIALA, Die mittel- und langfristige Anpassung der Automobilindustrie an die veränderte Energiesituation; Vortrag, Hannover Messe 24. 4. 1974

T.B. REED, R.M. LERNER, Methanol: A Versatile Fuel for Immediate Use, Science *182*, 1299 (1973)

M. SCHWARZMANN, Methanol - Syntheserohstoff und Energieträger, Chem. Ing. Techn. *47,* 56 (1975)

J. TOURTELOTTE, S. BOUGIORNO, D. SHAK, Methanol Concept, CEER *6,* 11, 34, (1974)

C. WINTER, A. KNOLL, Energy Imports: LNG vs. MeOH, Chem. Engng. 1973, 12. 11., 233

6.3 Einsatz von Methanol als Kraftstoff

J. ALLSUP et al., Experimental Work with Methanol/Gasoline Blends, ERDA/AAPSD Contractors coordin. meeting, Ann Arbor, Mich. 6. - 8. 5. 1975

J.R. ALLSUP, Methanol/Gasoline Blends as Automotive Fuel, AIChE Meeting Boston, Sep. 1975

Anon., Kraftstoff mit Methanol alltagstauglich, VDI Nachrichten *30,* 4, 1 (30. 1. 1976)

W. BERNHARDT, Methanol für Otto-Motoren, VW-Workshop 13. 2. 1974

W.F. BERNHARDT, W. LEE, Combustion of Methyl Alcohol in Spark Ignition Engines, 15th Intern. Symp. on Combustion, Tokio 15. - 31. 8. 1974

R.D. FLEMING, T.W. CHAMBERLAINE, Methanol as Automative Fuel, Autom. Engng. Congress, Detroit, Mich., 24. - 28. 2. 1975

D.A. FISHER, Shell's Field and Laboratory Experience in the Use of Alcohols as Gasoline Extenders, Svensk Methanol Meeting Symp., Stockholm 22. - 24. 3. 1976

M.P. HALSTEAD, Phase Separation of Methanol Gasoline Mixtures, Svensk Metanolutveckling Symp., Stockholm 22. - 24. 3. 1976

W. HAMPTON, N.R. IUNNACTINO, Will Autos Go Alcoholic? Chem. Engng. 1975, 21. 7. 1958

H. HEITLAND, W. BERNHARDT, W. LEE, Comparative Results on Methanol and Gasoline Fueled Passenger Cars, Second Symp. Low Pollution Power Systems, Düsseldorf, 4. - 8. 11. 1974

R.W. HURN, I.R. ALLSUP, B.H. ECELESTON, Characteristics of Methanol as Internal Combustion Engine Fuel, 10th Intersociety Energy Convers. Engng. Conf., Newark, Del., 17. - 22. 8. 1975

R.H. HURN, Alternative Fuels - Methanol, Second Symp. Low Pollution Power System Development, Düsseldorf, 4. - 8. 11. 1974

W. LEE, W. GEFFERS, Engine Performance and Exhunest Emission Characteristics of Spark Ignition Engines Burning Methanol and Methanol/Gasoline Mixtures, AIChE Meeting, Boston, 9. 9. 1975

W. LEE, Vehicle Test Fleet Using Methanol/Gasoline Blends, Svenske Methanolutveckling Symp., Stockholm 22. - 24. 3. 1976

F. PISCHINGER, Methanol-Autokraftstoff und Klopfbremse, Umwelt 1972, 2, 42

P. SAVAGE, Methanol-Fuel Blends Get Mixed Reviews, Chem. Engng. 1976, 24. 5., 70C

M. SCHAFFRATH, Die motorischen Eigenschaften von Methanol, Erdöl und Kohle *29,* 64 (1976)

W. WOLF, Alkohole und ihre motorische Verwendung, Vortr. 24. Haupttagung d. Deutsch. Ges. f. Mineralölwiss. 30. 9. - 30. 10. 1974, Hamburg

6.4 Herstellung von Methanol

Anon., Natural Gas Best Fuel for Hydrogen, Ammonia Methanol, Europ. Chem. News 1976, 11. 6., 34

Anon., EPA Discloses New Fuel Grade Methanol from Coal Technology, Europ. Chem. News, 1974, 27. 9., 38

J. BIDDER, M. HOLL, Methanol - What's the Score? Davy Power Gas Record *1,* 4, 15 (1975)

B. HEDDLEY et al., Methanol How, Where, Who, Hydrocarb. Proc. 1970, 9, 275

H. HILLER, Billiges Methanol - auch als Treibstoff, Lurgi Informationen *76,* 1, 26

G.C. HUMPHREYS, D.J. ASHMANN, N. HARRIS, The ICI Methanol Process - Past, Present, Future, CEER *6,* 11, 27 (1974)

H.E. LIEBGOTT, W. HERBER, G. BARON, Niedruck-Methanol Synthese nach dem Lurgi-Verfahren, Erdöl und Kohle *25,* 75 (1972)

P.D. METHA, Use Methanol Reaction Heat, Hydrocarb. Proc. 1976, 5, 165

M.J. PETTMANN, G.C. HUMPHREYS, Improve Designes to Save Energy, Hydrocarb. Proc. 1975, 1, 76

H. TAKAHASHI, T. TADO, MGC Methanol Process, CEER *6*, 11, 21 (1974)

TABELLENVERZEICHNIS

VERZEICHNIS DER ABBILDUNGEN

EINFÜHRUNG IN DEN PROBLEMKREIS

Fast der gesamte Individualverkehr und ein erheblicher Anteil des Güterverkehrs werden in Österreich von Kraftfahrzeugen bewirkt.

Die dafür erforderlichen Kraftstoffe werden aus Erdöl gewonnen, das allerdings nur zum geringen Teil aus österreichischer Eigenförderung, zum größeren Teil aus Importen stammt. Die Herstellung der Kraftstoffe aus dem Erdöl ist im Laufe der Jahrzehnte immer komplizierter geworden, weil einerseits die benötigten Mengen an Benzin, Gasöl und den Heizölen nicht mit deren Anteil im Rohöl übereinstimmen und andererseits die Qualitätsanforderungen an die Produkte immer höher geworden sind. Insbesondere ist der Anteil an leichteren Produkten, Benzin und Gasöl, stets zu gering, sodaß deren Bedarf die erforderliche Rohölmenge bestimmt. Hiezu kommt noch, daß auch die chemische Industrie Leichtbenzin in erheblichem Ausmaß als Rohstoff benötigt. Man hat sich daher bemüht, durch Konversionsverfahren höhersiedende Erdölfraktionen in Benzin und Gasöl umzuformen; diese Prozesse werden unter dem Namen Crackverfahren zusammengefaßt.

Von den qualitätsverbessernden Verfahren ist vor allem das Reforming-Verfahren zu erwähnen, das es eigentlich erst ermöglicht hat, die hohen heute erforderlichen Klopffestigkeiten der Vergaserkraftstoffe zu erreichen. Die in der Benzinfraktion des Erdöls enthaltenen Kohlenwasserstoffe werden dabei teilweise isomerisiert, dehydriert und zyklisiert, wodurch die Oktanzahl erheblich ansteigt. Für das Verfahren wird ein platinhältiger Katalysator verwendet; es wird daher auch vielfach Platforming genannt. Es darf aber nicht übersehen werden, daß das Reformieren Verluste von 10 bis 20% des Einsatzstoffes bedingt, was im Hinblick auf die allgemeine Knappheit der leichten Kohlenwasserstoffe besonders unangenehm ist. Da aber Alternativverfahren für die Qualitätsverbesserung des Benzins nicht zur Verfügung stehen, ist keine Änderung dieser Situation abzusehen.

Die starke Importabhängigkeit fast aller Industrieländer bei Erdöl ist eine ernste Sorge für deren Wirtschaftspolitik, da die Rohölimporte riesige Devisenbeträge verschlingen. Der wachsende Kraftfahrzeugverkehr bringt jedoch noch ein weiteres Problem mit sich.

Die räumliche und zeitliche Ballung dieses Verkehrs führt in den betroffenen Gebieten zu einer Belastung durch die Abgase, die von Ärzten und Hygienikern als bedenklich bezeichnet wird. Seit einiger Zeit werden daher Maßnahmen zur Verringerung der Schadstoffemissionen der Kraftfahrzeuge diskutiert. Dabei steht auch die Bleiemission im Vordergrund des Interesses, da Blei und seine Verbindungen erhebliche Giftigkeit aufweisen.

Es gibt eine ganze Reihe technischer Alternativen für die Verminderung, bzw. Vermeidung des Bleizusatzes zum Vergaserkraftstoff: Allen gemeinsam ist, daß sie zu einer Erhöhung der Verarbeitungsverluste und damit des Rohölbedarfes führen. Gerade dies ist aber äußerst unerwünscht.

Die heute üblichen Erdölverarbeitungsverfahren stammen fast alle aus einer Zeit, in der Rohöl billig und in beliebigen Mengen verfügbar war. Erst seit 1973, als der starke Anstieg der Rohölpreise begann, hat man versucht, die Verarbeitungsverluste zu verringern; diese Umstellung ist jedoch noch nicht abgeschlossen, und es sind noch keineswegs alle Möglichkeiten ausgeschöpft.

Vor allem ist es erforderlich, erdöl-basierende Produkte nur dort einzusetzen, wo keine Alternativen bestehen; ein Einsatz als reiner Wärmeenergielieferant – also als Heizöl – wird nur in Sonderfällen zweckmäßig sein, da hier ein Ersatz durch Erdgas oder durch Kohle möglich scheint.

Die kritische Durchsicht der Erdölverarbeitungsverfahren, aber auch jener der Petrochemie, in dieser Hinsicht ist noch nicht abgeschlossen. Die vorliegende Studie soll ein weiterer Versuch in dieser Richtung sein.

PROBLEMSTELLUNG

Der im Vergaserkraftstoff derzeit vorhandene Bleizusatz gerät immer mehr in die Kritik der Hygieniker und Ärzte.

Die Untersuchung besonders gefährdeter Personengruppen in den Ballungsgebieten hat bereits erhebliche Bleiakkumulationen im Körper ergeben. Eine Verringerung bzw. völlige Vermeidung des Bleizusatzes wird daher in absehbarer Zeit notwendig werden.

Es ergibt sich daher die Frage, welche Konsequenzen eine derartige Maßnahme für die Kraftstoffherstellung haben wird und welche Vorkehrungen in den Raffinerien dafür zu treffen sein werden.

Eine der technischen Möglichkeiten ist der Einsatz von stark verzweigten Paraffinen im Kraftstoff, die eine hohe Klopffestigkeit aufweisen; sie können aus dem straight-run Leichtbenzin beispielsweise durch Molekularsiebe abgetrennt werden. Die Kosten dieser Trennoperationen sind jedoch hoch und müssen zur Gänze von der Isoparaffinfraktion getragen werden; dadurch werden sie für den Vergaserkraftstoff zu teuer.

Ziel der vorliegenden Untersuchung war es, zunächst festzustellen, ob die Isoparaffin-freie Restfraktion, die im niederen Siedebereich fast ausschließlich aus Normalparaffinen besteht, mit wirtschaftlichem Vorteil für die Olefinherstellung durch Dampfspalten eingesetzt werden könnte. In einem solchen Falle würden die Herstellkosten der Isoparaffine entsprechend vermindert werden, so daß sie für den Vergaserkraftstoff-Pool interessant wären.

Während der Studie stellte sich heraus, daß im Schwerbenzinbereich ebenfalls eine Abtrennung der Normalparaffine zweckmäßig sein kann; die Normalparaffin-freie Fraktion kann hierbei wegen deren geringer Klopffestigkeit zwar nicht direkt im Vergaserkraftstoff-Pool verwendet werden, wird sie aber im Reformer eingesetzt, so bringt sie je nach dem Rohöl und der geforderten Oktanzahl des Reformates etwa 5 bis 10% höhere Ausbeuten als das straight-run Schwerbenzin. Dies bringt einerseits einen beachtlichen wirtschaftlichen Vorteil, andererseits eine erhebliche Einsparung an Einsatzprodukt. Die Untersuchung wurde daher auf dieses Problem ausgedehnt.

1. ALLGEMEINE ASPEKTE DER EIGENSCHAFTEN VON VERGASER-KRAFTSTOFFEN IN ABHÄNGIGKEIT VON IHRER ZUSAMMEN-SETZUNG

1.1 Zusammenhang zwischen Zusammensetzung und geforderten Eigenschaften bei der motorischen Verbrennung

Benzin ist ein Gemisch von Kohlenwasserstoffen. Auf Grund der chemischen Konstitution unterscheiden wir Paraffine (unter ihnen wieder geradkettige, die Normalparaffine und verzweigte, Isoparaffine), Naphthene (Cycloparaffine), Olefine und Aromaten.

Mischungen der Kohlenwasserstoffe mit Luft ergeben zündfähige Gemische, die im Explosionsmotor nach Kompression und Fremdzündung ihre chemische Energie zu einem Teil in mechanische Energie umwandeln.

Um ein Benzin als Vergaserkraftstoff geeignet zu machen, muß es eine Reihe von Qualitätskriterien erfüllen, die auf die Anforderungen im Kraftfahrzeugmotor abgestimmt sind. Diese Eigenschaften des Benzins hängen zum Teil voneinander ab und können über den jeweiligen Gehalt an den verschiedenen Kohlenwasserstoffen verändert werden.

Die Mindestanforderungen an Ottokraftstoffe sind in DIN 51 600 angegeben.

Die Winterkraftstoffe müssen einen störungsfreien Betrieb bis -30^0 C sicherstellen (Überprüfung nach DIN 51 421). Ottokraftstoffe müssen frei von anorganischen Säuren, Wasser und festen Fremdstoffen sein. Auch eine Harzbildung im Kraftstoffversorgungssystem darf nicht auftreten.

Zur Gewährleistung eines störungsfreien Betriebes unter allen Bedingungen müssen die Ottokraftstoffe einen Dampfdruck besitzen, der innerhalb eines gewissen Bereiches liegt. Eine Unterschreitung führt zu Startschwierigkeiten, eine Überschreitung durch Dampfblasenbildung in der Benzinleitung ("vapor-lock") zu Betriebsschwierigkeiten. Der Dampfdruck wird mit der Methode nach Reid (DIN 51 754) bei 38^0 C (entspricht 100^0 F) gemessen und in kg/cm^2 angegeben (RVP = Reid vapor pressure).

Für Superbenzin wie Normalbenzin gelten folgende Grenzwerte:

	Sommer	Winter
Dampfdruck nach REID in bar	0,45 bis 0,70	0,60 bis 0,90

Für die Dichte des Vergaserkraftstoffes, die nach DIN 51 757 mit Hilfe eines Pyknometers, eines Aräometers oder einer hydrostatischen Waage bestimmt wird, sind folgende Grenzen maßgeblich:

	Super	Normal
Dichte bei 15° C (g/l)	0,730 bis 0,780	0,715 bis 0,755

Wesentlich für die günstige motorische Verbrennung des Kraftstoffes ist sein Siedeverlauf, sein Siedeendpunkt, der mit 215° C festgelegt ist, und der Abdampfrückstand, der maximal 5 mg/100 ml betragen darf.

Das Fahrbenzin darf keinerlei korrosive Eigenschaften gegenüber den im Kraftfahrzeugbau im Treibstoffsystem angewendeten Materialien aufweisen. Während für die Verträglichkeit gegenüber Elastomeren noch keine gültige Norm existiert, muß die Korrosionswirkung auf Kupfer nach DIN 51 759 überprüft werden.

Der Prüf-Kupferstreifen wird 3 h bei 50° C und Atmosphärendruck dem zu prüfenden Benzin ausgesetzt. Ein visueller Vergleich mit standardisierten Kupferstreifen ermöglicht die Zuordnung eines bestimmten Korrosionsgrades.

Für die Abgaszusammensetzung maßgeblich sind die Grenzwerte für den Schwefelgehalt und den Bleigehalt.

Der nach Wickbold (DIN 51 409) zu prüfende Schwefelgehalt darf 0,1 Gew.% nicht übersteigen.

Prinzip dieser Methode ist die Verbrennung der Probe in einer Knallgasflamme, Absorption des entstehenden SO_2 in Wasserstoffsuperoxidlösung und Bestimmung der Menge der entstehenden Schwefelsäure.

Die Bestimmung des Bleigehaltes erfolgt nach DIN 51 769 entweder gravimetrisch durch Fällung als Sulfat oder Chromat, polarographisch oder komplexometrisch. Der in DIN 51 600 angegebene max. Bleigehalt von 0,15 g/l ist z.Z. lediglich in der BRD gesetzlich festgelegt. In Schweden wird dieser Wert empfohlen. Die hier zitierte Norm legt allerdings einen Mindestbleigehalt von 0,07 g/l nahe. Es handelt sich hier um eine Vorsichtsmaßnahme, die eventuell auf die Lebensdauer des Auslaßventilsitzes der Ottomotoren positive Auswirkungen haben könnte.

Auf die Anforderungen an die Klopffestigkeit wird im folgenden noch gesondert eingegangen werden.

Die für Vergaserkraftstoffe nach DIN 51 600 festgelegten Eigenschaften sind in Tabelle 1 nochmals zusammengefaßt.

1.1.1 Das Klopfen

Ein besonders wesentliches Kriterium für die Güte eines Kraftstoffes sind seine Eigenschaften bei der motorischen Verbrennung. Die Verbrennung des Kraftstoff-Luftgemisches soll in einer einheitlichen Flammenfront, vom Zünd-

TABELLE 1: Anforderungen an Ottokraftstoffe DIN 51 600

Anforderungen		SUPER Sommer/Winter		NORMAL Sommer/Winter		Prüfung nach
Dichte bei 15° C (g/ml)		0,730 - 0,780		0,715 - 0,755		DIN 51 757
Klopffestigkeit	min.ROZ	97,4 *)		91,0		DIN 51 756
	min.MOZ	87,2 *)		82,0 *)		
	FOZ	noch kein einvernehmlicher Wert gefunden				
Bleigehalt max. (g/l)		0,15		0,15		DIN 51 769
Siedeverlauf	bis 70° C Vol.%	15-40	20-45	15-40	20-45	DIN 51 751
(insgesamt verdampfte	bis 100° C Vol.%	42-65	45-70	42-65	45-70	
Mengen)	bis 180° C Vol.%	90	90	90	90	
Siedeendpunkt max. °C		215		215		DIN 51 751
Destillationsrückstand max.Vol.%		2		2		DIN 51 751
Dampfdruck Reid bar		0,45 bis 0,70	0,60 bis 0,90	0,45 bis 0,70	0,60 bis 0,90	DIN 51 754
Abdampfrückstand max. mg/100 ml		5		5		DIN EN 5
Schwefelgehalt max.Gew.%		0,1		0,1		DIN 51 409 od. DIN 51 768
Korrosionswirkung auf Cu, max. Korrosionsgrad		1 - 50 A 3		1 - 50 A 3		DIN 51 759

*) Hersteller und Lieferer sind verpflichtet, bei der ROZ 0,6 und bei der MOZ 0,8 vorzuhalten. Diese Vorhaltewerte ergeben sich aus DIN 51 756 Teil 1 und Teil 2 unter den Bedingungen der Schiedsanalyse im CFR-Motor in Verbindung mit DIN 51 848 Teil 1.

funken ausgehend, erfolgen. Bilden sich hingegen zusätzliche Flammenfronten bei der Verbrennung aus, so resultieren Druckspitzen, die zu außergewöhnlichen Eigenschwingungen an den Bauteilen des Motors führen.

Dieses als „Klopfen" bezeichnete akustische Phänomen ist mit hoher Dauerbelastung für den Motor verbunden und kann zu schweren Motorschäden führen.

Neben diesen Selbstentzündungen im Brennstoff-Luftgemisch vor der Flammenfront kann es auch zu Oberflächenentzündungen an Ablagerungen an den Brennraumwänden kommen, was zu einem oft als „Nachdieseln" bezeichneten Nachlaufen des Motors nach Ausschalten der Zündung führt.

1.1.1.1 Die Oktanzahl – ein Maß für das Klopfen

Um die Klopfneigung eines Kraftstoffes bemessen zu können, wurde eine Skala gewählt, die von Modellkohlenwasserstoffen ausgeht. Dem n-Heptan wurde die Oktanzahl 0, dem 2,2,4-Trimethylpentan, dem Isooctan, die Oktanzahl 100 zugeordnet.

Ein Benzin hat die Oktanzahl X, wenn es unter festgelegten Bedingungen den gleichen Beginn der Klopferscheinungen aufweist wie ein Gemisch aus X Vol.% Isooctan und (100–X) Vol.% n-Heptan.

Die Ermittlung dieser Werte erfolgt in einem genormten Einzylinder-Prüfmotor nach ASTM D 2722 (DIN 51 756) durch Variation des Kompressionsverhältnisses und liefert die sogenannte ROZ (Research Octane Zahl).

Um den gesteigerten Anforderungen im tatsächlichen Einsatz gerecht zu werden, wird in einem ähnlichen Motor, jedoch bei höherer Drehzahl und höherer Temperatur, nach ASTM D 2723 (DIN 51 756) die MOZ (Motor Octane Zahl) ermittelt (s. Tabelle 2).

Ihre Differenz zur ROZ wird als "Sensitivity" bezeichnet und ist ein Maß für die abfallende Klopffestigkeit des Vergaserkraftstoffes bei zunehmender thermischer Belastung.

Eine stärker praxisbezogene, wenn auch wesentlich teurere Variante, die Oktanzahl im täglichen Einsatz im Straßenverkehr zu ermitteln, ist die SOZ (Straßenoktanzahl). Sie wird an möglichst repräsentativen Flotten von Autos nach der sogenannten "modified - Uniontown - Methode", einem Fahrprogramm, bestimmt. Der zu prüfende Kraftstoff wird mit abgestuften n-Heptan-Isooctan-Gemischen verglichen.

Die Differenz zwischen ROZ und SOZ wird als "Straßenabwertung" bezeichnet.

Für das tatsächliche Verhalten des Benzins ist noch die FOZ (Frontoktanzahl) maßgeblich. Es handelt sich hierbei um die ROZ des bis 100° C destillierenden Anteils eines Benzines beziehungsweise maximal um die ersten 75% des Destillates. Die FOZ ist vor allem für den Kaltstart und für das Beschleunigen von Bedeutung (siehe auch 1.1.1.3).

TABELLE 2: Betriebsbedingungen des CFR-Motors bei Bestimmung von ROZ und MOZ

	ROZ	MOZ
Motordrehzahl (U/min)	600 ± 6	900 ± 9
Luftansaugtemp. (^{0} C)	15,6 ± 59,4 [1)]	38 ± 14
Gemischtemperatur (^{0} C)	-	149 ± 1,0
Kühlmitteltemp. (^{0} C)	100 ± 1,5	100 ± 1,5
Zündeinstellung	konstant	variabel [2)]
	13^0 Kurbelwelle vor d. oberen Totpunkt	Grundeinstellung: 26^0 Kurbelwelle vor d. oberen Totpunkt

1) abhängig vom Barometerdruck
2) abhängig vom Kompressionsverhältnis

1.1.1.2 Klopfeigenschaften von Kohlenwasserstoffen

Die verschiedenen im Benzin vorkommenden Kohlenwasserstoffe zeigen unterschiedliche Oktanzahlen und unterschiedliche Sensitivities.

Bei den Paraffinen steigt die Oktanzahl mit zunehmendem Verzweigungsgrad, sinkt jedoch bei gleicher Verzweigung mit zunehmender C-Zahl (s. Diagramm 1).

Aromaten weisen hohe Klopffestigkeiten, meist über 100 ROZ, auf, wobei bei aliphatischen Seitenketten die gleichen Regeln für die Oktanzahl gelten wie bei den Paraffinen.

Naphthene zeigen uneinheitliches Verhalten, insbesondere Cyclooctan fällt aus der Reihe. Mit gewissen Einschränkungen gilt: Je größer die C-Zahl im Ring oder in nicht verzweigten Seitenketten, desto kleiner ist die ROZ.

Olefine zeigen durchwegs eine gute bis sehr gute ROZ. Mit zunehmendem Verzweigungsgrad, abnehmender Kettenlänge, Verlängerung einer Seitenkette und Verschieben der Doppelbindung zum Zentrum des Moleküls verbessert sich die Klopffestigkeit.

Die n-Paraffine sind am wenigsten sensitiv und können als Vergleichsbasis herangezogen werden. Naphthene und Olefine sind sensitiver, und zwar um Beträge, die sich mit zunehmender Oktanzahl erhöhen. Mehrfach ungesättigte Verbindungen und Aromaten zeigen große Varianz in der Sensitivity.

Viele Olefine, Naphthene und Aromaten, besonders von hoher Oktanzahl, zeigen in Mischung mit Paraffinen viel höhere Oktanzahlen als in unverdünntem Zustand. Die Mischoktanzahlen von Paraffinen untereinander hingegen ent-

DIAGRAMM 1: Abhängigkeit des kritischen Kompressionsverhältnisses von Paraffinen bei ROZ-Bedingungen in Abhängigkeit von der Kettenlänge und vom Verzweigungsgrad (1)

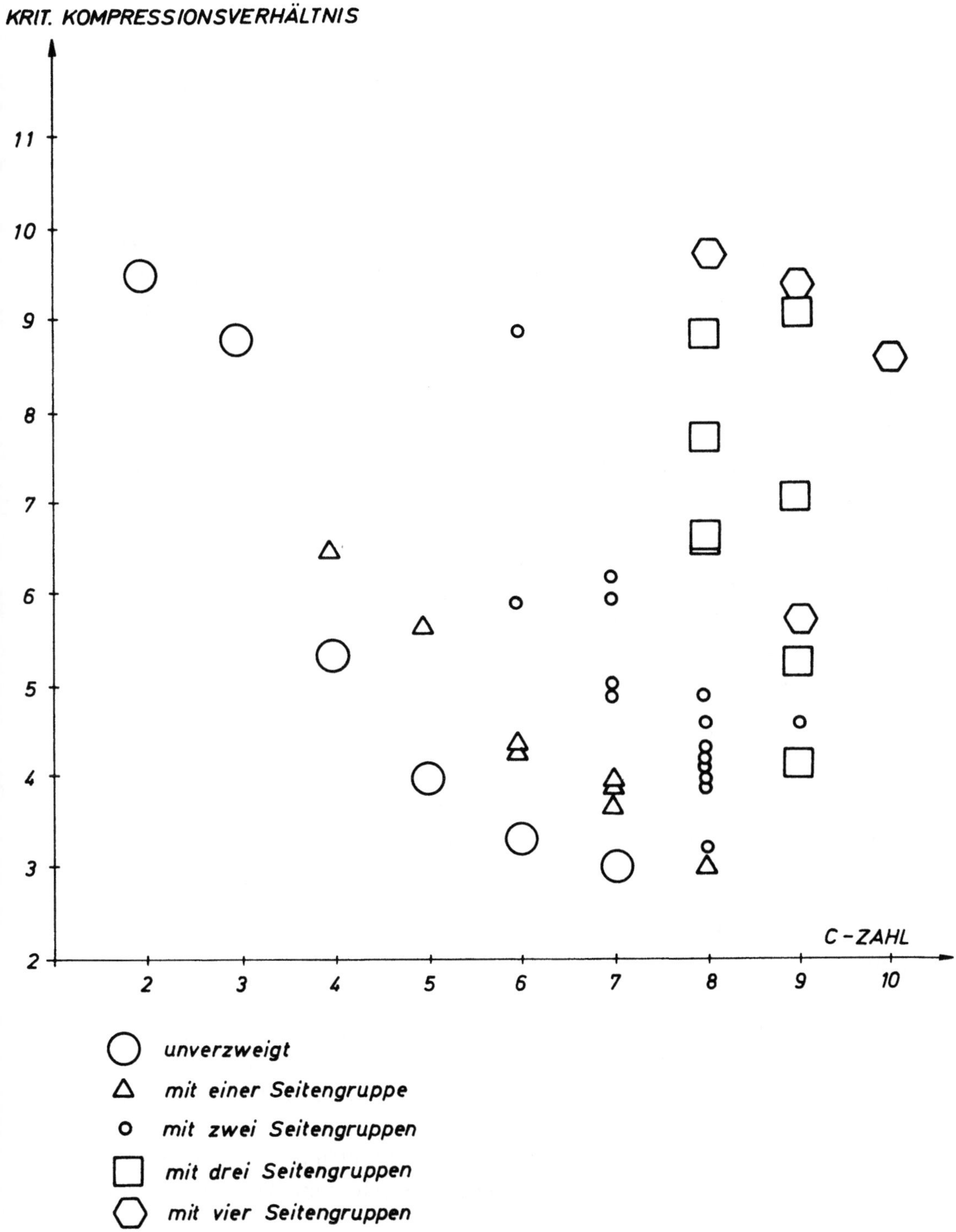

sprechen etwa den in reinem Zustand gemessenen.

In Tabelle 3 sind die Oktanzahlen einiger Kohlenwasserstoffe angeführt.

1.1.1.3 Einfluß von Bleiadditiven auf Benzin

Auf Grund der Siedepunktslage der Aromaten ist es erst ab etwa 80 – 100° C möglich, mit ihrer Hilfe, meist in Form von katalytischem Reformat, die Oktanzahl auf einen hohen Wert zu bringen. Daher hat man schon seit Beginn der Benutzung des Benzins als Treibstoff für Kraftfahrzeuge nach klopfhemmenden Zusätzen gesucht. Die einzigen Additive, die einer weltweiten Anwendung zugeführt wurden und werden, sind Tetraäthylblei (TEL) und Tetramethylblei (TML).

Die Erhöhung der Oktanzahl eines Benzines durch zugesetzte Bleiverbindungen bezeichnet man als "Bleisuszeptibilität". Sie ist bei den Paraffinen am besten, bei den Naphthenen ein wenig schlechter, während die Aromaten eine nur geringe bis sogar negative Bleisuszeptibilität aufweisen.

Es zeigt sich ferner, daß

1. n-Paraffine eine bessere Bleisuszeptibilität besitzen als Isoparaffine (siehe Tabelle 4),
2. das Ansprechen auf Blei mit zunehmender C-Zahl der Aliphaten besser wird, und
3. niedrigsiedende Paraffine auf TEL besser ansprechen als auf TML.

Im allgemeinen gelten für das Ansprechen auf Bleizusätze folgende Regeln:

1. Je kleiner die Oktanzahl, desto besserer Oktanzahlgewinn möglich.
2. Mit steigendem Bleizusatz nimmt der Oktanzahlgewinn je Bleieinheit überproportional ab und geht gegen Null.

Zur Illustration siehe Tabelle 4 und Diagramm 2.

Bedeutung von Bleiadditiven für die FOZ

Im Kraftfahrzeug kann es bei raschem Gasgeben bzw. beim noch kalten Ansaugsystem zu einer Kondensation der höhersiedenden Kohlenwasserstoffe im Ansaugkrümmer des Motors bzw. zu einer Fraktionierung des Kraftstoff-Luft-Gemisches kommen. Dadurch gelangt, zumindest für kurze Zeit, nur mit niedrigsiedendem Benzin gemischte Luft in den Verbrennungsraum. Leider sind jedoch gerade die Kohlenwasserstoffe mit Siedepunkten bis 80° C nicht sehr klopffest.

Bei der Abmischung des Kraftstoffes in der Raffinerie wird derzeit als niedrigsiedender Teil beim Normalbenzin straight-run Leichtbenzin und beim Superbenzin leichtes Platformat eingesetzt und, um den der Jahreszeit entsprechend geforderten Dampfdruck (RVP) einzustellen, noch etwa 4 – 5% Butan zugesetzt.

Für die FOZ ist sehr wesentlich, daß diese paraffinreichen, niedrigsiedenden Fraktionen bei Zusatz von TEL eine beachtliche Oktanzahlverbesserung

TABELLE 3: ROZ und Sensitivities reiner Kohlenwasserstoffe (1)

Kohlenwasserstoff	ROZ	Sensitivity (ROZ-MOZ)	Siedepunkt (°C)
n-Paraffine			
n-Butan	94	5	- 0,5
n-Pentan	62	0	36
n-Hexan	25	- 1	69
n-Heptan	0**)	0**)	98,5
Isoparaffine			
Isobutan	100/102,5	2,5/5	- 12
2-Methylbutan	92,5	2	28
2,2-Dimethylpropan	83,5	3,5	9,5
2-Methylpentan	73,5	0	60
3-Methylpentan	74,5	0	63
2,2-Dimethylbutan	92	- 1,5	49,5
2,3-Dimethylbutan	103,5	9	58
2-Methylhexan	42,5	- 4	90
3-Methylhexan	52	- 4	92
3-Äthylpentan	65	- 4,5	93,5
2,2-Dimethylpentan	93	- 2,5	79
2,3-Dimethylpentan	91	2,5	90
2,4-Dimethylpentan	83	- 1	80,5
3,3-Dimethylpentan	81	- 5,5	86
2,2,3-Trimethylbutan	112	10,5	81
2-Methylheptan	22/20	- 2/- 3	117,5
3-Methylheptan	27	- 7	119
4-Methylheptan	27	- 12	118
3-Äthylhexan	33,5	- 19	118,5
2,2-Dimethylhexan	72,5	- 5	107
2,3-Dimethylhexan	71,5	- 7,5	115,5
2,4-Dimethylhexan	65	- 5	109,5
2,5-Dimethylhexan	55	- 1	109
3,3-Dimethylhexan	75,5	- 8	112
3,4-Dimethylhexan	76,3	- 6	118
2-Methyl-3-äthylpentan	87,3	- 0,5	115,5
3-Methyl-3-äthylpentan	81	- 8	118,5
2,2,3-Trimethylpentan	109,5	9,5	110
2,2,4-Trimethylpentan (Isooctan)	100**)	0**)	99
2,2,3-Trimethylpentan	106	6,5	115
2,3,4-Trimethylpentan	102,5	6,5	113,5

*) Nach API-Project 45, ASTM Special Techn. Publ. No. 225 und "Physical and Azeotropic Data" von G. Claxton hrsg. v. The National Benzole and Allied Products Association, 1958. Alle Zahlen auf eine halbe Einheit gerundet. Klopffestigkeiten höher als ROZ 100 aus Vergleichsgründen in Oktanzahl-Einheiten angegeben.

Kohlenwasserstoff	ROZ	Sensitivity (ROZ-MOZ)	Siedepunkt (° C)
Olefine			
n-Penten-(1)	91	14	30
2-Methylbuten-(1)	103	21	31
2-Methylbuten-(2)	97,5	12,5	38,5
n-Hexen-(1)	76,5	13	63,5
trans-n-Hexen-(2)	92,5	12	68
trans-n-Hexen-(3)	94	14	67 bis 68
2-Methylpenten-(1)	94	13	63
3-Methylpenten-(1)	96	15	53,5
4-Methylpenten-(1)	96	15	54
2-Methylpenten-(2)	98	15	66
trans-3-Methylpenten-(2)	97	16	70,5
4-Methylpenten-(2)	99,5	15	54 bis 59
cis-4-Methylpenten-(2)	100	15	58
trans-4-Methylpenten-(2)	98	15,5	54 bis 55
2-Äthylbuten-(1)	98,5	19	55,5
2,3-Dimethylbuten-(1)	101,5	18,5	41
3,3-Dimethylbuten-(1)	112,5	18,5	41
2,3-Dimethylbuten-(2)	97,5	17	73
n-Hepten-(1)	54,5	-	-
n-Octen-(1)	28,5	-	-
Aromaten			
Benzol	- ***)	- ***)	80
Toluol	120	16,5	110,5
Äthylbenzol	107	9	136
m-Xylol	117,5	2,5	139
p-Xylol	116,5	6,5	138,5
n-Propylbenzol	111	12	159
iso-Propylbenzol	113	14	152,5
1-Methyl-2-äthylbenzol	103	10,5	165
1-Methyl-3-äthylbenzol	112	12	161,5
1,2,3-Trimethylbenzol	105,5	4,5	176
1,2,4-Trimethylbenzol	110,5	2,5	169
1,3,5-Trimethylbenzol	120,0	-	164,5
Naphthene			
Cyclopentan	102,5	17,5	49,5
Cyclohexan	83	5	81
Cycloheptan	39	- 1	118
Cyclooktan	70/72	11,5/14	143 bis 150
Methylcyclopentan	91,5	11,5	72
Äthylcyclopentan	67	6	103,5

**) Per Definitionem.

***) Mit dem CFR-Motor (Methode F-1) nicht eindeutig bestimmbar.

TABELLE 4: Oktanzahlsteigerung bei Zusatz von Bleiverbindungen (aus (1))

zugesetzte Substanz		TML			TEL	
Menge in (g/l)	0	0,15	0,4	0	0,15	0,4
n-Hexan	0	6	17	0	7	20
n-Pentan	0	5,5	14	0	7	17
i-Hexan	0	4	12	0	7	14
i-Pentan	0	3	7,5	0	5	10

DIAGRAMM 2: Ansprechen eines Iso-Pentanschnittes auf Bleiadditive nach (1)

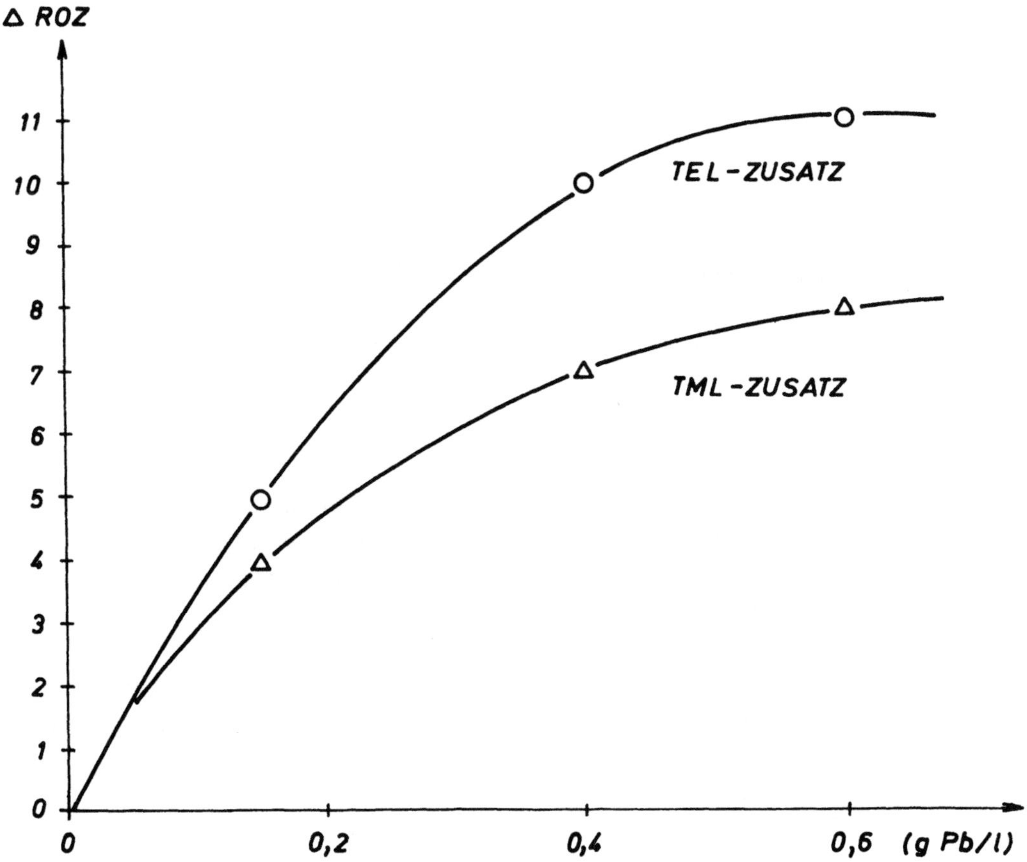

erfahren, was für ihre motorische Anwendung von großem Vorteil ist.

Bei der angestrebten Verringerung des Bleizusatzes zum Kraftstoff würde daher die FOZ stärker als die ROZ absinken und dadurch die Gefahr eines Beschleunigungsklopfens gegeben sein. Es stellt sich daher die Frage, wie trotz der Verringerung oder vollständigen Vermeidung des Bleizusatzes die FOZ konstant gehalten werden kann.

TABELLE 5: Oktanzahlen von linearen und verzweigten Aliphaten des Leichtbenzinbereiches

	ROZ	MOZ
i-Butan	101	98
n-Butan	94	89
i-Pentan *)	88	85,2
n-Pentan	62	62
i-Hexan *)	85,9	82,2
n-Hexan	25	26
i-Heptan *)	77,4	77,4
n-Heptan	0	0
Cyclopentan	102,5	85
Methylcyclopentan	91,5	80
Cyclohexan	83	78

*) Diese Werte entsprechen den Mittelwerten aus den möglichen Isomeren.

Tabelle 5 und Diagramme 3 und 4 zeigen die Oktanzahlen von linearen und verzweigten Aliphaten des Leichtbenzinbereiches. Wie aus diesen hervorgeht, besitzen die Normalparaffine schlechte, die Isoparaffine und die Naphthene hingegen gute Oktanzahlen.

Daher liegt es auf der Hand, die n-Paraffine abzutrennen und die Isoparaffine und Naphthene anzureichern. Dadurch kann vor allem das Beschleunigungsklopfen wirkungsvoll vermieden werden. Ein weiterer Vorteil dieser Methode ist, daß für die Abtrennung der n-Paraffine eine Reihe von erprobten Verfahren zur Verfügung stehen (siehe 2.2.2.3).

DIAGRAMM 3: Abhängigkeit der Oktanzahlen der niedrigsiedenden Paraffine von Verzweigung und Kettenlänge

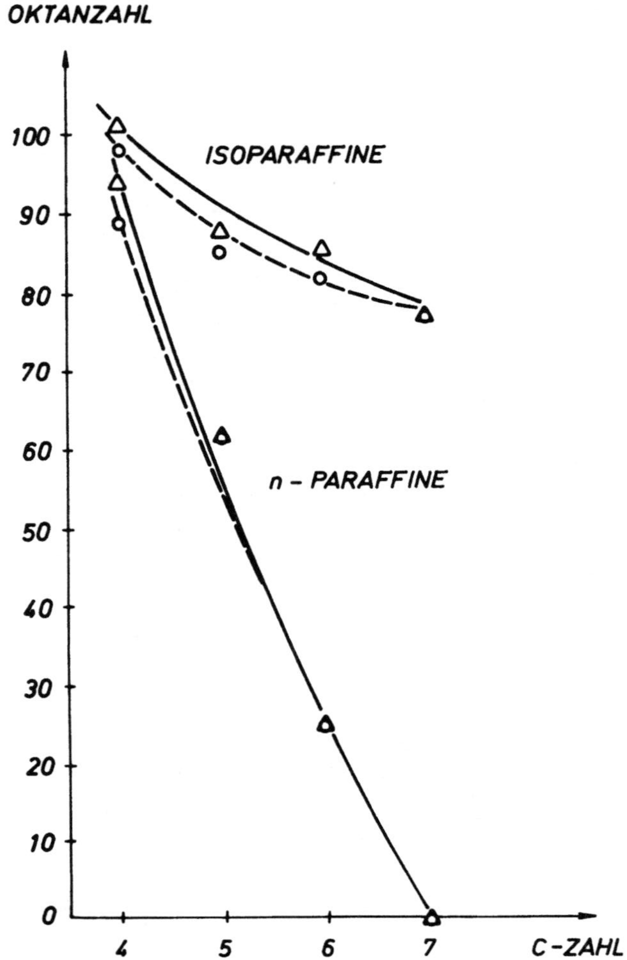

DIAGRAMM 4: Abhängigkeit der Oktanzahlen der niedrigsiedenden Naphthene von Verzweigung und Kettenlänge

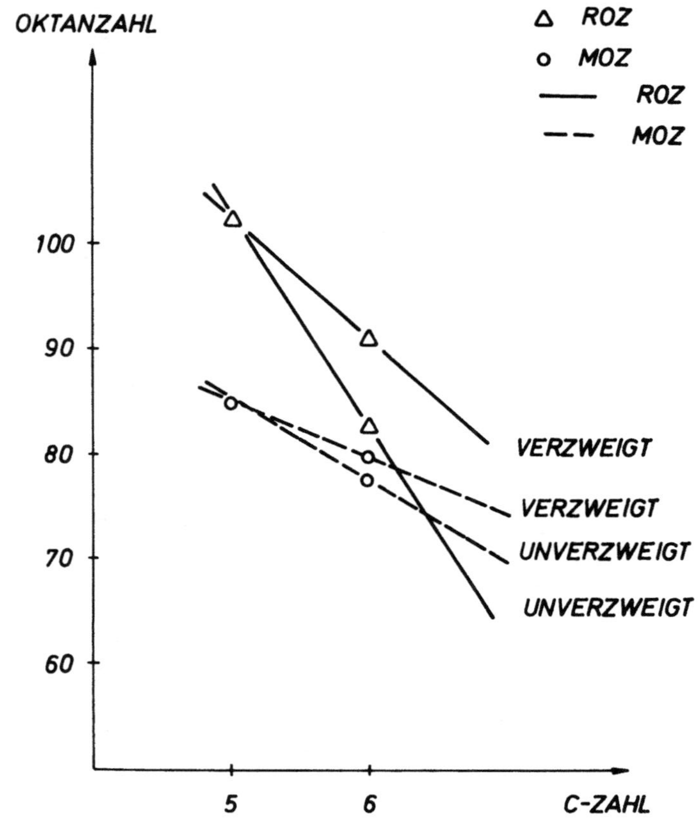

TABELLE 6: Bleisuszeptibilität für verschiedene Benzintypen (1)

	Oktanzahländerung bei Zusatz von 0,15 g Pb/l		0,4 g Pb/l	
	TEL	TML	TEL	TML
straight-run-Benzin (paraffinreich)	6	3	17	12
Crackbenzin (olefin- u. aromatenreich)	3	2	5	4
Reformat (aromatenreich)	1	3	3	5
Isopentanschnitt	5	4	10	7

1.1.2 Das Abgasproblem

Bei der motorischen Verbrennung von Fahrbenzin entstehen neben den Hauptkomponenten Kohlendioxid und Wasser Kohlenmonoxid, Stickoxide, Schwefeloxide, unverbrannte Kohlenwasserstoffe, wobei die mehrkernigen Aromaten gesondert beachtet werden müssen, Bleiverbindungen und Aldehyde.

Der Anteil des Kohlenmonoxids beträgt je nach Betriebsbedingungen des Motors 1 - 11 Vol.% der Abgasmenge.

Kohlenmonoxid entsteht durch unvollständige Verbrennung der Kohlenwasserstoffe. Sein Anteil steigt mit steigender Anfettung des Gemisches. Eingeatmetes Kohlenmonoxid wird vom Hämoglobin des Blutkreislaufes in der Lunge etwa 200 mal stärker als Sauerstoff aufgenommen. Dadurch blockiert es den Sauerstofftransport durch das Blut. Daher wurde für CO ein MAK-Wert von 50 ppm festgesetzt. Dieser MAK-Wert wird in den verkehrsreichen Gebieten von Großstädten bei ungünstigen Witterungsverhältnissen häufig überschritten. Eine Verringerung des Kohlenmonoxidausstoßes ist daher eine vordringliche Aufgabe.

Der Anteil der Stickoxide am Abgas beträgt je nach Motorbauart und Betriebsbedingungen 0,01 - 0,6% (100 - 6000 ppm). Stickoxide entstehen durch Reaktion von Luftstickstoff mit Luftsauerstoff bei den im Zylinder herrschenden hohen Temperaturen. Auch Stickoxide werden vom Blut resorbiert und unterbinden den Sauerstofftransport.

Interessant ist, daß sich auch unverbrannte Kohlenwasserstoffe im Abgas befinden. Verantwortlich dafür ist sowohl eine nicht vollständige Umsetzung des Fahrbenzins als auch Quencheffekte an den relativ kalten Zylinderwänden. Besonders hoch ist der Gehalt der Abgase an unverbrannten Kohlenwasserstoffen bei kaltem Motor bzw. bei gezogenem Choke (fettem Gemisch). Im Normalbetrieb beträgt er 0,01 - 0,07% (100 - 700 ppm). Von besonderer Bedeutung ist der Anteil der Aromaten und hier vor allem der mehrkernigen Aromaten.

Ihr Anteil beträgt bei Leerlauf etwa 2000 $\mu g/m^3$ Abgas, bei Voll-Last etwa 200 $\mu g/m^3$ Abgas. Einige dieser polyzyklischen Aromaten, so z.B. das Benz-(a)-pyren, sind als stark krebserregende Substanzen bekannt. Ihr Anteil hängt direkt vom Aromatengehalt des verbrannten Benzins ab. Deshalb ist eine Erhöhung des Aromatengehaltes im Fahrbenzin nicht wünschenswert.

Die Schwefeldioxidemissionen der Kraftfahrzeuge sind mengenmäßig und von ihrer Gefährlichkeit für den Menschen her von nicht so eminenter Bedeutung wie die oben angeführten Schadstoffe. Ihr Gehalt im Abgas ist direkt vom Schwefelgehalt des Benzins (und im wesentlichen vom Anteil des Crackbenzins am Fahrbenzin) abhängig.

Besonders die Emissionen von Bleiverbindungen, wie sie bei der Verbrennung von TML und TEL entstehen, werden von Umweltschützern, Ärzten und Hygienikern sehr kritisch beobachtet. Daß es sich bei TML und TEL um äußerst gefährliche Kontakt-, Fraß- und Atemgifte handelt, ist bekannt. An den mit der Zumischung beschäftigten Stellen (Raffinerie) sind ausreichende Sicherheitsvorkehrungen technisch möglich und auch realisiert.

Wesentlich problematischer ist die Frage der bleihaltigen Emissionen von Kraftfahrzeugen, weil mit ihnen die ganze Bevölkerung in Kontakt kommt und ihr Ausmaß nur durch Veränderung des Bleigehaltes im Benzin steuerbar ist.

Obwohl auf Grund der Komplexität des Problems kein Nachweis für eine unmittelbare Gefährdung erwachsener Menschen durch die Bleiemissionen erbracht werden konnte, besteht weiterhin der berechtigte Verdacht, daß Blei auch in diesen geringen Dosen gesundheitsschädlich ist (2).

Als Maß für die Bleibelastung des Menschen wird der Blutbleispiegel gewählt. Die Bleiaufnahme durch den Großstadtbewohner beträgt etwa 28,6% der Bleiaufnahme durch den Bleiarbeiter. Verschiedene Untersuchungen haben eine annähernde Konstanz von Blei in den menschlichen Organen gefunden.

Unter normalen Bedingungen bildet sich ein Gleichgewicht zwischen Bleiaufnahme und Bleiabgabe, eventuell kommt es zu einer Depotbildung in den Knochen. Die Theorie, daß dieses Blei durch Schockeinwirkung oder Ähnliches schlagartig freigesetzt werden und dann zu einer Bleivergiftung führen kann, ist wissenschaftlich nicht belegt.

Blei könnte jedoch zu einer Schädigung des Kindes im Mutterleib führen, da in manchen Fällen eindeutig ein Bleiübertritt auf das ungeborene Kind nachgewiesen werden konnte. Eine Schädigung von Kindern durch Blei, das die Placentaschranke überwindet, konnte bisher jedoch nicht bewiesen werden.

Da eine eindeutige Schädigung nicht ausgeschlossen werden kann, wurde von der VDI-Kommission eine maximale Immissionskonzentration (MIK-Wert) für den Gehalt der Luft an Blei und dessen anorganischen Verbindungen von 1,5 $\mu g/m^3$ im Jahresmittel und von 3,0 $\mu g/m^3$ im 24-Stunden-Mittel festgelegt.

Einen wesentlichen Anteil zur Bleibelastung der Atmosphäre tragen mit bleihaltigem Kraftstoff betriebene Automobile bei. Da die oben angeführten

MIK-Werte in verkehrsreichen Gebieten, wie eine deutsche Untersuchung zeigt, bereits überschritten werden, muß an eine Reduzierung des Bleigehaltes im Benzin gedacht werden.

Weiters muß darauf hingewiesen werden, daß bleihaltige Vergaserkraftstoffe zu erhöhten Emissionen an unverbrannten Kohlenwasserstoffen führen können.

Aus hygienischen und gesundheitlichen Gründen ist es wünschenswert, die Abgasmenge und den Gehalt an toxischen Substanzen so klein wie möglich zu halten.

Folgende Maßnahmen stehen zur Verfügung, um den Schadstoffgehalt der Motorabgase zu verringern:

1. Motorseitige Maßnahmen
   Änderungen der Luftverhältnisse (Gemischverarmung oder Anfettung), X), ev. Y)
   Vergrößerung des Hubraumes Y)
   Modifikation des Brennraumes Y)
   Abgasrückführung (wirtschaftlich bis 10% möglich) Y)
   Gezielte Steuerung der Gemischaufbereitung X)
   Gezielte Steuerung der Zündung X)
   Gezielte Steuerung des Verbrennungsablaufes X)
   Einbau von Nachverbrennungsanlagen: thermische Systeme Y)
   Einbau von Nachverbrennungsanlagen: katalytische Systeme Y)
2. Kraftstoffseitige Maßnahmen
   Zusatz oder Weglassung von Additiven X)
   Änderung der Zusammensetzung des Benzins X)

X) Maßnahmen, die ohne weiteres am bestehenden Motor durchgeführt werden können,

Y) Maßnahmen, die mit einem wesentlichen Umbau am KFZ verbunden sind.

Es muß aber ausdrücklich festgestellt werden, daß, obwohl die Kohlenwasserstoffzusammensetzung des Treibstoffes Menge und Zusammensetzung der Abgase beeinflußt, gemittelt über die verschiedenen Fahrzustände der Einfluß von Motor, Vergaser und Zündung wesentlich gravierender ist.

Als einfachste Maßnahme bietet sich zunächst die Vermeidung des Bleizusatzes zum Kraftstoff an. Damit würde es einerseits zu keiner Bleiemission in den Abgasen mehr kommen, andererseits würde dies auch den Einsatz von katalytischen Nachverbrennungsanlagen zur Reduzierung des Ausstoßes an Kohlenmonoxid und Kohlenwasserstoffen ermöglichen.

Die Verwendung von katalytischen Abgasaufbereitungsanlagen ist allerdings noch immer problematisch. Abgesehen von der immer noch geringen Lebensdauer der Katalysatoren (ca. 40 000 km), der Überhitzungsmöglichkeit und der damit verbundenen Brandgefahr, die bereits bei Ausfall einer einzigen

Zündkerze besteht, und technologischen Problemen bei der Fertigung muß bei Verwendung einer derartigen Anlage mit einer Verminderung der Motorleistung um 25%, einer Vermehrung des Kraftstoffverbrauchs um ca. 30% und einer Erhöhung der Reparaturanfälligkeit auf das 5 bis 8-fache gerechnet werden. Es würde sogar notwendig sein, metallfreie Schmieröladditive zu entwickeln, da die meisten anorganischen Beimengungen schon in kurzer Zeit zu einer Desaktivierung des Katalysators führen.

Zu einer wesentlichen Verringerung des Schadstoffgehaltes im Abgas ohne Nachverbrennung führt die Verwendung eines Benzin-Methanol-Mischkraftstoffes mit 10 - 15% Methanolgehalt (3).

TABELLE 7: Abgasemissionen im Europa-Test (4)

		CO		Kohlenwasserstoffe (FID)		Höher kondens. zykl. Kohlenwasserstoffe	
	Start-beding.	g/Test	relativ zu Benzin %	g/Test	relativ zu Benzin %	µg/Test	relativ zu Benzin %
Benzin	kalt	136	100	9,8	100	7035	100
	warm	112	100	7,9	100		
Benzin + 15% Methanol	kalt	56	41	8,3	85	900	13
	warm	34	30	6,5	82		
reines Methanol	kalt	102	75	12,0	122	303	4
	warm	36	32	5,7	72		

Die Zahlenwerte in Tabelle 7 lassen erkennen, daß durch einen Zusatz von 15% MeOH zum Vergaserkraftstoff eine Verminderung der CO-Emission um 60 - 70%, der Kohlenwasserstoffemission um 15 bis 18% und der Emission an höheren kondensierten Kohlenwasserstoffen um 87% erreichbar ist. Gegenüber reinem Benzin ist aber mit einem Ansteigen der Aldehydemissionen zu rechnen.

Wie vordringlich eine Lösung des Abgasproblems der Kraftfahrzeuge ist, möge im Folgenden verdeutlicht werden (5).

Nach deutschen Untersuchungen beträgt die CO-Belastung der Atmosphäre durch anthropogene Verschmutzung 90% der CO-Gesamtbelastung, das sind 304×10^6 t/Jahr, wovon 58% durch Benzinabgase verursacht werden.

Bei der Gesamtbelastung der Atmosphäre mit Kohlenwasserstoffen beträgt der Anteil der durch den Menschen verursachten Verschmutzung nur 4,7%, das sind 88 × 10^6 t/Jahr, wovon auf den Mineralölverbrauch nur 47% entfallen.

Bei Stickstoffdioxid beträgt die Belastung der Atmosphäre durch den Menschen 6,4% der Gesamtbelastung, das sind 53 × 10^6 t/Jahr, wovon 36% auf die Verbrennung von Mineralöl entfallen.

In Tabelle 8 sind die im Jahr freigesetzten Schadstoffmengen angeführt.

TABELLE 8: Verschmutzung der Atmosphäre in t/Jahr × 10^6 (5)

Schadstoff	Gesamt-belastung	anthropogene Verschmutzung	Verschmutzung durch Mineralölverbrennung
Kohlenmonoxid	337	304 = 90%	176 = 58%
Kohlenwasserstoffe	1888	88 = 4,7%	41 = 47%
Stickstoffdioxid	823	53 = 6,4%	19 = 36%

Daraus geht eindeutig hervor, daß der Mensch durch Reduzierung der Verschmutzung durch die Verbrennung von Minerölprodukten und hier wiederum von Benzin einen wesentlichen Beitrag zum Umweltschutz leisten kann.

In Tabelle 9 sind die in der BRD von Kraftfahrzeugen freigesetzten Schadstoffmengen angeführt.

TABELLE 9: Schadstoffmengen in 10^3 t/Jahr, Werte für 1975 und 1980 extrapoliert (5)

Schadstoff	1966	1969	1975	1980
CO	3.563,2	3.647,5	4.562,0	5.213,0
Kohlenwasserstoffe	733,3	474,5	598,0	687,0
NO_x	687,2	814,7	1.047,5	1.220,0
SO_2	51,7	57,4	79,0	96,0
Feststoffe	43,4	50,8	66,2	77,8

1.2 Prinzipielle Möglichkeiten zur Senkung des Bleigehaltes

Eine beabsichtigte Senkung des Bleigehaltes im Vergaserkraftstoff kann in zwei Stufen erfolgen:
1. Eine Reduzierung des Bleigehaltes im Benzin auf 0,15 g/l, wie sie in der BRD bereits vorgenommen wurde,
2. eine völlige Entfernung des Bleizusatzes aus dem Fahrbenzin (0,0 g/l).

Zur Erreichung dieses Zieles gibt es zwei Möglichkeiten:
1. Verminderung der bisherigen Oktanzahl;
2. Beibehaltung der bisherigen Oktanzahl.

Der einfachste Weg zur Reduzierung des Bleigehaltes im Fahrbenzin ist die verminderte Zugabe bzw. die völlige Weglassung des Bleizusatzes zum Benzin. Die Pool-Oktanzahl des Fahrbenzins entspräche dann der Oktanzahl des unverbleiten Benzinpools. Diese Lösung wäre für die Raffineriewirtschaft die günstigste, da die bisherigen Produktionsanlagen in Art und Größe im Prinzip völlig ausreichend wären.

Eine Verminderung der Oktanzahl des Fahrbenzins ist aber derzeit praktisch undurchführbar, da die Motoren der augenblicklichen Automobilpopulation auf diese abgestimmt sind. Langfristig gesehen wäre, in Zusammenarbeit mit der Automobilindustrie, dieser Weg zu erwägen, wenn sich die Automobilindustrie entschließen würde, das Kompressionsverhältnis der Motoren zu senken.

Ob allerdings im Hinblick auf die sich mehr und mehr zuspitzende Rohstoff- und Energieverknappung auf dem Erdölsektor die Absenkung der Oktanzahl sinnvoll ist, ist zweifelhaft. Bedingt durch das niedrige Verdichtungsverhältnis der Automotoren würde der Wirkungsgrad reduziert werden, was einen erhöhten Verbrauch bewirken würde.

Im Zusammenhang der Betrachtungen über eine Änderung der Pool-Oktanzahl bei Weglassen des Bleizusatzes scheint eine Optimierung im Hinblick auf die Wirkungsgrade bei der Vergaserkraftstoffproduktion und beim Vergaserkraftstoffverbrauch sinnvoll.

1.2.1 Ermittlung der optimalen Pool-Oktanzahl aus der optimalen Fahrweise des Platformers

Diagramm 5 zeigt die Abhängigkeit der Reformerausbeute von der Oktanzahl des Reformates (Abhängigkeit nach 6). In der Mitte ist die durchschnittliche Abhängigkeit des Oktanzahlbedarfes vom Kompressionsverhältnis aufgetragen (7). Durch den besseren thermischen Wirkungsgrad bedingt, erfolgt bei Zunahme des Kompressionsverhältnisses im Explosionsmotor eine Verbrauchsabnahme bei der motorischen Verbrennung, was im unteren Teil des Diagrammes zu erkennen ist (7).

Der Quotient aus der Ausbeute beim Platformieren und dem Kraftstoff-

DIAGRAMM 5: Optimierung der Pool-Oktanzahl

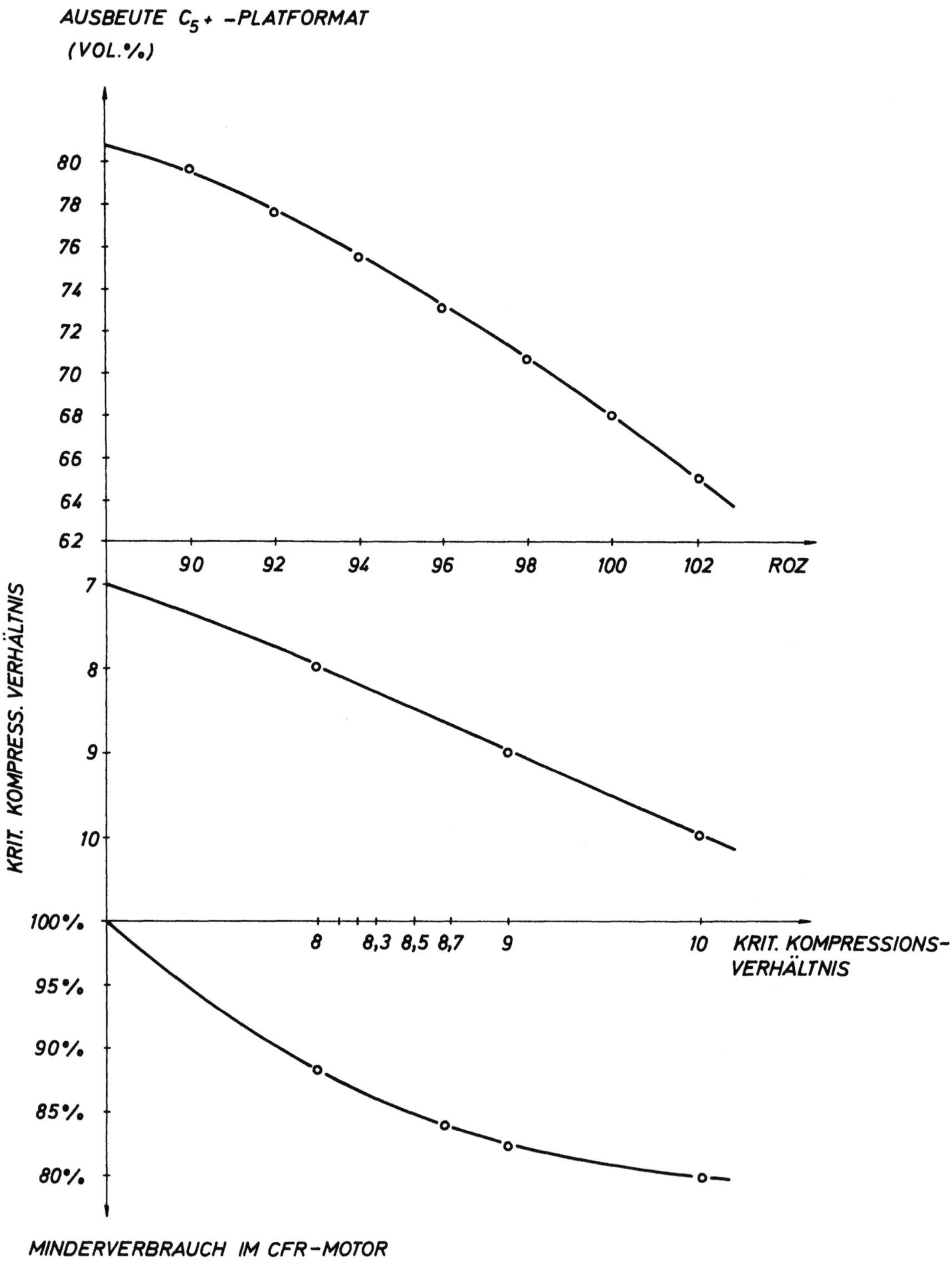

verbrauch in Abhängigkeit von der ROZ des Platformates zeigt ein Optimum bei ROZ 95 (siehe Diagramm 6).

Am optimalen Punkt halten sich die Änderung des Mehrverbrauches an Platformereinsatzprodukt und die Änderung des Verbrauches des Ottomotors bei Änderung der Oktanzahl des Benzins die Waage.

Da durch den Einsatz von Iso-Schwerbenzin im Platformer die Platformatausbeute – Platformat-Oktanzahl-Kurve im Diagramm 5 im wesentlichen nur parallel zur Abszisse verschoben wird, ändert sich lediglich die Höhe, nicht aber die Lage in bezug auf die optimale Oktanzahl im Diagramm 6.

Würde man also das Kompressionsverhältnis der Motoren von 10 : 1 auf 9 : 1 senken, würde einem Verbrauchsanstieg um 2,7% (von 79,7 auf 82,4%) eine Mehrausbeute von 6,2% (von 65,0 auf 71,2%) im Platformer gegenüberstehen. Das Absenken des Kompressionsverhältnisses von 8 : 1 auf 7 : 1 hingegen würde einen Verbrauchsanstieg im Motor von 11,7% (88,3 auf 100%) nur eine Mehrausbeute von 4,3% (76,4 bis 80,7%) im Reformer mit sich bringen.

Im Bereich des Kompressionsverhältnisses 8,2 bis 8,5 : 1 halten sich Ausbeuterückgang im Platformer und Kraftstoffminderverbrauch im KFZ-Motor etwa die Waage. Das entspricht einer ROZ des Kraftstoffes von 95.

Diese Darstellung gilt selbstverständlich nur dann, wenn Platformat die alleinige Fahrbenzinkomponente wäre. Zusammen mit den ROZ-Werten der übrigen Benzinkomponenten ergibt sich im Diagramm 5 eine Verschiebung in waagrechter Richtung.

Als interessanter Vergleich sei noch hinzugefügt: DuPont nennt (8) eine optimale ROZ clear für den unverbleiten VK-Pool von 96. Dieser Wert resultiert, wenn man die Oktanzahl in Abhängigkeit vom Treibstoffminderverbrauch bei KFZ und vom Brennstoffmehrverbrauch in der Raffinerie bei der Herstellung des Vergaserkraftstoffes optimiert (siehe Diagramm 7).

Für die Verbleiung mit 0,53 g Pb/l wird eine optimale Pool-ROZ von 100 angegeben. Laut (9) entspricht das bei Verbleiung mit 0,15 g Pb/l einer Oktanzahl von 98,3.

1.2.2 Zusatz von klopfhemmenden Additiven

1.2.2.1 Zusatz von metallhaltigen Additiven

Auf dem Gebiet der metallhaltigen Additive sind hauptsächlich metallorganische Verbindungen und Metallcarbonyle untersucht und als wirksam empfunden worden. Neben Bleiverbindungen zeigen vor allem Manganverbindungen (interessant ist momentan besonders Methylcyclopentadienylmangantricarbonyl = MMT) gutes klopfhemmendes Verhalten.

In den USA wird MMT in zunehmendem Maße als Ersatz für Bleiverbindungen im Benzin herangezogen. Ein Zusatz von 0,033 g Mn/l ermöglicht eine Steigerung der Oktanzahl um 2 - 3 ROZ-Einheiten.

DIAGRAMM 6: Quotient aus Platformerausbeute und Verbrauch im KFZ-Motor in Abhängigkeit von der ROZ

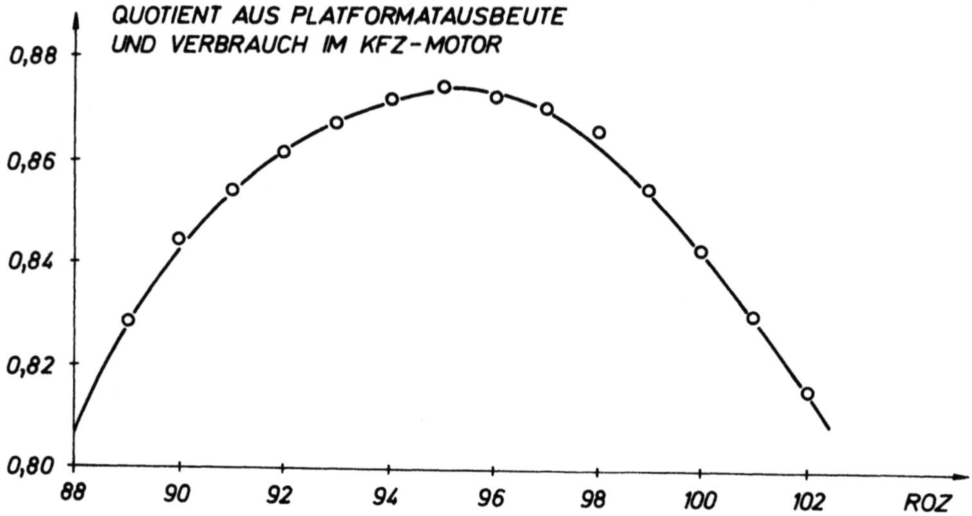

DIAGRAMM 7: Verbrauchsänderung in Raffinerie und KFZ in Abhängigkeit von der Pool-Oktanzahl

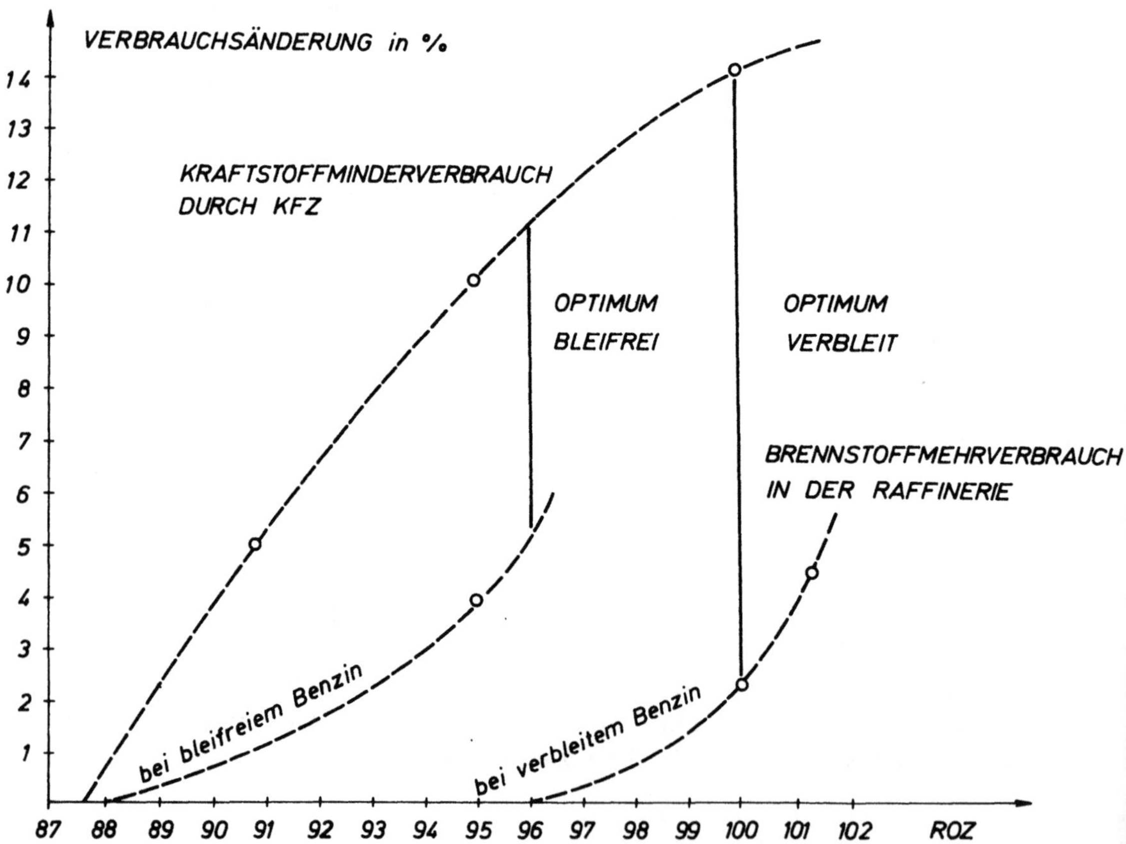

Verbindungen auf Eisen-, Zinn-, Magnesium-, Kobalt-, Nickel-, Cer-, Selen- und Tellurbasis konnten sich nicht durchsetzen, weil sie entweder zur Anwendung im KFZ-Motor ungeeignet, zu teuer in der Herstellung oder erst in relativ hoher Konzentration wirksam waren.

Die Ergebnisse von Versuchen mit anorganischen Antiklopfzusätzen auf Natrium-, Magnesium- und Kaliumbasis, mit feinstverteiltem Kohlenstoff und Wasser dürften in der Praxis in nächster Zeit keine Bedeutung erlangen.

Obwohl nun zum Beispiel MMT Bleiverbindungen im Benzin durchaus und kostengünstig ersetzen könnte, muß man sich im klaren sein, daß hier, wie überhaupt bei Verwendung jedes anderen metallhaltigen Additives, nur eine Verlagerung des Problems geschaffen würde: Die Belastung der Umwelt würde statt mit Blei mit Mangan erfolgen. Der Unterschied in den Auswirkungen könnte lediglich ein gradueller sein.

Aus hygienischen Gründen ist daher die Reduzierung des Bleigehaltes durch Ersatz mit anderen metallhaltigen Additiven abzulehnen. Es können also in der Praxis nur nicht-metallhaltige Benzinadditive Anwendung finden.

1.2.2.2 Zusatz von nicht-metallhaltigen Additiven

Bisher sind in größerem Ausmaß folgende Stoffe untersucht worden:

Methanol
Höhere Alkohole (Äthanol, Isopropanol, Butanole)
Methyl-tert.-butyl-Äther

Mischungen von herkömmlichem Vergaserkraftstoff mit 5 bis 15 Vol.% *Methanol* sind in letzter Zeit sehr intensiv untersucht worden.

TABELLE 10: Zusatz von Methanol bei Normalbenzin

	Zusatz von Methanol	
	10 Vol.%	15 Vol.%
Erhöhung der ROZ	6,5	9,5
Erhöhung der MOZ	4,5	6,0
Erhöhung der FOZ	10,8	13,7

TABELLE 11: Zusatz von Methanol bei Superbenzin

	Zusatz von Methanol	
	10 Vol.%	15 Vol.%
Erhöhung der ROZ	3,3	5,0
Erhöhung der MOZ	2,2	3,0
Erhöhung der FOZ	8,5	11,0

Es hat sich gezeigt, daß Zusätze von mehr als 15 Vol.% Methanol zum Vergaserkraftstoff nicht ohne weiteres für die derzeitige Automobilpopulation angewendet werden können.

Ein 15%-iger Zusatz von Methanol kann bei Superbenzin die nötige Bleizugabe um 0,05 bis 0,10 g/l, bei Normalbenzin um 0,2 bis 0,3 g/l verringern (3).

Als wesentlicher Vorteil des Methanolzusatzes zum Vergaserkraftstoff wird der geringere Schadstoffausstoß bei der motorischen Verbrennung angeführt. Im Vergleich zu reinem Benzin ergeben sich, wie in Tabelle 7 (4) dargestellt, niedrigere Emissionswerte an CO und Kohlenwasserstoffen im Abgas. Mit einem Ansteigen der Aldehydemissionen ist jedoch zu rechnen.

Auf Grund der höheren Verdampfungswärme des Methanols ist, bedingt durch den damit verbundenen günstigeren thermischen Wirkungsgrad des Ottomotors, mit einer geringen Verbrauchsersparnis gegenüber reinem Benzin zu rechnen (Tabelle 12).

TABELLE 12: Kraftstoffverbrauch im Europa-Test (4)

		g/Test	Verbrauch auf Gewichtsbasis Rel. bez. auf reines Benzin %	KJ/Test	Verbrauch auf Energiebasis Rel. bez. auf reines Benzin %
Benzin	Kaltstart	373	100	3917	100
	Warmstart	328	100	3444	100
Benzin + 15% Methanol	Kaltstart	360	96	3448	88
	Warmstart	310	95	2969	86
reines Methanol	Kaltstart	810	214	3765	96
	Warmstart	644	196	3027	77

Der Zusatz von *höheren Alkoholen* wurde schon vor dem Zweiten Weltkrieg in größerem Maßstab praktiziert. In Brasilien wird zur Zeit Äthanol aus Melasse als Kraftstoffadditiv eingesetzt, um die Devisenausgaben für Rohöl möglichst gering halten zu können.

Die Oktanzahlen der höheren Alkohole sind in Tabelle 13 angeführt.

TABELLE 13: Oktanzahlen der höheren Alkohole

	ROZ	MOZ	Sensitivity	Literaturangabe
Äthanol	111,4	94,0	17,4	(10)
iso-Propanol	118,0	101,9	16,1	(10)
sec.Butanol	110	32	78	(11)
tert.Butanol	110,7	90,1	20,6	(10)

Während Bestrebungen zur Herstellung von Äthanol aus Biomasse, Müll und anderen Überschußprodukten im Gange sind, ist die Verfügbarkeit von iso-Propanol durch die verfügbare Propylenmenge begrenzt. Günstiger ist die Rohstofflage zur Herstellung der Butanole aus der C_4-Fraktion von Äthylenanlagen. Daher ist iso-Butanol von den angeführten höheren Alkoholen momentan am ehesten geeignet, als Bleiersatz für Fahrbenzin eingesetzt zu werden.

Verglichen mit Methanol zeigen die höheren Alkohole, mit Ausnahme von iso-Propanol, eine etwas geringere Wirksamkeit.

Die Wasserverträglichkeit ist jedoch besser und dürfte zu keinen Schwierigkeiten Anlaß geben. Auch Korrosionserscheinungen sind bei den anzuwendenden Konzentrationen in der Größenordnung von 10 bis 30 Vol.% nicht zu erwarten.

Als dritte Möglichkeit der klopfhemmenden, metallfreien Additive steht der *Methyl-tert.-Butyl-Äther* (MTBE) zur Verfügung. Seine Wasserverträglichkeit ist schlecht. Der wesentlichste Nachteil ist jedoch, daß zu seiner Herstellung i-Buten notwendig ist. Dadurch tritt MTBE in Konkurrenz mit Alkylat-Benzin, das bei seiner Zugabe zum Fahrbenzin weniger problematisch ist. Auch das weiters zur Herstellung notwendige Methanol kann wohl direkt besser als Additiv eingesetzt werden.

Die Wirkung von MTBE, das eine ROZ von 115 bis 120 und eine MOZ von 101 besitzt, ist jedoch ausgezeichnet. Ein Zusatz von 10 - 15% MTBE zum Vergaserkraftstoff bewirkt, daß das Abgas 20% weniger CO und 70% weniger polynukleare Aromaten enthält als bei Betrieb des Motors mit unverschnittenem Kraftstoff (12).

Eine Verwendung von MTBE in Mischung mit i-Butanol, wie sie von (11) empfohlen wird, kann die Nachteile der Reinkomponenten größtenteils ausschalten.

Jedoch dürfte die Anwendung einer Mischung von Methanol mit i-Butanol günstiger sein.

Gute Wasserverträglichkeit, günstige Abgaszusammensetzung, fast optimaler Siedeverlauf und relativ kostengünstige Herstellmöglichkeiten stehen dem Nachteil gegenüber, daß an einzelnen PKW-Modellen eventuell geringfügige

Änderungen vorgenommen werden müßten.

Die Verwendung von Zusätzen wie Anilin, dessen Derivaten, und Benzol kann hier nicht in Erwägung gezogen werden, da es hier im Abgas zu einem starken Anstieg an carcinogenen Aromaten kommt.

1.2.3 Änderung der Grundzusammensetzung des Benzins

Die zweite Möglichkeit, bei Beibehaltung der Qualität des Fahrbenzins den Bleigehalt zu senken, ist die Änderung der Zusammensetzung des Benzins. Prinzipiell müssen mehr klopffeste und weniger niedrigoktanige Komponenten im Benzin sein als jetzt. Zur Auswahl stehen

Olefine
Aromaten, und bis zu einem gewissen Grad
Isoparaffine.

Im Benzinpool sind sie bereits als Pyrolysebenzin,
katalytisch-gekracktes Benzin und
Reformat vertreten.

Weitere Möglichkeiten sind der Einsatz von

Alkylat,
Isomerisat und
n-paraffinfreiem Benzin.

Ungefähre Oktanzahlen der verschiedenen Benzintypen sind:

Name	ROZ	Charakteristik
straight-run-Benzine		
full-range	40 - 70	
leicht	65	
katalyt. Crackbenzin		
leicht (- 130^0)	90 - 93	
schwer (130 - 220^0)	96 - 98	olefinreich
Reformat full-range	86 - 103	aromatenreich
Pyrolysebenzin	98	aromaten- und olefinreich
Isomerisat C_5, C_6	80 - 83	isoparaffinreich
n-paraffin-freies Benzin		
leicht	85 - 88	isoparaffinreich
schwer (ab 80^0 C)	70 - 73	isoparaffinreich, Reformereinsatz
Hydrocrackat		
leicht	81 - 86	
full-range	60	

Olefinzusatz

Der Olefingehalt eines Kraftstoffes läßt sich nicht beliebig steigern. Ab einem bestimmten Olefingehalt müssen zur Verhinderung der Bildung von Gum und Harzen schon relativ beträchtliche Mengen an Stabilisatoren zugesetzt werden.

Außerdem muß ab einem gewissen Olefingehalt, der wiederum von der sonstigen Zusammensetzung des Benzins abhängt, infolge der relativ großen Sensitivity der Olefine mit einem Verlust an MOZ gerechnet werden.

Olefine sind also zum Ersatz der Bleiverbindungen nur wenig geeignet.

Aromatenzusatz

Der gängigste Weg, Aromaten im Vergaserkraftstoff anzureichern, ist der Zusatz von katalytischem Reformat.

Durch Erhöhung der Reformer-Severity ist es möglich, den Aromatenanteil im Reformat zu steigern. Gleichzeitig mit steigender Reformer-Severity sinkt jedoch bei konstantem Einsatz die Ausbeute. Bei der Zugabe von Aromaten zum Benzin kommt es bei der motorischen Verbrennung zu einer erhöhten Emission von Aromaten, Benzol wird überproportional emittiert. Besonders schädlich sind die polyzyklischen Aromaten, wie Benz-a-pyren, im Abgas, die stark carcinogen wirken und dann in verstärktem Maß emittiert würden. Ein gangbarer, wenn auch teurer Weg, diese Probleme zu beseitigen, wäre die teilweise Abtrennung des Benzols aus dem Platformat.

Wegen der hohen Siedepunkte der Aromaten kann durch deren Zusatz nur die ROZ bzw. MOZ, nicht aber die FOZ verbessert werden; ebenso würde dadurch auch der gewünschte Anteil an niedersiedenden Komponenten im Vergaserkraftstoff verringert.

Isoparaffinzusatz

Im Leichtbenzinbereich stehen Isoparaffine als einzige Kohlenwasserstoffe zur Verfügung, um die geforderte Oktanzahl einhalten zu können. Im Benzinpool können die Isoparaffine in Form von Alkylatbenzin, katalytisch isomerisiertem Leichtbenzin und normalparaffinfreiem Leichtbenzin eingesetzt werden.

1. Alkylatzusatz
   Alkylate werden durch Addition eines Isoparaffins an ein Olefin hergestellt und liefern hochoktanige, hochverzweigte Paraffine. Sie werden üblicherweise aus i-Butan und Propylen oder Butylen oder einem Gemisch der beiden erzeugt. Daher hängt ihre produzierbare Menge natürlich vom Angebot an i-Butan und an C_3- und C_4-Olefinen ab. Die durchschnittliche ROZ der Alkylate liegt bei 93 - 96.
2. Zusatz von Isomeren in Form von n-paraffinarmen und n-paraffinfreien Benzinen
   Isomerisate werden durch katalytische Isomerisierung von Leichtbenzin oder

Leichtbenzinschnitten hergestellt. Diese enthalten hauptsächlich n- und iso-Pentane und Hexane. Da nach dem Isomerisieren noch ein gewisser, der Gleichgewichtslage entsprechender Anteil an Normalparaffinen vorhanden ist, hat das Produkt eine ROZ von etwa 80 - 83.
Für die FOZ ist dieses Produkt sehr wertvoll, jedoch bei gänzlicher Weglassung des Bleizusatzes und eventuell Limitierung des Benzolgehaltes nicht ausreichend. Während nämlich bei Normalbenzin ein Richtwert für die FOZ nicht vorgesehen ist, ist die FOZ des Superbenzins mit 88 festgesetzt.
Der Einsatz von n-paraffinfreien Leichtbenzinfraktionen ist in dieser Hinsicht günstiger. Leichtbenzine dieser Art besitzen eine ROZ von 85 - 88. Sie sind ausgezeichnete Mischkomponenten mit guter MOZ. Ihre Herstellung erfolgt am günstigsten durch Molekularsiebverfahren (siehe 2.2.2).

1.2.4 Kombinationsmöglichkeiten

Eine Kombination von n-paraffinfreiem Benzin mit Alkylat würde den Vergaserkraftstoffpool der Bleiverminderung entsprechend aufwerten, ohne ihn mit zusätzlichen Aromaten zu belasten und ohne die FOZ zu verringern.

Eventuell wäre eine Kombination aus dem Zusatz von Methanol-Isobutanol-Gemisch mit dem Zusatz eines Gemisches von Alkylatbenzin mit n-paraffinfreiem Benzin ein günstiger Weg, bei dem auf jeglichen Bleizusatz verzichtet werden könnte.

Eine hohe Ausbeute an bleifreiem Benzin aus einer gegebenen Rohölmenge wäre dabei mit geringem Aromatengehalt des Benzins verknüpft. Auch die Schadstoffe im Abgas würden dabei stark reduziert werden.

2. HERSTELLVERFAHREN FÜR N-PARAFFINE

Die Abtrennung der Normalparaffine aus Kohlenwasserstoffgemischen kann einerseits durch chemische, andererseits durch physikalische Verfahren erfolgen.

2.1 Chemische Verfahren

Unter den chemischen Verfahren das Verbreitetste ist das EDELEANU-Verfahren. Das Kohlenwasserstoffgemisch wird mit wasserhaltigem Harnstoff versetzt. Es erfolgt eine Harnstoff-Normalparaffin-Addukt-Bildung. Dieses feste Addukt kann durch Filtrieren oder Zentrifugieren entfernt werden.

Auf dieser Basis arbeiten auch das NUREX-und das MAFKI-Verfahren.

Verfahren mit Harnstoffadduktierung der n-Paraffine finden vorwiegend im Gasölbereich Anwendung.

2.2 Physikalische Verfahren

Die physikalischen Verfahren zur Abtrennung von Normalparaffinen aus Kohlenwasserstoffgemischen lassen sich in zwei Gruppen einteilen:

Destillative Verfahren
Adsorptive Verfahren.

2.2.1 Destillative Verfahren

Zu diesen gehört die Superfraktionierung. Sie läßt sich nur im Leichtbenzinbereich anwenden, da die Siedepunkte der Normal- und Isoanteile nur dort hinlängliche Unterschiede aufweisen. Der Einsatz von Superfraktionieranlagen ist auf schmale, niedrigsiedende Benzinschnitte beschränkt; oberhalb C_6 ist ihre Anwendung teuer und wenig effizient. Superfraktionieranlagen arbeiten meist mit einem Vierkolonnensystem.

2.2.2 Adsorptive Verfahren

Diese wichtigste Gruppe der Trennverfahren trennt die Normalparaffine auf Grund der selektiven Adsorption ab. Als Adsorptionsmittel dienen synthetische Zeolithe, Molekularsiebe genannt. Deshalb werden wir diese Gruppe als „Molekularsiebverfahren" bezeichnen.

2.2.2.1 Wirkungsweise von Molekularsieben

Zeolithe sind wasserhaltige Gerüstsilikate der allgemeinen Formel

$$x \cdot [(M^I, M^{II} \tfrac{1}{2}) \cdot y\, Si\, O_2 \cdot z\, H_2O] ,$$

M^I ... Li, Na, K usw.

M^{II} ... Mg, Ca, Sr, Ba usw.

Über den Typ des Kations M^I oder M^{II} läßt sich die „Maschenweite" des räumlichen Siebes, das das Kristallgitter des Molekularsiebes darstellt, steuern.

Der Trenneffekt beruht also darauf, daß durch die Poren des Kristalls, dessen Porengröße durch den chemischen Aufbau vorgegeben ist, nur Moleküle mit bestimmtem maximalen Moleküldurchmesser in die hinter den Poren liegenden Hohlräume gelangen können. Diese Moleküldurchmesser dürfen höchstens gleich groß sein wie die kritischen Moleküldurchmesser, die gleich den „Porenweiten" der Molekularsiebe sind.

Die Einteilung der Molekularsiebe erfolgt entweder nach dem kristallographischen Namen oder nach der Porengröße in Angström und nachgestellt der Typenbezeichnung der Kristallstruktur.

Porendurchmesser in Angström	Name	übliche Bezeichnung
3	Ca-Mordenit	Molekularsieb 3 A
4	Na-Mordenit	Molekularsieb 4 A
5	Ca-Chabasit	Molekularsieb 5 A
10		Molekularsieb 10 X
13	Faujasit	Molekularsieb 13 X

Die folgende Aufstellung zeigt eine Einteilung einiger Stoffe nach ihrer Molekülgröße. Die oberhalb des Striches mit dem kritischen Durchmesser stehenden Substanzen können adsorbiert werden, während die darunter stehenden ausgeschlossen sind. Sie können lediglich oberflächlich festgehalten werden.

Helium, Neon, Argon, Kohlenmonoxid, Ammoniak, Wasserstoff, Sauerstoff, Stickstoff, Wasser

——————————————————————— 3 A

Äthan, Acetylen, Kohlendioxid, Schwefelwasserstoff, Propylen, Schwefeldioxid

——————————————————————— 4 A

Normalparaffine von C_4 bis C_{22}, lineare Olefine, Propan, Cyclopropan

——————————————————————— 5 A

Isoparaffine von C_4 bis C_{14}, Benzol, Cyclohexan, Thiophen, Pyridin, Naphtalin, Dioxan

10 X

Substituierte Benzole, Decahydrochrysen, u.a.

13 X

Zur Abtrennung der Normalparaffine wird das Molekularsieb 5 A verwendet.

Zusätzlich zum Molekulardurchmesser spielen noch andere Faktoren bei der Adsorption an Molekularsieben eine Rolle. Dazu gehört die Polarität des adsorbierten Moleküls. Das erklärt zum Beispiel, warum Schwefelverbindungen, die im Benzin vorkommen, bei ungefähr gleichem Moleküldurchmesser wie die entsprechenden Normalparaffine wesentlich fester an das Molekularsieb 5 A gebunden werden als diese. Bei der technischen Anwendung dieses Trennverfahrens führt das zu Schwierigkeiten durch einen Kapazitätsverlust des Adsorbens.

2.2.2.2 Adsorptionsverhalten von n-Paraffinen an Molekularsieb 5 A

Tabelle 14 gibt eine Übersicht der von verschiedenen Autoren ermittelten Beladungskapazitäten von Molekularsieb 5 A mit n-Paraffinen verschiedener Kettenlänge.

TABELLE 14: Adsorptionskapazität von n-Paraffinen an Molekularsieb 5 A in Gew.%

Temperatur °C	Druck torr	C_4	C_5	C_6	C_7	C_8	C_9	C_{10}	Literatur
400	1000	1,5	3		3,6			5,2	(13)
20	760				6,4				(14)
100	1000	8		10					(15)
200	1000		5						(15)
316	2660		5-7	7					(16)
400	2280				4-7				(17)
250	500		6,9						(18)
250	300		5,8						(18)
200	500		8,9						(18)
200	300		7,8						(18)
275	-				4				(19)
300	-				5,1				(19)
315	-				5,7				(19)
330	-				6,6				(19)

In Diagramm 8 ist die Beladungskapazität von Molekularsieb 5 A für lineare Paraffine mit verschiedener Kettenlänge in Abhängigkeit vom Druck aufgetragen. Deutlich ist zu erkennen, daß bei großer Kettenlänge eine Desorption allein durch Druckänderung ungünstig ist.

Die Adsorptionskapazität des Molekularsiebes steigt:

1. mit fallender Temperatur
2. mit steigendem Druck
3. mit steigender Kettenlänge des adsorbierten n-Paraffines
4. mit steigender Verweilzeit des Adsorbates auf dem Adsorbens.

Die Adsorption verläuft exotherm. Die Adsorptionswärme für n-Alkane bei 200 - 300⁰ beträgt etwa –16 kcal/mol. SCHIRMER, FRIEDRICH und GROSSMANN(20) geben folgende Abhängigkeit für die Adsorptionswärme von n-Paraffinen an Molekularsieb 5 A an:

$$-\Delta H = 5{,}44 + 1{,}55\ n\ (\text{kcal/mol})$$

n ... C-Zahl der Alkane.

Um den Temperaturanstieg bei der Adsorption und den Temperaturabfall bei der Desorption auszugleichen, müssen in den technischen Adsorptionsanlagen, die meist isotherm betrieben werden, Heiz- und Kühlvorrichtungen vorgesehen werden.

Auf Grund der mit zunehmender Kettenlänge steigenden Adsorptionswärme kommt es bei Adsorption von zwei linearen Alkanen zur Ausbildung von zwei Transferzonen, die, abhängig vom Durchmesser der Adsorptionssäule, unterschiedlich schnell wandern. Diese, der Chromatographie ähnliche Erscheinung ist jedoch nicht in der Lage, im praktisch durchgeführten Trennverfahren eine Auftrennung des Adsorbates nach der Kettenlänge zu ermöglichen.

2.2.2.3 Die technische Durchführung der Abtrennung der n-Paraffine mit Hilfe von Molekularsieben 5 A

Die technische Durchführung der n-Paraffinabtrennung mit Molekularsieben erfordert mindestens zwei Verfahrensstufen:

Adsorption der Normalparaffine auf dem Molekularsieb und
Desorption der Normalparaffine aus dem Molekularsieb, um wieder eine Adsorption zu ermöglichen.

Für eine kontinuierliche Trennung sind mehrere Adsorber vorzusehen. Die cyclische Fahrweise jedes Adsorbers muß mit den Zyklen der anderen Adsorber so abgestimmt werden, daß kontinuierliche Produktströme erhalten werden. Das Molekularsieb kann fest oder beweglich angeordnet sein. Obwohl in der UdSSR (21) Versuche zur Adsorption in Wirbelschicht gemacht wurden, arbeiten alle technischen Verfahren mit Festbettadsorption. Der Grund hierfür liegt

DIAGRAMM 8: Adsorptionsisothermen von n-Paraffinen bei 400° C auf Molekularsieb 5 A (13)

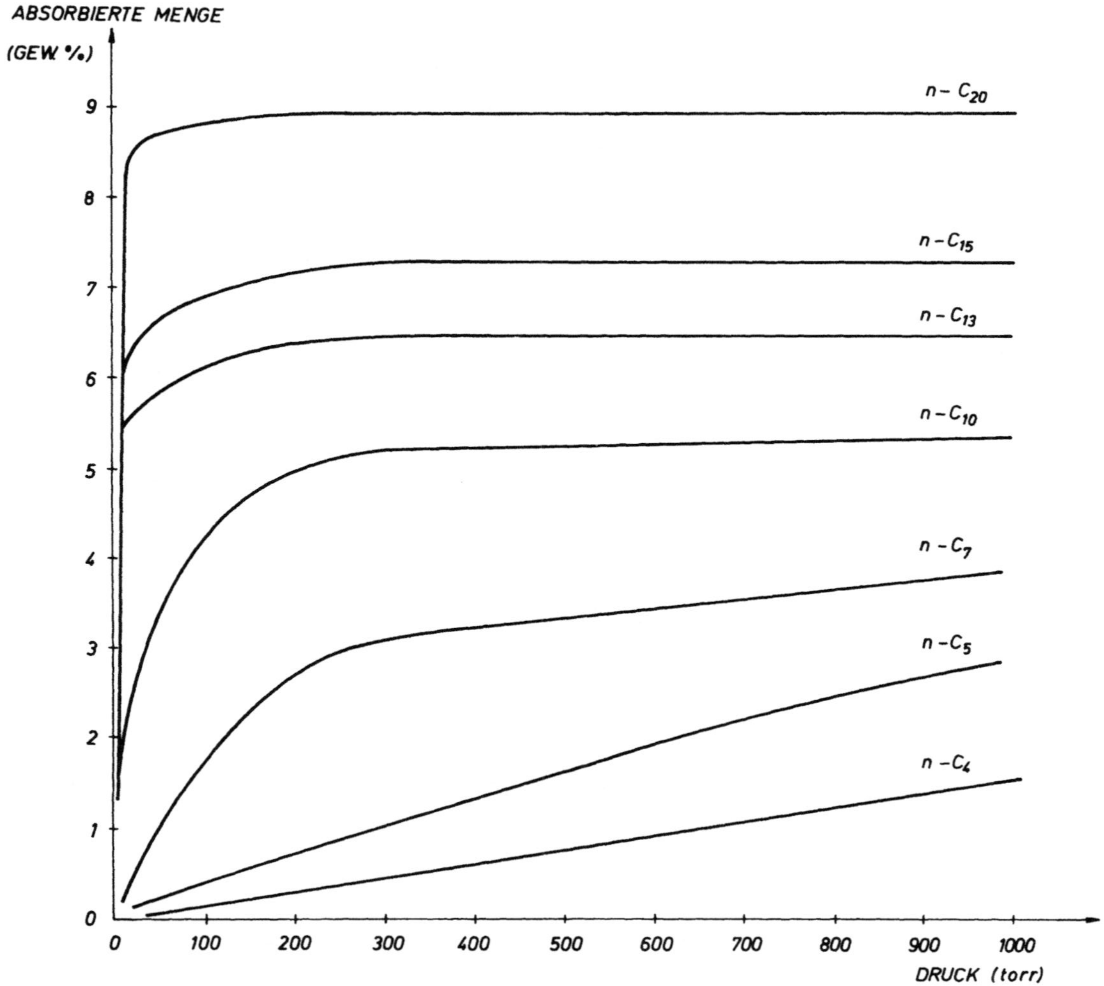

darin, daß die derzeitigen Molekularsiebe auf Grund ihrer funktionell bedingten porösen Struktur nicht allzu abriebfest sind und daher, zumindest augenblicklich, für die Anwendung in bewegten Betten nicht geeignet sind.

Bei der Auslegung des Prozesses können folgende Parameter variiert werden:

Gesamtdruck
Temperatur
Phase-Aggregatzustand
n-Paraffinpartialdruck
Raffinat-Adsorbat-Verhältnis
Reinheit des Einsatzproduktes
Raumgeschwindigkeit
Desorptionsmodus
Desorptions- und Spülmittel

Von Druck und Temperatur abhängig ist, ob in der Gasphase oder in der flüssigen Phase gearbeitet werden soll. Bei großen Kettenlängen werden zum Arbeiten in der Gasphase bereits Temperaturen nötig, die zu einer zunehmenden Koksbildung auf dem Adsorbens führen, wodurch dessen Kapazität erheblich beeinträchtigt wird. Um in flüssiger Phase arbeiten zu können, benötigt man weniger Energie (das Ausgangsprodukt muß ja nicht verdampft werden), die Anforderungen an die Konstruktionsmaterialien sind geringer und auch die Koksbildungstendenz auf dem Adsorbens wird verringert. Jedoch ist eine gleichmäßige Bewegung einer Flüssigkeit durch die Molekularsiebbetten wesentlich schwieriger als die Bewegung eines Gasstromes. Insbesondere ist die Kontrolle einer gleichmäßigen und vor allem guten Produktqualität durch die in den Hohlräumen zwischen den Molekularsiebpellets zurückgehaltene Menge an nicht linearen Kohlenwasserstoffen ("hold-up") sehr problematisch. Die beim Spülen des Adsorbensbettes vor der Desorption auftretenden Verluste sind beim Flüssigphaseverfahren bei gleicher Produktreinheit höher als beim Gasphaseverfahren.

Trotzdem wird das Flüssigphaseverfahren von UOP (Molex), allerdings besonders im C_{10} – C_{25}-Bereich, erfolgreich verwendet. Die anderen technischen Verfahren arbeiten in der Gasphase.

Für eine gute Produktreinheit der n-Paraffine ist erforderlich, daß vor der Desorption das Adsorptionsbett möglichst rein von Einsatzprodukt gespült wird. Zum Spülen wird entweder Eigenspülung angewendet, oder es werden geeignete Spülmedien eingesetzt.

Bei der Eigenspülung dienen die leichtersiedenden Normalparaffine, die nach Beendigung des Adsorptionsschrittes aus dem Molekularsiebbett freigesetzt werden, als Spülmedium. Vorteil der Eigenspülung ist, daß die Produkte nicht durch ein fremdes Spülmedium verunreinigt werden. Die Abtrennung des Spülmediums von den Produkten kann sehr aufwendig sein.

Weiters können als Spülmedium alle als Desorbentien angeführten Stoffe verwendet werden.

Der nächste Verfahrensschritt ist die Freisetzung der adsorbierten Normalparaffine aus den Poren des Molekularsiebes.

Zur Desorption gibt es folgende Möglichkeiten:

Durch Ausnutzung der Lage der Adsorptionskurven:

Temperaturerhöhung ("thermal swing")

Druckreduzierung ("pressure swing")

Kombination aus Temperatur- und Druckänderung.

Durch Ausnutzung der Charakteristik der Molekularsiebe:

Desorption durch Spülen mit einem adsorbierbaren Stoff, wobei dieser Stoff stärker oder weniger stark adsorbiert werden kann als das Adsorbat,

Desorption durch Spülen mit einem nicht adsorbierbaren Stoff.

Das *"Thermal-swing-Verfahren"* nützt die bei gesteigerter Temperatur sinkende Kapazität zur Desorption. In der Praxis haben sich allerdings Verfahren, die ausschließlich durch Erhöhung der Temperatur eine Desorption durchführen, nicht bewährt. Problematisch ist hier vor allem die Dauer des Aufheizens und der Abkühlung. Es gibt zur Zeit kein technisches Verfahren, das auf rein thermischer Basis desorbiert.

Beim *"Pressure-swing-Verfahren"* beruht die Desorption auf der mit sinkendem Gesamtdruck sinkenden Kapazität des Siebbettes. Dem Verfahren sind durch das zu erzielende Vakuum Kostengrenzen und technische Grenzen gesetzt, insbesondere für die Desorption höherer n-Paraffine. Andere Nachteile, wie Abrieb des Siebes beim Druckwechsel, sind von untergeordneter Bedeutung. Dieses Verfahren wird von der Union Carbide unter dem Namen IsoSiv und von BP als M S 2-Verfahren im niedermolekularen Kohlenwasserstoffbereich erfolgreich angewendet.

Als besonders vorteilhaft gilt, daß keine Verschmutzung der Produkte durch Spül- und Desorptionsmedien erfolgen kann.

Die Desorption durch *Spülen mit einem nicht adsorbierbaren Medium,* dessen kritischer Durchmesser in der Regel wesentlich unter dem Porendurchmesser des Molekularsiebes liegt, beruht im Prinzip auch auf einer Verminderung des Partialdruckes der n-Paraffine im Gasraum über dem Molekularsieb.

Dieses Verfahren läßt sich günstig nur für n-Paraffine mit niedrigem Molekulargewicht anwenden; für höhere Molekulargewichte ist die Desorptionsgeschwindigkeit zu gering. Außerdem ist die Abtrennung der im Spülgas in nur geringer Konzentration vorhandenen n-Paraffine problematisch.

Wohl wurde diese Methode im BP M S 2-Prozeß im Benzinbereich mit Stickstoff (Moleküldurchmesser 3,0 Angström) als Desorptionsmedium angewendet. Wasserstoff (Moleküldurchmesser 2,4 Angström) wird in einem Patent (19) der Union Carbide als Desorptionsmedium vorgeschlagen, vor allem deshalb, weil das aus dem Adsorber austretende n-paraffinhaltige Gasgemisch gleich einer Isomerisierung zugeführt wird.

Die Desorption der Normalalkane durch *Verdrängung mit einem Medium, das stärker als sie adsorbiert wird,* bringt ausgezeichnete Desorptionswerte. Die im Einsatz vorhandenen linearen Paraffine sind jedoch in der folgenden Adsorptionsphase kaum mehr in der Lage, das Desorptionsmedium aus dem Sieb zu verdrängen.

Beispiele für solche Desorbentien sind Normalparaffine mit größerer Kettenlänge als die zu gewinnenden, Wasser und Ammoniak. Ammoniak wird beim Esso-Ensorb-Prozeß technisch als Desorbens angewendet. Obwohl auch VEB Leuna (Parex) versuchsweise Wasser-Ammoniak-Mischungen benutzt hat, dürfte jedoch der Ensorb-Prozeß (Esso) das einzige technische Verfahren sein, bei dem ein Desorbens benutzt wird, das stärker als das Normalparaffinprodukt adsorbiert wird. Beim Arbeiten im Bereich der niederen Kohlenwasserstoffe wird mit normalparaffinfreiem Produkt der Ammoniak vor dem Adsorptionsschritt weggespült.

Vorwiegend angewandt wird jedoch die Desorptionstechnik, bei der die *Verdrängung der n-Paraffine mit einem Medium* erfolgt, *das schwächer adsorbiert wird als die zu gewinnenden Normalalkane.* Hier finden n-Alkane von kürzerer Kettenlänge als die zu gewinnenden als Spülmittel und Desorbens Verwendung. Die Desorptionseigenschaften werden mit zunehmender Kettenlänge besser, die Abtrennung des Spülmittels vom Produkt aber umso aufwendiger. BP, IsoSiv (im Bereich oberhalb C_{10}), Parex und TSF-Verfahren verwenden im Prinzip alle diese Methoden zur Desorption. Gebräuchlichstes Desorptionsmittel ist n-Pentan.

Die Anordnung und Steuerung der Adsorber durch ein sehr aufwendiges meß- und regeltechnisches System erfolgt so, daß aus der Anlage kontinuierliche Ströme Adsorbat und Raffinat entnommen werden können.

Mit der Zeit verringern Molekularsiebe bei erhöhten Temperaturen durch die Bildung von Koks in den Siebporen ihre Kapazität. Das Ausmaß, bzw. die Geschwindigkeit, mit der die Kapazität sinkt, hängt von den angewendeten Bedingungen ab.

Eine hohe Temperatur, Verunreinigungen im prozessierten Produkt und lange Verweilzeit bei hoher Temperatur fördern die Koksbildung. Niedrige Temperaturen, eventuelle Verdünnung des Produktes, geringe Zyklusdauer und große Reinheit des Einsatzproduktes begünstigen die volle Erhaltung der Kapazität. Das ist besonders deshalb wichtig, weil zur Wiederherstellung der vollen Adsorptionsfähigkeit die Anlage abgestellt werden muß. Durch längere Standzeiten verteuert sich aber das Produkt.

Besonders wesentlich sind Verunreinigungen durch

Schwefelverbindungen,
Sauerstoff,
Olefine und Wasser.

Je nach Reinheit des Einsatzproduktes nimmt die Kapazität des Molekularsiebes mit der Zeit mehr oder weniger schnell ab. (Siehe Diagramm 9).

Die Kapazitätsabnahme ist beim frischen Molekularsieb wesentlich größer als am länger gebrauchten. Bei den technischen Verfahren pendelt sich die Kapazität nach etwa 200 Zyklen bei 80 bis 85% der ursprünglichen Kapazität ein und fällt von da an nur mehr sehr langsam ab (siehe Diagramm 10).

Die technischen Molekularsiebverfahren werden daher im Leichtnaphthabereich (C_5 bis C_7) auf 150 ppm Schwefel und 1% Olefingehalt ausgelegt. Im Kerosinbereich ist es günstig, unter 1000 ppm Schwefel und 2% Olefingehalt zu bleiben.

Fullrange-straight-run-Benzine enthalten in der Regel Schwefel in der Größenordnung von 200 bis 1000 ppm. Auf Grund der Art der vorliegenden Schwefelverbindungen ist meistens eine Meroxierung ausreichend, nur in vereinzelten Fällen wird man eine hydrierende Entschwefelung anwenden müssen.

Die Anwesenheit von Wasser bis zur Sättigungsgrenze in den prozessierten Kohlenwasserstoffen zeigt bei den technischen Verfahren keine negativen Auswirkungen (außer daß es von den Molekularsieben adsorbiert wird und dadurch einen Teil der Adsorptionskapazität für n-Paraffine blockiert).

Die Auslegung der Anlagen für bestimmte Reinheit des Ausgangsproduktes ist in jedem Fall ein Kompromiß. Es müssen die Mehrkosten, die bei der Reinigung des Einsatzes erwachsen, gegen die Kosten abgewogen werden, die bei einem zusätzlichen Regenerierungsvorgang des Adsorbers anfallen.

Die Regenerierung des Siebes erfolgt wie bei Katalysatorschüttungen durch Verbrennen des Kokses in situ, das heißt, auf dem Sieb selbst, das dabei in der Anlage verbleibt. Der Sauerstoffgehalt des heißen Gases, das zum Abbrennen über die Molekularsiebe geleitet wird, muß während des Regenerationsvorganges nach einem genauen Programm erhöht werden, um eine thermische Schädigung der Molekularsiebkristalle durch die exotherme oxidative Regeneration zu verhindern.

Technische Trennanlagen werden so ausgelegt, daß ein- bis dreimal pro Jahr ein Abbrennen des Siebes durchgeführt wird. Für diese oxidative Regeneration sind einige Verfahren entwickelt worden (z.B. 22). Als Indikator für das Ende des Abbrennens kann zum Beispiel der CO_2-Gehalt des Abgases herangezogen werden.

Auch bei der normalen, cyclischen Adsorptions-Desorptionsfahrweise ist jedes Verfahren ein Kompromiß: Einerseits muß ein wirtschaftliches Adsorptions-Desorptionsverhältnis gefunden werden, denn auf 100% Adsorption und 100% Desorption hinzuarbeiten wäre unwirtschaftlich (Diagramm 11). Andererseits muß das jeweilige Verfahren auch auf die geforderten Produktqualitäten abgestimmt werden: Bei jedem Waschvorgang am Ende der Adsorptionsphase kommt es zu einem Verlust an Adsorbat. Je weniger also gespült wird, desto größer sind die Ausbeuten an Raffinat und Adsorbat, desto kleiner ist aber

DIAGRAMM 9: Kapazitätsabnahme von Molekularsieb 5 A für Einsatzprodukte mit verschiedenem Schwefelgehalt

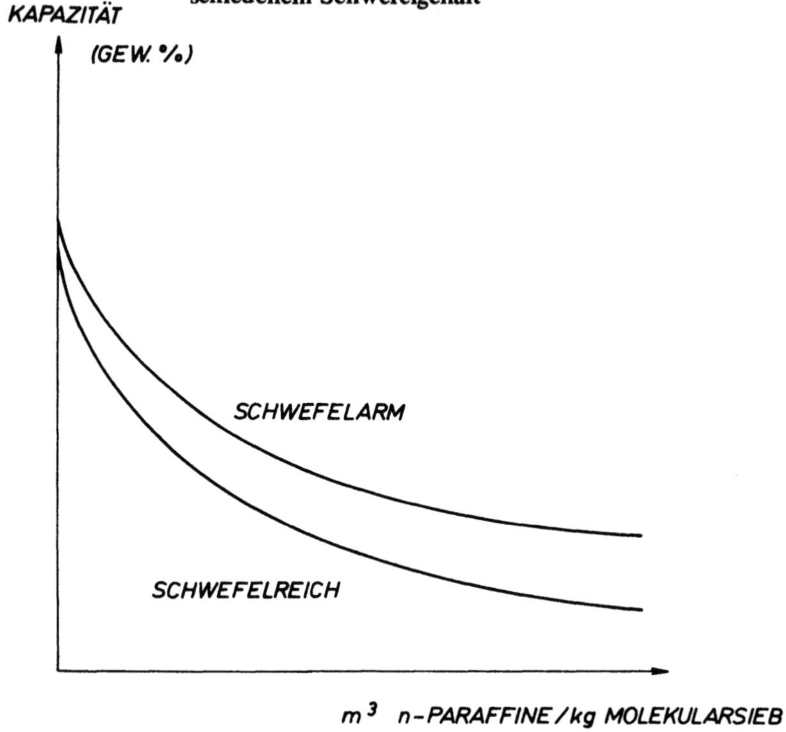

DIAGRAMM 10: Kapazitätsabnahme mit zunehmender Gebrauchsdauer des Molekularsiebes (23)

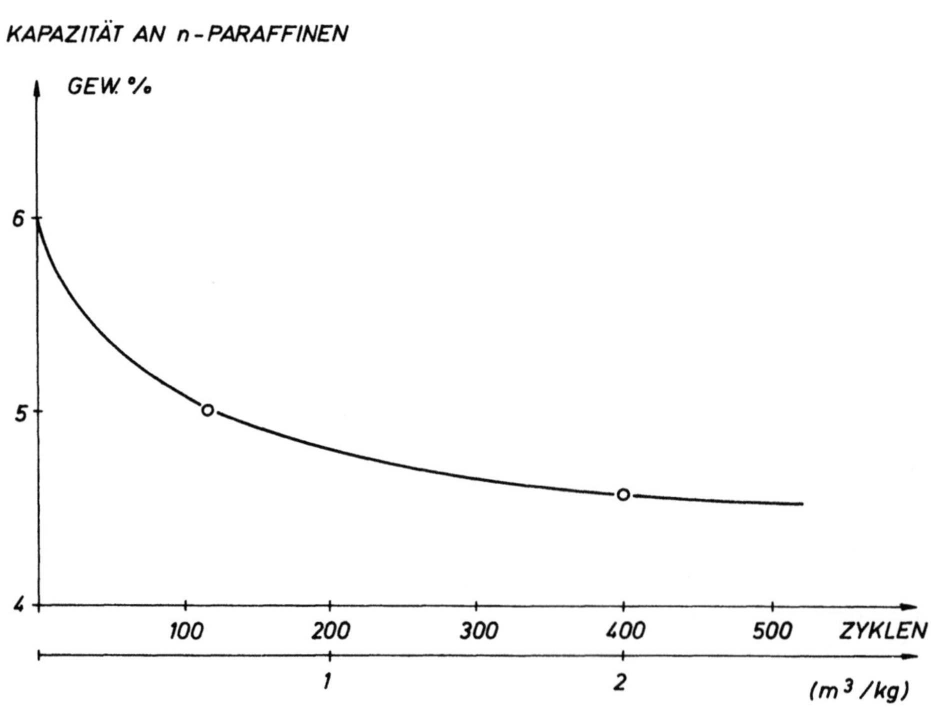

DIAGRAMM 11: Funktionsweise des Pressure-swing-Verfahrens bei isothermer Fahrweise

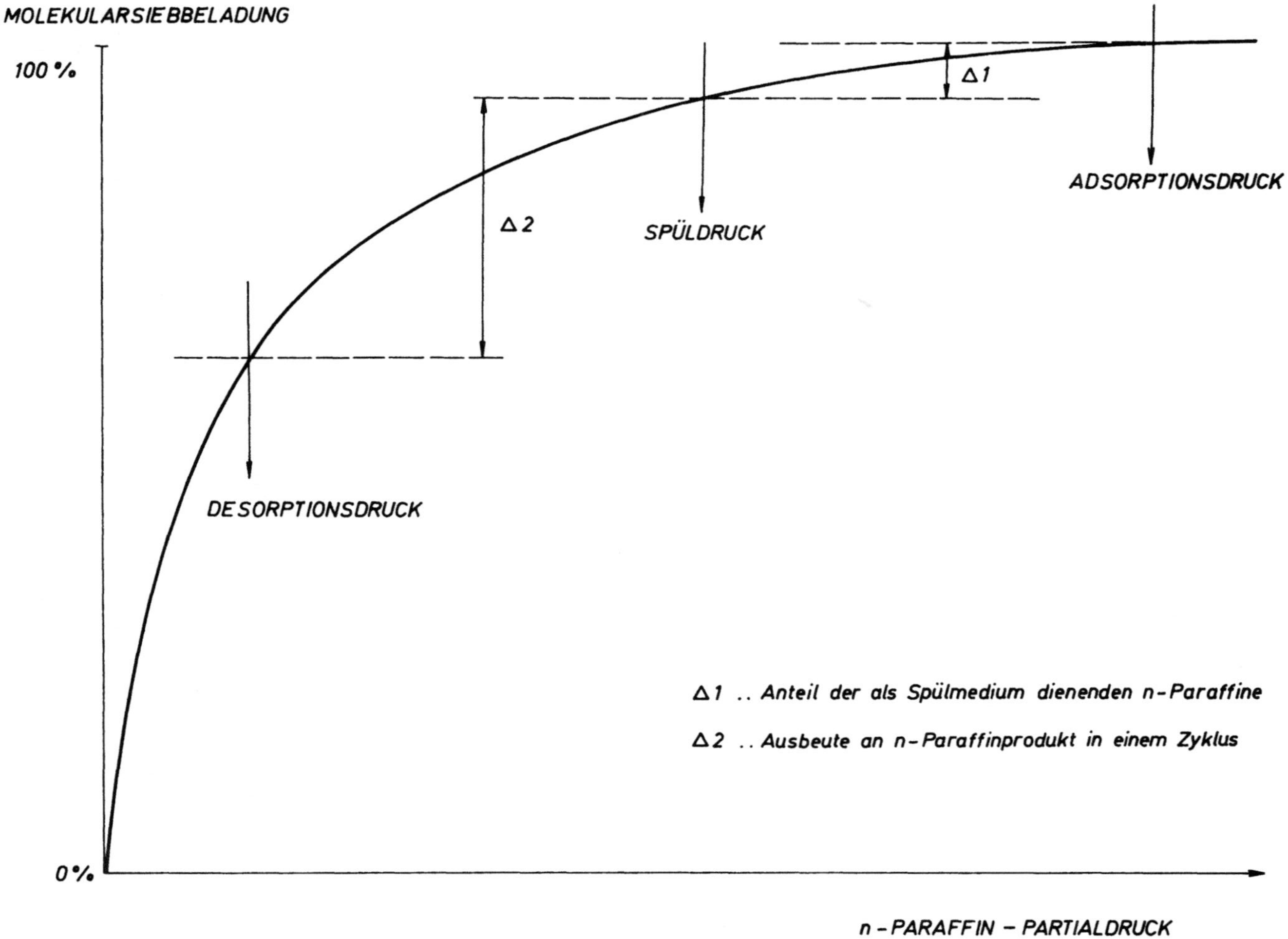

deren Reinheit. Je mehr gespült wird, desto reiner sind die Produkte, desto mehr Produkt muß eventuell im Kreise gefahren werden, desto höher sind auch die Kosten der Produkte.

Zusammenfassend betrachtet sollte eine Molekularsieb-Normalparaffin-Trennanlage im Benzinbereich folgende Anforderungen erfüllen:

1. Einsatzproduktentschwefelung (Merox)
2. Arbeiten in der Gasphase
3. pressure-swing Desorption
4. Eigenspülung
5. mehrere, mindestens aber zwei Adsorber, die abwechselnd adsorbieren, gespült werden, desorbiert werden;
6. programmgesteuerter Ablauf der Zyklen
7. Abbrennsystem.

Folgende technische Prozesse befassen sich mit der Abtrennung von Normalparaffinen aus Erdölfraktionen mit Hilfe von Molekularsieben:

IsoSiv	(Union Carbide)
Molex	(Universal Oil Products)
Parex	(VEB Leuna)
MS 1	(BP)
MS 2	(BP)
Ensorb	(Esso)
TSF	(Texaco)

In den Abbildungen 1 und 2 sind als Beispiel Fließschemata für den BP MS 2-Prozeß und für den IsoSiv-Prozeß angeführt.

2.3 Totale Isomerisierung

Falls aus irgendwelchen Gründen die erzielbare Iso-Leichtbenzinmenge zu gering oder die Herstellung von n-Paraffinen als hoch-reine Lösungsmittel nicht erwünscht sein sollte, besteht die Möglichkeit, die ganze zur Verfügung stehende Leichtbenzinmenge zu hochoktanigen Isoparaffingemischen zu verarbeiten. Verfahren hierzu bestehen im Prinzip aus einer katalytischen Isomerisierungsanlage und einer n-iso-Trennanlage.

Für die Aneinanderreihung der beiden Anlagen bestehen zwei prinzipielle Möglichkeiten (siehe Schemata 1 und 2), auch das vorherige Abscheiden der verzweigten Pentane in einer Deisopropanizerkolonne (Schema 3) zeigt in manchen Fällen Vorteile.

Da beim katalytischen Isomerisieren immer geringfügige Verluste durch Cracken auftreten, ist die Ausbeute auf dem Weg nach Schema 1 größer, die zu erzielende Oktanzahl des Produktes nach Schema 2 jedoch höher. Die An-

ABBILDUNG 1: Fließbild des BP MS 2-Prozesses

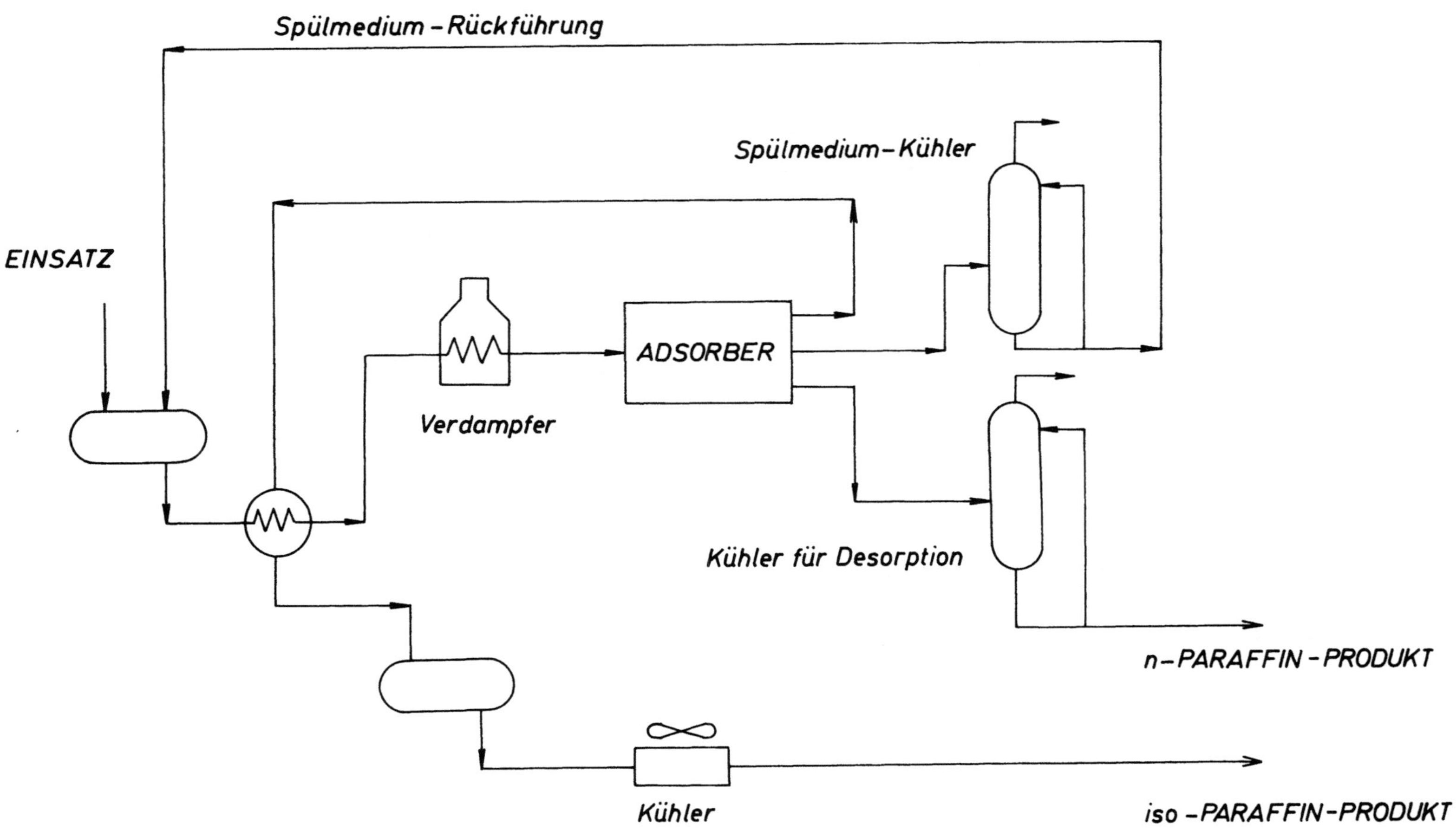

ABBILDUNG 2: Fließbild des Iso-Siv-Prozesses

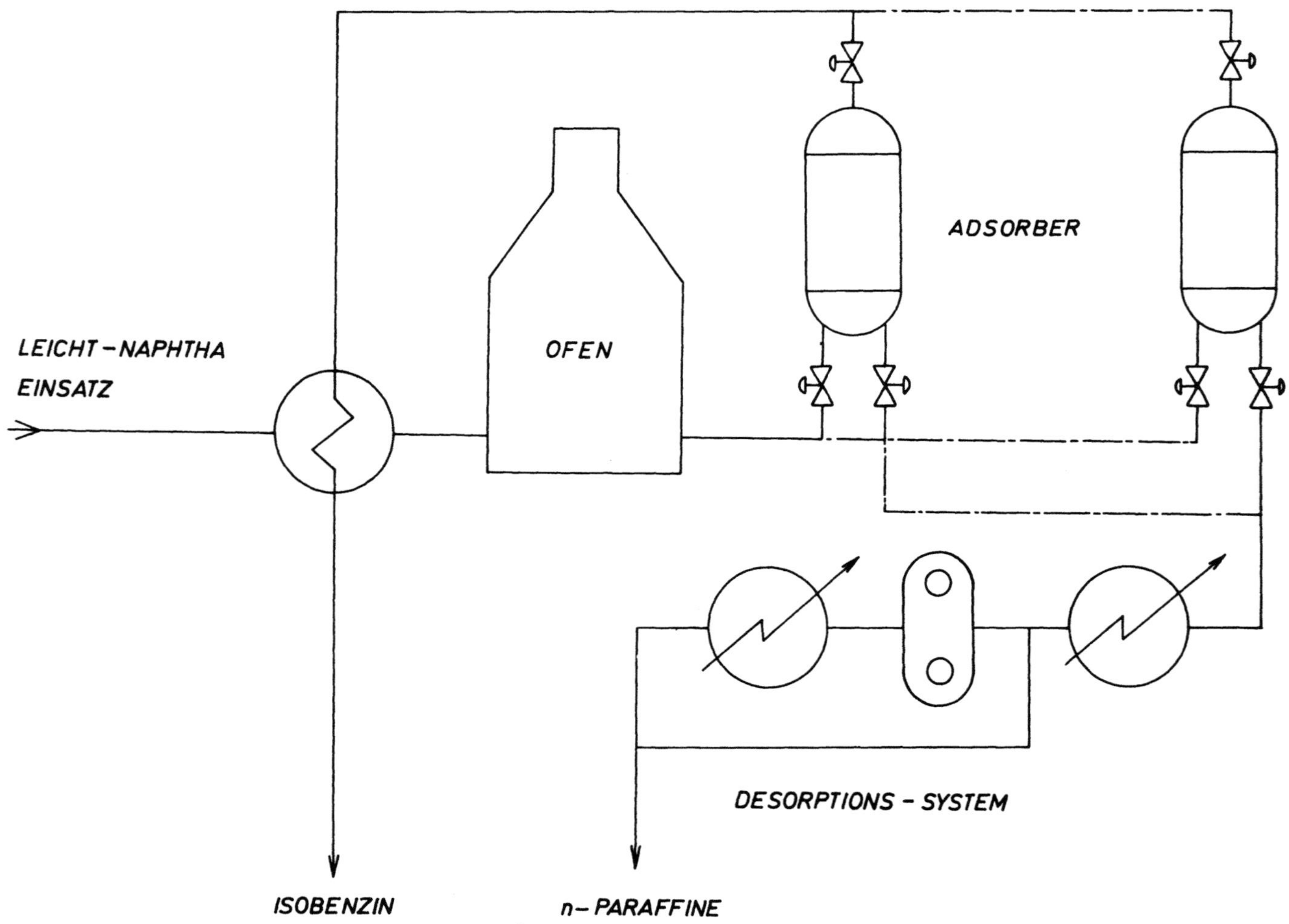

SCHEMA 1: Totale Isomerisierung

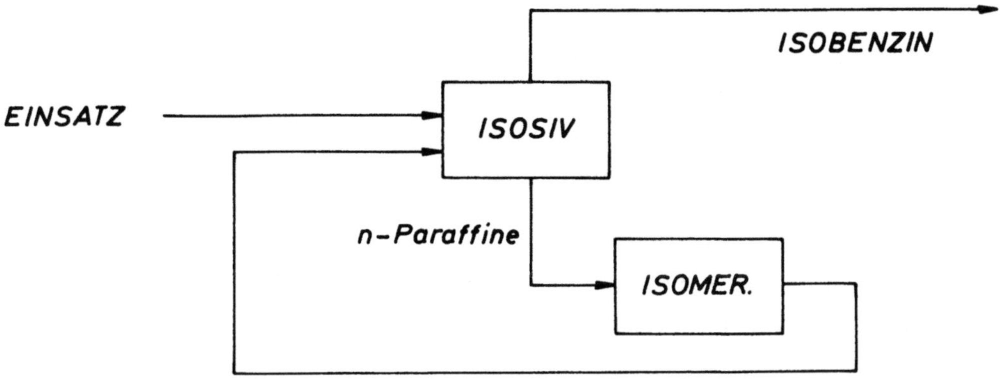

SCHEMA 2: Totale Isomerisierung

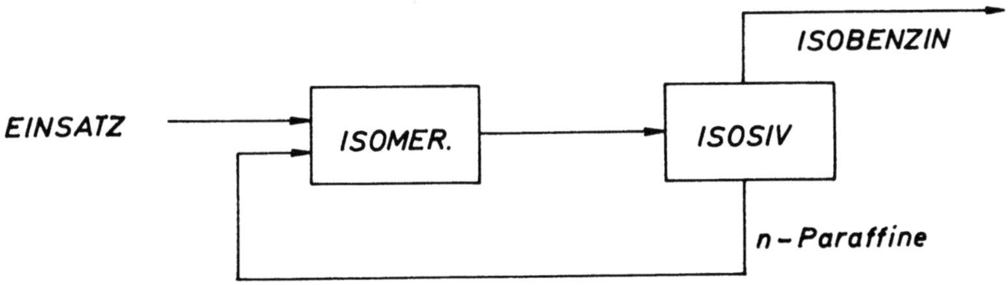

SCHEMA 3: Totale Isomerisierung mit Isopentanabtrennung

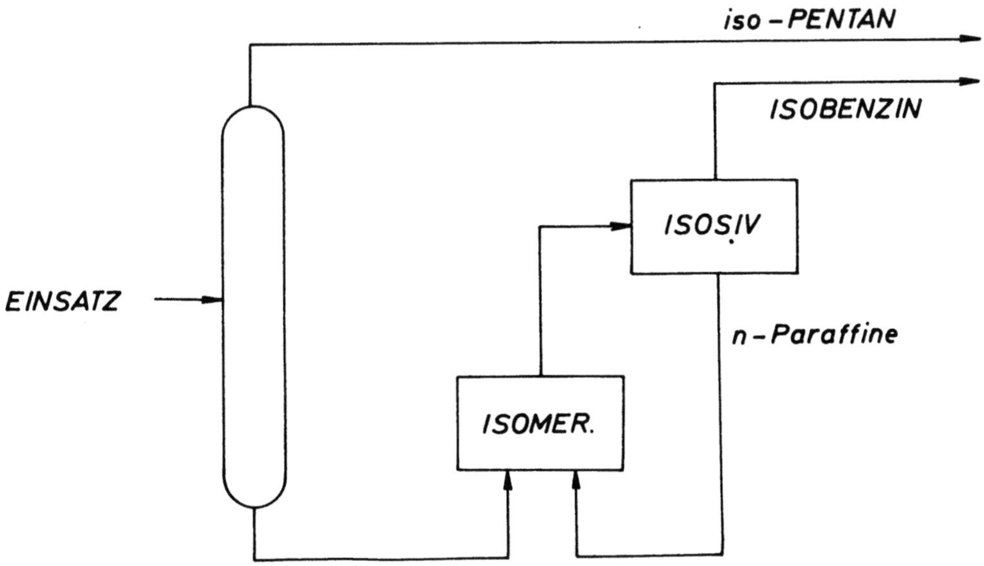

lagenauslegung kann so erfolgen, daß je nach n-Paraffingehalt das Einsatzprodukt nach Schema 1 oder Schema 2 verarbeitet wird.

Ein derartiges Verfahren wird von der Union Carbide Corp. unter dem Namen TIP (Total Isomerization Process) angeboten. Es besteht aus einer Kombination einer UCC-IsoSiv-Anlage mit dem Shell-Hysomer-Verfahren, das einen zeolithischen Isomerisierungskatalysator verwendet.

BP kombiniert zur vollständigen Isomerisierung seinen MS 2-Prozeß mit einem BP-eigenen C_5, C_6-Isomerisierungsverfahren, das mit Pt auf Aluminiumoxid als Katalysator arbeitet.

Auch UOP verwendet zum Molex-Verfahren das UOP-eigene Penex-Verfahren zur Isomerisierung von C_5/C_6-Paraffinen.

3. DIE EINSATZMÖGLICHKEITEN DER BEI DER n/iso-TRENNUNG ANFALLENDEN PRODUKTE

Durch die Molekularsiebtrennung gelingt es, die Einsatzfraktion in zwei Teilfraktionen zu zerlegen.

Die Kosten der n-Paraffinabtrennung sind von den Produkten, also von dem n-Paraffinanteil und dem n-Paraffin-freien Anteil zu tragen. Die erhöhten Kosten dieser Anteile müssen durch eine bessere Verwendbarkeit ausgeglichen werden. Es ist daher zu untersuchen, welche Vorteile die n-Paraffin- bzw. n-Paraffin-freien Fraktionen für ihren weiteren Einsatz bringen können.

3.1 Einbaumöglichkeiten der Trennanlage in eine Raffinerie

Zum Einsatz des n-iso-Trennverfahrens in einer Raffinerie bestehen im Prinzip zwei Möglichkeiten (siehe Schema 4):

1. Anwendung der Trennung auf das Fullrange-Benzin
2. Anwendung auf Benzinschnitte.

Bei 2) besteht die Möglichkeit, Leichtbenzin,
Schwerbenzin oder
Leicht- und Schwerbenzin

aufzubereiten.

3.1.1 Auftrennung von Fullrange-Benzin

Die Anwendung der Trennung auf das Full-range-Benzin ist prinzipiell möglich, hat jedoch den Nachteil, daß die Isofraktion mit etwa ROZ clear 75 und ROZ mit 0,15 g Pb/l von 80 keine geeignete Mischkomponente für den Benzinpool darstellt. Sie muß daher zunächst destillativ vorgetrennt und dann reformiert werden; für den leichten Anteil wäre nur eine direkte Zumischung zum VK-Pool denkbar, was aber wegen der niedrigen Oktanzahl bei Bleizusätzen unter 0,4 g Pb/l nur sehr beschränkt möglich ist. Daher müßte die Normalparaffinfraktion alleine die Kosten für die Trennung tragen. Daher erscheint es nur sinnvoll, die IsoSiv-Trennung mit Benzinschnitten durchzuführen.

3.1.2 Auftrennung von Benzinschnitten

3.1.2.1 Anwendung der Trennung auf Leichtbenzin

Die Anwendung der n-Paraffinabtrennung auf Leichtbenzinschnitte ist in der Literatur bereits öfter beschrieben worden. Diese Einsatzmöglichkeit liefert eine niedrigsiedende Mischkomponente mit ROZ 85 - 88 für den Vergaserkraft-

SCHEMA 4: Einbau einer Trennanlage in eine Raffinerie

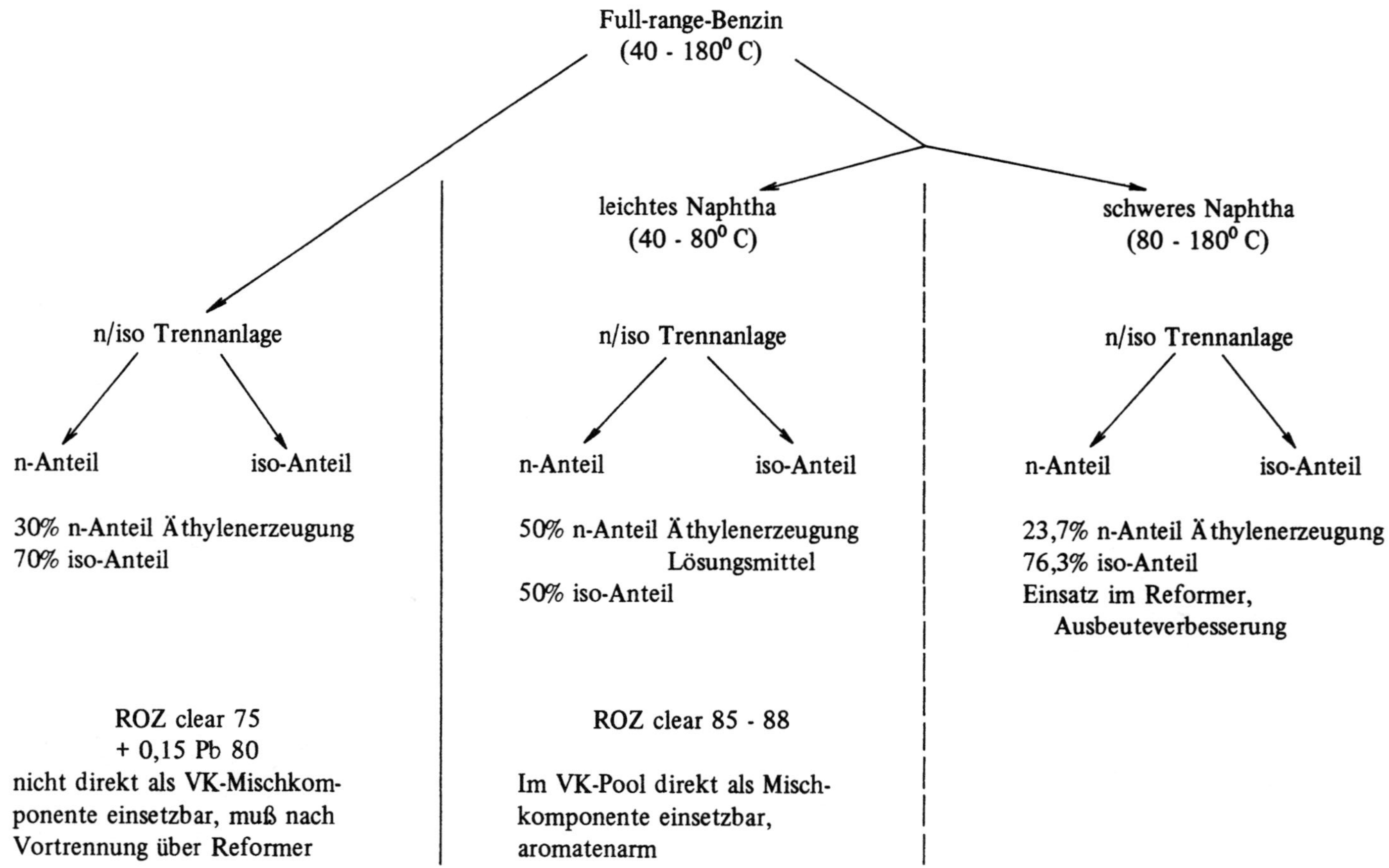

stoffpool (VK-Pool), die vor allem für die Einstellung der FOZ des Kraftstoffes von großer Wichtigkeit ist; dies gilt insbesondere bei einer Absenkung des Bleigehaltes im Benzin, da herkömmliche Isomerisierungsverfahren nur Produkte mit einer ROZ um 80 liefern. Bei schwacher Verbleiung oder völliger Bleifreiheit des Kraftstoffes würden sie eine nur ungenügende Frontoktanzahl bewirken.

3.1.2.2 Anwendung auf Schwerbenzin

Das Schwerbenzin muß in der Raffinerie zum weitaus größten Teil durch katalytisches Reformieren aufgewertet werden. Auch Iso-Schwerbenzin ist auf Grund seiner niedrigen Oktanzahl nicht direkt als VK-Pool-Mischkomponente einsetzbar. Bedingt durch die Wirkungsweise des Reformierens bringt der Einsatz von Iso-Schwerbenzin im Reformer erheblich höhere Ausbeuten. Zusammen mit der Gutschrift beim Einsatz der n-Paraffine im Steam-Cracker kann es hier durchaus möglich sein, die Trennkosten hereinzubringen.

3.1.2.3 Anwendung auf Leichtbenzin und Schwerbenzin

Die günstigste Möglichkeit zur Anwendung der Trennung besteht in der Kombination der Auftrennung beider Benzinfraktionen. Die Auftrennung des Leichtbenzins und des Schwerbenzins liefert eine leichtsiedende Mischkomponente für den VK-Pool, ein optimales Einsatzprodukt für den katalytischen Reformer, und mit den n-Paraffinen steht ein optimales Einsatzprodukt für die Äthylenanlage zur Verfügung.

Die leichten n-Paraffine werden auch zu einem gewissen Teil als aromatenfreie Lösungsmittel Anwendung finden. Unter der Voraussetzung, daß leichte, klopffeste Komponenten gebraucht werden, tragen alle Produkte die Kosten der Trennung. Im weiteren wird vor allem diese Möglichkeit überprüft werden.

3.2 Produkte der Auftrennung und Möglichkeiten ihres Einsatzes

3.2.1 Produkte der Auftrennung

Bei der n/iso-Auftrennung entstehen aus Leichtbenzin folgende Produkte:

	Gewichts %			
	Paraffine	Naphthene	Aromaten	Mengenanteil
Isobenzin	94	6	0	50
n-Paraffine	100	0	0	50

Aus Schwerbenzin entstehen folgende Produkte:

	Gewichts %			
	Paraffine	Naphthene	Aromaten	Mengenanteil
Isobenzin	25,3	54,4	20,3	76,3
n-Paraffine	100	0	0	23,7

3.2.2 Einsatzmöglichkeiten der Produkte

3.2.2.1 Iso-Leichtbenzin

Mit einer ROZ von 85 bis 88 kann der iso-Anteil des Leichtbenzins direkt im Fahrbenzinpool eingesetzt werden.

3.2.2.2 Iso-Schwerbenzin

Mit einer ROZ von 70 bis 73 ist der iso-Anteil des Schwerbenzins nicht direkt zum Einsatz im Benzinpool geeignet; er muß vorher katalytisch reformiert werden.

3.2.2.3 Die Normalparaffinfraktionen

Bei der geplanten Auftrennung von Leicht- und Schwerbenzin in iso- und n-Anteile fallen zwei n-Paraffinfraktionen an:
1. Eine leichte Normalparaffinfraktion und
2. eine schwere Normalparaffinfraktion.

3.2.2.3.1 Im Benzinpool

Die leichten n-Paraffine können im Bedarfsfall einer Isomerisierung zugeführt werden. Das daraus entstehende Isomerisat enthält den Gleichgewichtsbedingungen entsprechende Mengen n-Paraffine und würde eine ROZ von 80 bis 84 besitzen. Dieser Weg bietet sich an, wenn zu wenig leichte Komponenten für den VK-Pool zur Verfügung stehen. In Kombination mit der IsoSiv Trennanlage kann also auch daraus Iso-Leichtbenzin erzeugt werden.

3.2.2.3.2 Als Lösungsmittel

Ein günstiger Einsatzbereich für alle n-Paraffine ist weiters der Lösungsmittelsektor. Normalparaffine sind Lösungsmittel für Mineralöle, fette Öle (außer Ricinusöl), Wachse, Paraffin, Kautschuk, Polyisobutylen, geschmolzenes Polyäthylen, Polyacrylsäurebutylester, Polymethacrylsäurebutylester, Polyvinyläthyl-, -isobutyl-, -butyläther.

Der geringe Aromatengehalt würde ihren Einsatz vor allem in der Nahrungsmittelindustrie ermöglichen. Normalparaffine als Lösungsmittel können praktisch bei allen Extraktionsverfahren in der Nahrungsmittelbranche angewendet werden, wo jetzt Testbenzine, aliphatische Kohlenwasserstoffe und Siedegrenzenbenzine verwendet werden, so zum Beispiel bei der Extraktion von Ölsaaten zur Speisefettherstellung.

Ferner wären n-Paraffine als Lösungsmittel für schnelltrocknende Lacke, zur Herstellung von Tauchlösungen, für schnelltrocknende Klebstoffe, für Öl- und Alkydharzlacke, für Druckfarben und als Verschnittmittel für Chlorkautschuklacke vorteilhaft. Insbesondere die C_7 bis C_9 n-Paraffine können als Verschnittmittel für Celluloseesterlacke und Vinylchloridmischpolymerisate eingesetzt werden. Normalparaffine könnten auf dem Lösungsmittelsektor auch die aliphatischen Lösungsmittel ersetzen, die bisher zur Herstellung von Klebern, Beschichtungen, Tinten, Pharmazeutika, zum Trockenputzen und zur Metallentfettung verwendet wurden.

Die österreichische Außenhandelsstatistik wies von Jänner bis November 1976 bei der Gruppe „andere Kohlenwasserstoffe" (Nr. 290190) im Saldo eine Einfuhr von 55343,3 t im Wert von 268,5 Mio S, bei den „Siedegrenzenbenzinen und anderen Benzinen" (Nr. 271019) eine Einfuhr von 6186,0 t im Wert von 18,5 Mio S und bei den „Testbenzinen" (Nr. 271020) eine Einfuhr von 7197,3 t im Wert von 16,4 Mio S aus.

Das entspricht von I - XI 1976 einer Einfuhr von 70 000 t Kohlenwasserstoffen und Spezialbenzinen im Wert von 303,4 Mio S bzw. 76 000 t/Jahr zu 328,7 Mio S. Der mittlere Preis pro Tonne beträgt S 4.330,-.

Die Verwendung von aromatenarmen Lösungsmitteln in Industrie und Gewerbe ist vor allem aus gesundheitlichen Gründen zu begrüßen. Aus den MAK-Werten für

Benzol	25 ppm	80 mg/m³
Oktan	500 ppm	2350 mg/m³

sieht man, daß völlig aromatenfreie Lösungsmittel, wie reine Normalparaffine, die bei Molekularsiebtrennverfahren gewonnen werden, um ein Vielfaches gefahrloser gehandhabt werden können.

3.2.2.3.3 Für die Olefinherstellung

In Anbetracht der anfallenden Mengen n-Paraffine werden die bisher aufgezählten Möglichkeiten für ihren Einsatz mengenmäßig nicht ausreichen. Die nächstliegende Verwendung wird der Einsatz von n-Paraffinen im Steam-Cracker zur Herstellung von Olefinen sein.

Prinzip des Steam-Cracking-Verfahrens

Gesättigte Kohlenwasserstoffe werden unter Zusatz von Wasserdampf in von außen beheizten Röhren, sogenannten Röhrenöfen, einer Hochtemperaturpyrolyse unterworfen. Entsprechend dem Typ des Ofens beträgt die Verweilzeit 0,05 bis 1,5 sec., die Ofenaustrittstemperatur 750 - 890° C und der Ofenaustrittsdruck in der Größenordnung von 2 bar. Durch Quenchen (Abschrecken mit Öl oder Wasser) wird das sich im Ofen einstellende Crackgasgleichgewicht eingefroren. Die Aufarbeitung des Spaltgases erfolgt nach Kompression und Tiefkühlung durch Fraktionierung in Mehrkolonnensystemen.

Neben dem Äthylen fallen beim Spalten eine Reihe weiterer Produkte an, wie z.B. Äthan, Acetylen, Methan, Wasserstoff, Butan, Butene, Butadien, Propan, Propylen sowie flüssige Produkte wie Pyrolysebenzin und ein schweres Rückstandsöl.

Propylen und Butadien sind Rohstoffe für die petrochemische Industrie. Pyrolysebenzin ist ein wesentliches Nebenprodukt der mit flüssigen Einsatzprodukten betriebenen Äthylenanlagen. Auf Grund seines hohen Aromaten- und Olefingehaltes ist es mit einer ROZ von 96 bis 100 ein wertvoller Bestandteil des Vergaserkraftstoffpools. Es muß vor seinem Einsatz als Treibstoffkomponente hydriert werden, um di-Olefine mit großer Kettenlänge abzusättigen. Diese könnten durch Polymerisation zu Harzbildung und so zu Problemen im Kraftstoffversorgungssystem der Motoren führen. Die Hydrierung kann mit dem gleichfalls bei der Äthylenherstellung entstehenden Wasserstoff durchgeführt werden.

Eine weitere Einsatzmöglichkeit des Pyrolysebenzins besteht in der Gewinnung der Aromaten. Deren Einsatz in der Farbstoff- und Waschmittelindustrie, vor allem aber in der Kunststoffindustrie ist sehr zukunftsträchtig, vor allem Styrol zeigt hohe Wachstumsraten (jährlich 10% in Nordamerika).

Zur Deckung des ständig steigenden Benzolverbrauches wird fast ausschließlich das Pyrolysebenzin als Rohstoffquelle eingesetzt werden. Auch eine Isolierung von Isopren aus dem Pyrolysebenzin ist möglich.

Alle anderen Produkte sind meist nur als Brennstoffe verwertbar.

Im Steam-Cracker einsetzbare Rohstoffe

Als Rohstoffe kommen Äthan, Propan, n-Butan, n-Pentan, n-Hexan-Schnitte, Naphtha und Gasöl in Frage.

Auf Grund der unterschiedlichen Rohstoffsituation kam es dazu, daß in Nordamerika Steamcracker vorwiegend auf Äthan- und Propanbasis betrieben wurden, während in Europa auf Grund des knappen Flüssiggasangebotes der größte Teil des erzeugten Äthylens aus Naphtha hergestellt wurde.

Beim Neubau von Äthylenanlagen muß an eine sichere Rohstoffversorgung gedacht werden. Dabei muß man folgende Faktoren bedenken:

Beim Einsatz von *Gasöl* als Crackrohstoff muß in Anbetracht der ungünstigeren Zusammensetzung der Crackprodukte, die etwa 38% reine Heizwertprodukte enthalten, der Rohstoff wesentlich billiger sein als das vergleichbare

Naphtha. In der Tat werden in zunehmendem Maße Gasöl-Cracker gebaut.

Bei geeigneter Marktlage (wenig Bedarf nach Heizwertprodukten, hoher Naphthapreis) kann *Flüssiggas,* zum Beispiel aus den Bohrgebieten in der Nordsee, geeignet sein, die Naphthaverknappung auf dem europäischen Energiesektor zu überwinden. Voraussetzung ist, daß der Bedarf an Koppelprodukten, die, verglichen mit Naphtha, dann nicht mehr oder nur mehr in verringertem Maß anfallen würden, gedeckt werden kann.

Neben dem Einsatzmaterial sind auch die Reaktionsbedingungen bei der Spaltung zu beachten, da sie die Produktaufteilung stark beeinflussen. Die nachstehend angeführten Zahlen sollen nur einen Überblick geben.

Zur Herstellung von 1 Tonne Äthylen sind notwendig bzw. fallen mit an: (24)

	EINSATZPRODUKT (t)				
	Äthan	Propan	n-Butan	mittl. Naphtha	atm. Gasöl
Einsatzmenge	1,287	2,380	2,503	2,975	3,859
Wasserstoff-Gas	0,1135	0,0540	0,0392	0,0463	0,0364
Methan-Gas	0,0806	0,6530	0,5559	0,5115	0,4318
Propylen	0,0355	0,4004	0,4315	0,4619	0,6230
Butadien	0,0246	0,0717	0,0872	0,1357	0,1757
Butene, Butane	0,0105	0,0307	0,1684	0,1254	0,1868
Pyrobenzin	0,0219	0,1576	0,1781	0,5541	0,7102
Heizöl	-	0,0131	0,0426	0,1398	0,6946

Der Anteil der Heizwertprodukte (C_{3}+) am Spaltgas (nach (25)) und der Anteil der Basis-Petrochemikalien beträgt für die verschiedenen Einsatzprodukte:

Einsatz	Heizwertprodukte C_{3}+ Gew.%	Basispetrochemikalien Gew.%	erforderliche Einsatzmenge für 1 t Äthylen (t)
Äthan	2	97	1,2 - 1,3
Propan	7	71	2,2 - 2,4
n-Butan	9	73	2,5 - 2,7
n-C_{5}/C_{6}	17	79	2,1 - 2,3
Naphtha	29	66	2,9 - 3,1
Gasöl	38	54	3,9 - 4,1

Deutlich ist in obiger Tabelle zu erkennen, daß gasförmige Einsatzprodukte im Steamcracker höhere Ausbeuten an petrochemisch verwertbaren Produkten liefern als flüssige, daß die Ausbeute an petrochemischen Grundstoffen mit dem durchschnittlichen Molekulargewicht und der Dichte des Einsatzes abnimmt und daß definierte Verbindungen und Verbindungsgruppen mehr Basispetrochemikalien erzeugen können als Gemische von Kohlenwasserstoffen.

Eine Sonderstellung nehmen n-Paraffine ein. Hier in der Tabelle sind sie als n-C_5/C_6-Gemisch vertreten. Bei etwa gleicher erforderlicher Einsatzmenge wie beim Propancracken werden einerseits mehr petrochemisch verwertbare Produkte gebildet, auf der anderen Seite ist der Anteil der Heizwert-Produkte mit C_3 und darüber wesentlich größer.

3.3 Modellrohöl

Um die Auswirkungen einer n-Paraffinabtrennung genauer studieren zu können, wurde folgendes Modellrohöl zugrunde gelegt:

Rohöl:

Benzingehalt	C_5 bis 175°C	21,5%
	C_5 bis 185°C	23,4%
mittlerer Benzingehalt		22,4%
Leichtbenzingehalt	C_5 bis 80°C	6,0%

Benzin:

Leichtbenzingehalt C_5 bis 80°C aus Benzin C_5 bis 175°C	27,8%
Leichtbenzingehalt C_5 bis 80°C aus Benzin C_5 bis 185°C	25,8%
mittlerer Leichtbenzingehalt C_5 bis 80°C	26,8%
mittlerer Schwerbenzingehalt 80 bis 180°C	73,2%

Dichte C_5 bis 175°C	bei 15°	0,739 g/cm³
	bei 20°	0,722 g/cm³

Zusammensetzung des Modellbenzins:

	Gewichts %			
	Paraffine	Naphthene	Aromaten	n-Paraffine
Full-range-Benzin	56,1	32,2	11,7	30,0
Leichtbenzin	97,0	3,0	0,0	50,0
Schwerbenzin	41,1	42,9	16,0	23,7

Die Daten dieses Rohöls und des daraus gewonnenen Benzins entsprechen in etwa einem Mittelwert aus den im experimentellen Teil verwendeten Produkten. Sie wurden als Basis für das Modell gewählt, an Hand dessen die technischen und wirtschaftlichen Aspekte der Trennung untersucht werden sollen.

4. KOSTEN/NUTZEN BETRACHTUNG DER n/iso-TRENNUNG

4.1 Abschätzung der Kosten der n-iso-Trennung

4.1.1 Allgemeine Bemerkungen

Die adsorptive Trennung ist, bei großen abzutrennenden Mengen, auf Grund der erforderlichen Apparategröße im Verhältnis zur durchgesetzten Menge ein Verfahren, das mit hohen Investitionskosten belastet ist. Daher wird üblicherweise die Adsorption dort angewendet, wo ein relativ kleiner Anteil eines Gemisches abgetrennt werden soll. Bei gegebener Apparategröße und daher gegebenen Apparatekosten sinkt die mögliche Einsatzmenge mit zunehmendem Gehalt an adsorbierbaren Stoffen. Dadurch steigt der Anteil an den Investitionskosten pro Tonne Einsatzprodukt.

Auf Grund der cyclischen Fahrweise einer Molekularsiebtrennanlage kann man daher bei den Investitionskosten mit einer proportionalen Abhängigkeit vom Gehalt an adsorbierbaren Stoffen rechnen, die Betriebsmittelkosten dürften davon jedoch weitgehend unabhängig sein.

Man rechnet im allgemeinen mit einer Lebensdauer der Molekularsiebe von 5 Jahren. Bei Abnahme von Tonnenmengen kostet das Molekularsieb 5 A der Linde Corp. etwa 50 ö.S. pro Kilogramm.

Die Lebensdauer der Trennanlage kann mit mindestens 15 Jahren beziffert werden. Von der Aufschlüsselung der Fixkosten und der Dauer der Abschreibung hängt es ab, welcher Anteil an den Investitionskosten, Kapitalkosten, Lizenzgebühren, Versicherungsprämien jährlich auf die eingesetzte Produktmenge aufgeteilt werden muß.

4.1.2 Die Kosten der n-iso-Trennung

Als Basis für die Ermittlung der Kosten einer n-iso-Trennung für Fraktionen im Benzinbereich wurden die folgenden Angaben über das IsoSiv-Verfahren herangezogen, die vom Engineering Center der Union Carbide Corp. in Belgien zur Verfügung gestellt wurden. (Die Preisbasis ist Ende 1976, den Zahlenwerten liegt ein Umrechnungskurs des belgischen Franc mit 1 bfr = = 0,457 öS zugrunde).

Die Investitionskosten für eine Anlage mit einer Kapazität von 233 333 jato Einsatz mit einem n-Paraffingehalt von 30 Gew.%, ohne Molekularsiebe betragen

54,81 Mio öS,

für die Molekularsiebbefüllung sind

4,57 Mio öS

erforderlich. (An Lizenzgebühren fallen 10% der Investitionskosten - ohne Molekularsiebe - an.)

Betriebsmittelverbrauch je Tonne Einsatz:

Elektr. Strom	8,24 kWh
Brennstoff	0,124 Gcal
Dampf	0,072 t
Kühlwasser	11,2 m^3

Lohnkosten .... 1,30 öS je Tonne Einsatz.

Aus diesen Angaben wurden nun die voraussichtlichen Trennkosten einer Anlage mit einem Durchsatz von 2 Mio t/Jahr errechnet. Diese Anlage soll aus sechs parallelen Straßen mit je 333 333 jato Einsatz bestehen.

Die Investitionskosten für eine Straße (ohne Molekularsiebe) wurden unter Anwendung der Exponentenregel aus den oben angegebenen extrapoliert:

$$\left(\frac{333\,333}{233\,333}\right)^{0,7} = 1,2836\,.$$

Den sich ergebenden Kosten von 70,35 Mio S wurden 10% für Lizenzgebühren und 25% für unvorhergesehene Ausgaben hinzugefügt. Ein Anteil von 21% dieser Investitionskosten (ohne Molekularsiebe) von 94,97 Mio S pro Straße wurde als jährlicher Aufwand für Abschreibungen, Versicherung, Instandhaltung, Kapitalverzinsung u.ä. gerechnet. Pro Tonne Einsatz ergeben sich daraus Fixkosten von 59,84 S.

Die Kosten für das Adsorbens wurden direkt im Verhältnis der Einsatzmengen extrapoliert und betragen 6,53 Mio öS. Bei einer Betriebsdauer von 5 Jahren ergeben sich je Tonne Einsatz Molekularsieb-Ersatz-Kosten von 3,92 öS.

Die Gesamtinvestition für alle sechs Straßen beträgt also etwa

Anlage	570 Mio öS
Molekularsiebe	40 Mio öS
Gesamtinvestition	610 Mio öS

Aus diesen Angaben können die Trennkosten je Tonne Einsatz errechnet werden.

Der Betriebsmittelverbrauch und die Kosten pro Tonne Einsatz betragen:

	Menge/ t Einsatz	Preis/Einheit	Kosten/t Einsatz
Strom	8,24 kWh	0,45 S/kWh	3,71 S
Brennstoff	0,124 Mio WE	120 S/WE	14,88 S
Dampf	0,072 t	130 S/t	9,36 S
Kühlwasser	11,2 m^3	0,15 S/m^3	1,68 S
	Betriebsmittelkosten pro Tonne Einsatz		29,63 S
	Lohnkosten		1,30 S
			30,93 S .....
	...		30,93 S
	Molekularsiebersatzkosten		3,92 S
	Fixkosten (21% d. Investitionskosten je Jahr)		59,84 S
	Trennkosten je t Einsatz		94,69 S

An Betriebsmittelerfordernissen sind je Tag je Straße (Durchsatz 1000 t) etwa

8 240 kWh elektrische Energie,
124 Mio WE Brennstoff,
72 t Dampf und
11 200 m^3 Kühlwasser notwendig.

4.2 Die Gutschrift für das Iso-Leichtbenzin im Benzinpool

Das Iso-Leichtbenzin besitzt eine ROZ von 85 bis 88, je nach Restgehalt an n-Paraffinen und Verteilung auf Pentane und Hexane. Die MOZ liegt nur knapp unter der ROZ. Durch den Siedebereich von etwa 38° C bis ca. 80° C kommt sein Beitrag vorwiegend der FOZ zugute.

Das Iso-Leichtbenzin kann direkt dem Vergaserkraftstoff zugemischt werden; dementsprechend ist auch sein Preis mit S 2.800.-/t festzulegen.

Auf Grund seiner Zusammensetzung weist das Iso-Leichtbenzin gegenüber dem Straight-run-Leichtbenzin einen erhöhten Dampfdruck auf. In Tabelle 15 sind die Dampfdruckwerte der C_4 bis C_6-Paraffine angeführt.

Der für Fahrbenzin geforderte RVP liegt in Österreich
im Winter bei 0,60 bis 0,90 at und
im Sommer bei 0,45 bis 0,70 at.

Um das Ausmaß der Dampfdruckerhöhung abschätzen zu können, wollen wir im Modellfall annehmen, daß sich im Straight-run-Leichtbenzin die C_5 zu den C_6-Anteilen etwa wie 0,83 : 1 und im Iso-Leichtbenzin wie 0,60 : 1 ver-

TABELLE 15: Dampfdruckwerte von Paraffinen in (at) (23)

Stoff	0^0	20^0	38^0 (RVP)
n-Butan	1,061	2,110	3,631
i-Butan	1,607	3,070	5,119
n-Pentan	0,263	0,582	1,091
i-Pentan	0,358	0,779	1,442
neo-Pentan	0,719	1,482	2,606
n-Hexan	0,065	0,166	0,351
2-Methyl-Pentan	0,092	0,240	0,512
3-Methyl-Pentan	0,081	0,213	0,455
2,2-Dimethyl-Butan	0,149	0,365	0,740

halten. Das Straight-run-Leichtbenzin enthalte 50 Gew.% n-Paraffine, die Isomeren seien zu gleichen Teilen enthalten. Das Iso-Leichtbenzin enthalte die Isomeren zu gleichen Teilen. Die Dampfdrücke der Benzine errechnen sich dann wie folgt:

Straight-run Leichtbenzin		RVP (at)	gesamt RVP	gesamt RVP × mol%
C_5	= 45,4 Gew.% / 49,8 mol%	n-Anteil 1,091 / i-Anteil 2,024	1,558	0,776
C_6	= 54,6 Gew.% / 50,2 mol%	n-Anteil 0,351 / i-Anteil 0,569	0,460	0,231
		GESAMT RVP DES BENZINS		1,007 at

Iso-Leichtbenzin		RVP (at)	RVP × mol%
C_5	= 37,5 Gew.% / 41,7 mol%	2,024	0,844
C_6	= 62,5 Gew.% / 58,3 mol%	0,569	0,332
	GESAMT RVP DES BENZINS		1,176 at

Die Steigerung des Dampfdruckes von Isobenzin gegenüber SR-Leichtbenzin beträgt 16,8% oder 0,169 at RVP. Dadurch würde ein großer Teil des bisher zum Einstellen des erforderlichen RVP im Fahrbenzin verwendeten Butans frei werden und eventuell der Produktion von Flüssiggas oder Alkylat zugute kommen.

4.3 Die Gutschrift für das Iso-Schwerbenzin im Platformer

4.3.1 Bedeutung des Reformierens für den Vergaserkraftstoff

Erst seit der Einführung von katalytischen Reforming-Verfahren, vor allem seit der Entwicklung des Platforming (UOP), konnte die ROZ der Vergaserkraftstoffe derartig ansteigen, wie sie es seit etwa 1945 bis etwa 1960 getan hat. Die ROZ des US-Benzinpools (unverbleit) stieg von 64,3 im Jahr 1940 auf 86,2 im Jahr 1960 (47).

Katalytisch gecrackte Benzine, Alkylate und Polymerbenzin haben im Prinzip eine relativ konstante Oktanzahl.

Lediglich beim katalytischen Reformieren war es durch Entwicklung immer besserer Katalysatoren möglich, die Oktanzahl des Platformates, die bei Einführung des Verfahrens bei ca. 85 gelegen war, auf derzeit durchschnittlich 95 anzuheben. Zur Zeit trägt das Platformat den mengenmäßig größten Anteil am Fahrbenzinpool.

Es darf nicht übersehen werden, daß durch das Reformieren 10 bis 20% des Einsatzes als Fahrbenzin verloren gehen.

4.3.2 Wirkungsweise des katalytischen Reformierens

Beim katalytischen Reformieren laufen folgende Reaktionen nebeneinander ab:

- Dehydrierung von Naphthenen zu Aromaten
- Isomerisierung von Paraffinen unter Einstellen eines Gleichgewichtszustandes
- Dehydrocyclisierung von Paraffinen zu Naphthenen und weiter zu Aromaten
- Cyclisierung von Paraffinen zu Naphthenen
- Crackung
- Hydrierende Crackung
- Hydrierung von Aromaten zu Naphthenen, von Olefinen zu Paraffinen.

Die ersten vier der angeführten Reaktionen sind die wesentlichsten. Die Dehydrierung von Cycloalkanen zu Aromaten verläuft sehr rasch. Diese liefert auch den größten Anteil an der Oktanzahl des Platformates. Während die bei der Reaktion im Gleichgewicht stehenden Isomere der Alkane ab C_6 und darüber nur mehr ROZ-Werte von unter 70 aufweisen, fallen die ROZ-Werte der Aromaten nie unter 100. Zwischen diesen beiden liegen die OZ der Naphthene (siehe Diagramm 11*).

Da man für eine hohe ROZ des Platformats einen möglichst hohen Anteil an Aromaten erreichen möchte, verwendet man als Einsatz Schwerbenzin. Aromaten besitzen die höchsten Oktanzahlen im Platformat. Sie entstehen am leichtesten und schnellsten durch Dehydrierung von Naphthenen. Deshalb ist der Naphthengehalt im Einsatzprodukt ein wichtiger Parameter für die Ausbeute an Platformat und dessen ROZ; ein hoher Naphthengehalt im Einsatz ist also erwünscht. Ein hoher Aromatengehalt hingegen fördert die Verkokung des Katalysators. Dem kann durch Änderung der Reaktionsbedingungen (Druck, Temperatur, Raumgeschwindigkeit) abgeholfen werden. Dabei wird jedoch auch wieder die Zusammensetzung und die Ausbeute des Produktes verändert.

Die Summe der Reaktionsbedingungen wird als "Severity" bezeichnet. Ein Maß für die Severity ist die ROZ des Platformates. Eine typische Abhängigkeit der Platformatausbeute von der ROZ ist in Diagramm 12 dargestellt.

Es erfolgt eine Ausbeuteverbesserung mit sinkendem Druck, die Tendenz zur Koksbildung und damit die Geschwindigkeit, mit der der Katalysator desaktiviert wird, nimmt jedoch zu.

Die mit sinkendem Druck steigende Ausbeute geht aus dem Gleichgewicht in folgender Reaktion hervor:

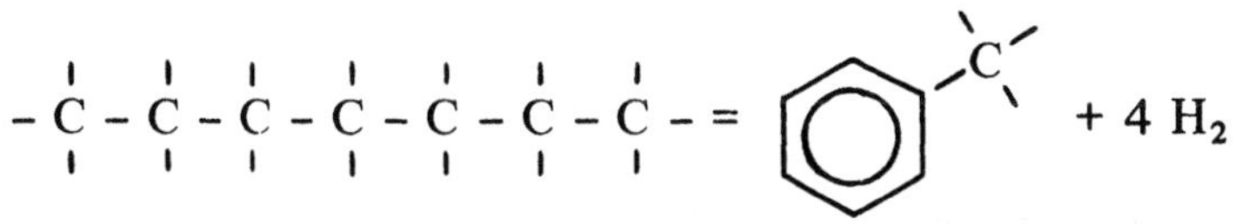

Als Konkurrenzreaktion dient zum Beispiel das Hydrocracken,

$$-\overset{|}{\underset{|}{C}}-\overset{|}{\underset{|}{C}}-\overset{|}{\underset{|}{C}}-\overset{|}{\underset{|}{C}}-\overset{|}{\underset{|}{C}}-\overset{|}{\underset{|}{C}}-\overset{|}{\underset{|}{C}}- + H_2 = C_3H_6 + i\text{-}C_4H_{10}$$

das mit sinkendem Druck zurückgedrängt wird.

4.3.3 Änderung des katalytischen Reformierens beim Einsatz von Iso-Schwerbenzin

Wie schon in 4.3.2 angeführt, ist es für die Oktanzahl des Platformates am besten, naphthenreiche und daher paraffinarme Einsatzprodukte zu verwenden. Die Ausbeute an Platformat ist von der Zusammensetzung des Einsatzes abhängig. Die Ausbeute steigt mit steigendem Naphthen- und sinkendem Paraffingehalt des Einsatzes stark an.

Im Diagramm 13 ist die Abhängigkeit der Ausbeute vom Paraffingehalt für zwei verschiedene Oktanzahlen des Reformates für das Ultraforming-Verfahren dargestellt (29). Vergleichsweise sind auch Werte von (28) für das Platforming aufgetragen, die jedoch nicht mehr dem augenblicklichen Stand der Technik entsprechen.

DIAGRAMM 11*: Abhängigkeit der ROZ von Konstitution und C-Zahl (28)

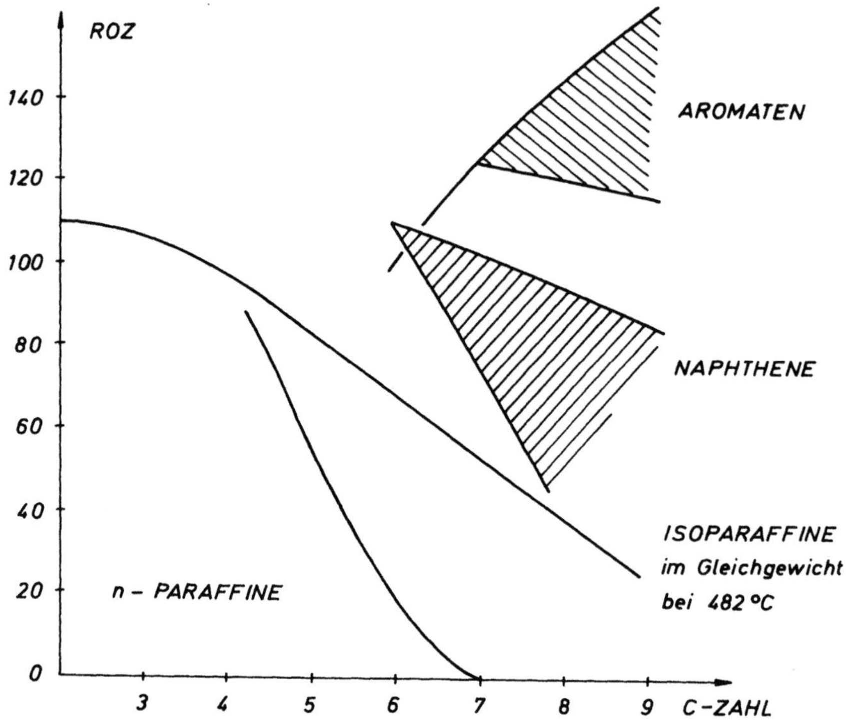

DIAGRAMM 12: Platformatausbeute in Abhängigkeit von dessen ROZ (6)

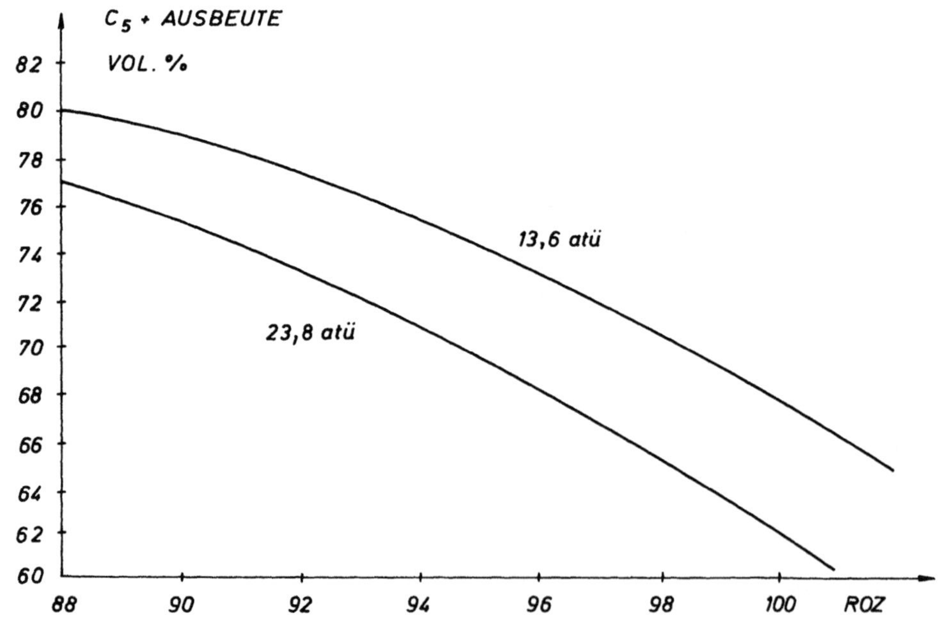

DIAGRAMM 13: Abhängigkeit der Reformatausbeute vom Paraffingehalt des Einsatzes

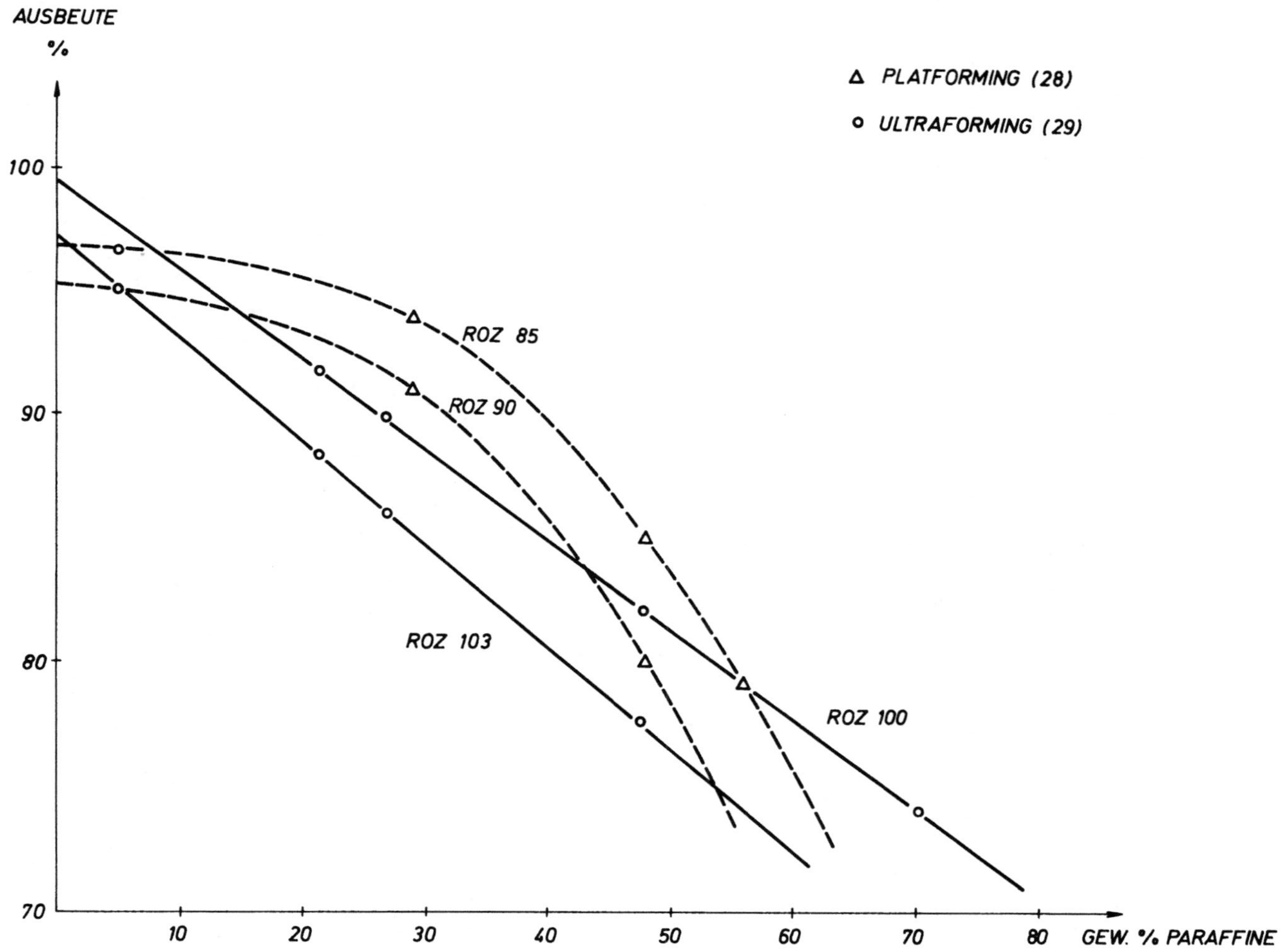

Das Modellbenzin nach 3.3 ergibt ein Schwerbenzin von unten angeführter Zusammensetzung als Reformereinsatz. Vergleichsweise ist die Analyse für das Iso-Schwerbenzin angeführt:

	Gew.%			Siedebereich (^{0} C)
	Paraffine	Naphthene	Aromaten	
Straight-run-Schwerbenzin	41,1	42,9	16,0	80 - 180
Iso-Schwerbenzin	25,3	54,4	20,3	80 - 180

Durch die Entfernung der Normalparaffine ist der Paraffingehalt von 41,1 auf 25,3 Gew.% gesunken. Wie aus Diagramm 13 ersichtlich, bedeutet dies eine Ausbeutesteigerung von 5,8% bei ROZ 100 und von 6,6% bei ROZ 103.

Ausbeutesteigerung an Reformat in %		ROZ 100	ROZ 103
	Ultraforming	5,8	6,6
		ROZ 85	ROZ 90
	Platforming	5,7	7,1

Die Ausbeutesteigerung am Platformer der Raffinerie beim Einsatz von Iso-Schwerbenzin kann also bei gleicher Oktanzahl des Platformates mit mindestens 5,5% beziffert werden. Eine Verbesserung der Qualität des Platformates um 3 OZ ergibt immer noch eine Ausbeuteerhöhung von 2,2%.

Beim Einsatz von Iso-Schwerbenzin als Platformerfeed muß in Kauf genommen werden, daß der Anteil an leichtflüchtigen Komponenten im Platformat, ebenso wie der Anteil an gasförmigen Produkten, abnimmt.

So nimmt zum Beispiel der Pentangehalt der Produkte um 7% der Einsatzmenge ab, wenn das Einsatzprodukt im Paraffingehalt von 66% auf 39% abnimmt, während die Ausbeute an Platformat um 6,5% ansteigt (30).

Als Mischkomponente für den Benzinpool würde dieses Platformat eine geringere Flüchtigkeit, das heißt einen kleineren RVP und einen höheren 10%-Siedepunkt, aufweisen. Im Diagramm 14 ist die Abhängigkeit des Anteils der Fraktion bis 100^0 C im Platformat vom Naphthengehalt des Einsatzproduktes dargestellt (31).

Mit dem derzeitigen Einsatzprodukt wird ein Leichtplatformat : Schwerplatformatverhältnis von etwa 35 : 65 erreicht. Bei Einsatz von Iso-Schwer-

DIAGRAMM 14: Leichtbenzingehalt des Platformates in Abhängigkeit vom Leichtbenzingehalt und vom Naphthengehalt des Platformereinsatzes

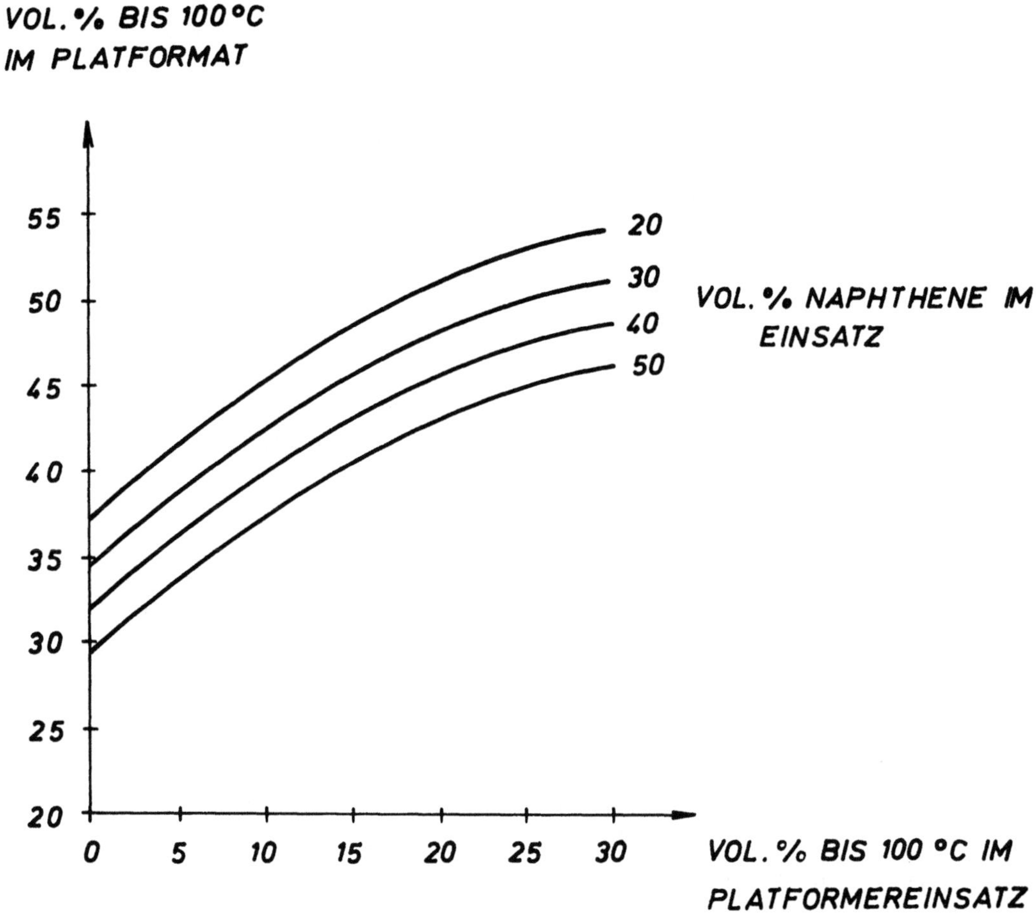

benzin ist mit einer Abnahme des Leichtplatformates von ca. 3% zu rechnen. Eine Senkung des Leichtplatformatgehaltes um diesen Betrag würde aber je nach Zusammensetzung des Einsatzes und der Fahrweise des Platformers den 10%-Siedepunkt um 3 bis 6° C erhöhen (32). Die Abnahme des RVP des Platformates würde in der Größenordnung von 0,02 bis 0,04 at betragen.

Das Defizit an leichtflüchtigen Komponenten kann jedoch mit Iso-Leichtbenzin bei der Abmischung des Platformates aus Iso-Schwerbenzin leicht ausgeglichen werden. Die folgende Abschätzung möge das verdeutlichen.

	RVP (at)
Iso-Leichtbenzin	1,18
SR-Leichtbenzin	1,01
Platformat aus SR-Schwer	0,30
Platformat aus Iso-Schwer	0,26

Hypothetische Zusammensetzung eines Fahrbenzins mit RVP 0,6 at:

SR-Leichtbenzin	13,0 mol%	Iso-Leichtbenzin	14,8 mol%
Platformat aus SR	87,0 mol%	Platformat aus Iso	85,2 mol%

Den Verlust an Leichtplatformat durch Iso-Leichtbenzin zu kompensieren, hat noch einen zusätzlichen Vorteil für den Benzinpool:

Da das Leichtplatformat die Isomere im Gleichgewicht enthält, dabei jedoch immer auch ein gewisser Prozentsatz lineare Alkane vorliegt, muß es eine schlechtere Oktanzahl besitzen als das entsprechende Isobenzin, das ja praktisch frei von Normalparaffinen ist.

Das Iso-Leichtbenzin wird um 4 Oktan-Einheiten über dem Wert von Leichtplatformat liegen.

4.3.4 Einfluß auf die Wirtschaftlichkeit des Platformers durch Verwendung von Iso-Schwerbenzin als Einsatz

Im weiteren wird festgestellt, welcher Mehrpreis dem Iso-Schwerbenzin gegenüber dem Straight-run-Schwerbenzin auf Grund der Mehrausbeute im Platformer zukommt.

Die angenommenen Preise und Kosten sind:

Einsatzprodukt Schwer-Naphtha, entschwefelt	2300 S/t
Heizwertprodukte, schwefelfrei	1300 S/t
Betriebskosten pro Tonne Einsatz	170 S/t

Die Ermittlung der Kosten je Tonne Reformat bei einer Reformerausbeute von 85% und 2% Verlust bei Einsatz des ungetrennten Schwerbenzins ergibt:

1,176 t Schweres Naphtha, entschwefelt	2 705,88 S
Betriebskosten	200,00 S
	2 905,88 S
0,153 t Heizwertprodukte, Gutschrift	198,82 S
Reformat	2 706,99 S/t

Aus diesen Kosten des Platformates kann nun der Mehrwert des Iso-Schwerbenzins unter Berücksichtigung verschiedener Parameter berechnet werden; das erhaltene Platformat soll dabei immer gleiche Kosten aufweisen.

Die Berechnungen ergeben, daß das Einsatzprodukt Iso-Schwerbenzin, das 5,5% Mehrausbeute an Platformat erbringt, durch diese Ausbeuteverbesserung etwa 75 S/t teurer sein darf als das SR-Schwerbenzin, wobei das erhaltene Platformat die gleiche Oktanzahl hat wie bei Einsatz von ungetrenntem Schwerbenzin.

4.4 Die Gutschrift für die n-Paraffine bei der Olefinherstellung

4.4.1 Das Cracken von Benzinkohlenwasserstoffen

4.4.1.1 Beschreibung eines typischen Naphthacrackers (Schema 5 (33))

Das Einsatzprodukt wird in der Konvektionszone des Crackofens vorgewärmt und verdampft. Der Dampf wird mit etwa 0,6 kg Wasserdampf pro kg Naphthadampf verdünnt. Diese Wasserdampfverdünnung erniedrigt den Kohlenwasserstoffpartialdruck, begünstigt Crackreaktionen und trägt vor allem zur Verminderung der Koksbildung bei. In der Strahlungszone des Röhrenofens wird das Kohlenwasserstoff-Wasserdampfgemisch von etwa 550 – 650° C auf 800 – 880° C erhitzt und einer thermischen Crackung unterworfen. Die Verweilzeit in der Strahlungszone beträgt bei konventionellen Öfen 1 – 1,5 sec, bei Kurzzeitöfen 0,4 – 0,6 sec und bei Ultrakurzzeitöfen 0,2 – 0,3 sec. Sodann erfolgt eine Abkühlung (Quenchung) auf 350 – 470° C, um die Zusammensetzung der Produkte am Ofenaustritt zu erhalten. Die Abwärme wird zur Erzeugung von Hochdruckdampf ausgenützt, der die Kompressorturbinen der

SCHEMA 5: Prinzipschema einer Linde-Äthylenanlage

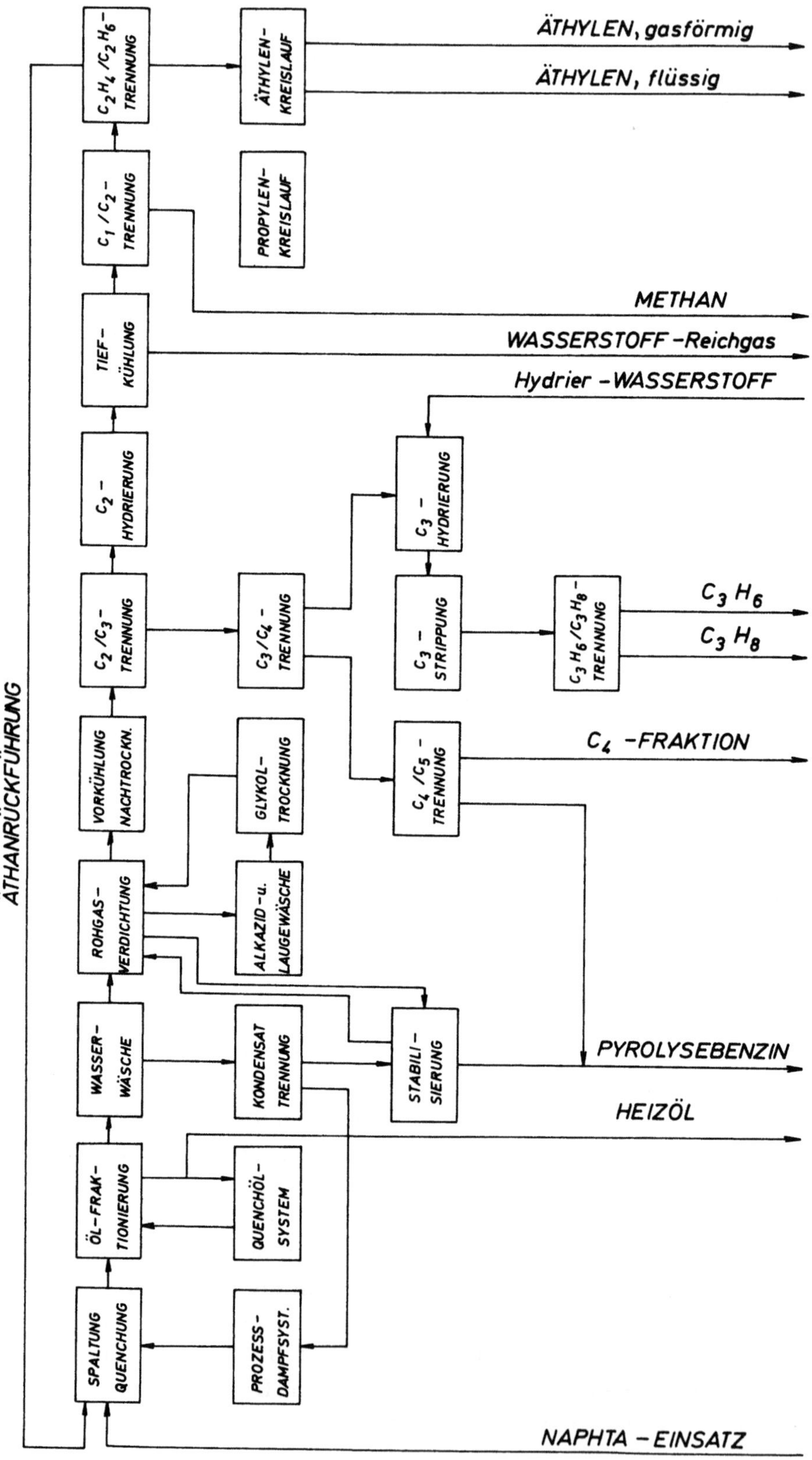

Gas-Trennanlagen betreibt.

Nach einem Öl-Quenchsystem und einer Wasserwäsche werden Pyrolysebenzin und Heizöl abgetrennt, das Wasser wird im Kreis gefahren. Das Pyrolysegas wird in mehreren Stufen komprimiert und tiefgekühlt, wobei es dazwischen getrocknet und von H_2S und CO_2 befreit werden muß. Diese sogenannte „Sauergasentfernung" erfolgt gewöhnlich absorptiv mit Diäthanolamin oder Alkazid oder durch Wäsche mit Natronlauge, die Trocknung üblicherweise absorptiv mit Glycol oder adsorptiv mit Molekularsieben.

Die in der ersten Kompressions- und Kühlstufe anfallenden Kondensate werden in den Benzinstripper zurückgeführt, die aus den Hochdruckkompressionsstufen zum Propanstripper. Die komprimierten Gase werden gekühlt, getrocknet und in einer Äthanabtrennkolonne geleitet, wo über Kopf Äthan, Methan, Wasserstoff und einiges Acetylen abgenommen werden kann. Das Acetylen dieses Produktstromes wird katalytisch hydriert und die Fraktion dann durch teilweise Kondensation in einer "cold-box" und durch Fraktionierung in einem Mehrkolonnensystem in die einzelnen Produkte aufgetrennt, Äthan kann in den Cracker zur Erhöhung der Äthylenausbeute gleich wieder als Einsatz zurückgeführt werden.

Das Sumpfprodukt der Äthanabtrennkolonne enthält Propylen und schwerere Produkte. Daraus werden die C_3-Produkte über Kopf abgetrennt und in einer Fraktionierkolonne aufgetrennt. Der Sumpf der Propan-Abtrennungskolonne wird in eine Butanabtrennkolonne gebracht, wo die C_4-Fraktion über Kopf abgeht. Die C_5-Komponenten verbleiben im Sumpf und werden dem Pyrolysebenzin hinzugefügt.

Zur Erzielung der Kälte im Gastrennteil werden zwei nach dem Kaskadenprinzip arbeitende Kompressor-Kältekreisläufe mit Propylen und Äthylen als Kältemittel verwendet.

4.4.1.2 Die Abhängigkeit der Produktverteilung im Spaltgas von den Operationsparametern

Als Operationsparameter stehen zur Verfügung:

- Druckprofil im Ofen (Crackrohraustrittsdruck),
- Verdünnungsverhältnis mit Wasserdampf,
- Crack-Temperaturprofil im Ofen (Crackrohraustrittstemperatur),
- Verweilzeit.

Diese Parameter sind nicht beliebig variierbar.

Der Druck ist im Hinblick auf die nachfolgende Quenchung nicht beliebig zu senken, obwohl die Spaltreaktionen günstiger bei niedrigem Druck ablaufen. Gewöhnlich liegt er in der Nähe von 2 bar.

Das notwendige *Verdünnungsverhältnis* mit Wasserdampf hängt vom mittleren Molekulargewicht bzw. vom C/H-Verhältnis des Spaltrohstoffes ab. Um die Koksbildung zu verringern und die Selektivität der Reaktion zu erhöhen, müßte das Wasserdampf-Kohlenwasserstoffverhältnis möglichst hoch sein, dadurch müssen aber Crackofen und Quenchteil wieder größer dimensioniert sein, was aus Kostengründen nur bis zu einer gewissen Grenze vertretbar ist.

Crack-Temperaturprofil und Verweilzeit sind in einem gewissen Bereich durch die Bauart des Ofens vorgegeben. Tendenzen zu maximalen Temperaturen und zur Verkürzung der Verweilzeiten in der Strahlungszone sind durch die in ihrer Heizflächenbelastbarkeit begrenzten Werkstoffe der Crackrohre limitiert.

Den Einfluß der Spalttemperatur und der Verweilzeit auf die Crackgasausbeute bezeichnet man als „Spaltschärfe" oder „Severity". Sie ist gegeben durch das Integral

$$\int_{t_0}^{t_1} k \, dt \, ,$$

$(t_1 - t_0)$ .... Verweilzeit

k .... Konversionsgeschwindigkeit.

Die Abhängigkeit der Produktausbeuten von der Spaltschärfe ist in Diagramm 15 zu ersehen.

Durch die Wahl der Spaltschärfe kann die Produktzusammensetzung beeinflußt werden. In der Praxis geschieht die Charakterisierung der Spaltschärfe bei konstantem Ofen und konstantem Einsatzprodukt durch Angabe des Propylen-Äthylenverhältnisses oder auch des Methan-Äthylenverhältnisses.

Bei Naphtha steigt mit steigender Spaltschärfe die Ausbeute an Äthylen und Methan sowie an Pyrolyseheizöl. Propylen und C_4-Fraktion zeigen ein Ausbeuteoptimum, Pyrolysebenzin ein Minimum. Für besonders große Severity, wie sie nur mit kürzesten Verweilzeiten (bis 0,05 sec) und besonders hohen Temperaturen erreicht werden kann, werden spezielle Öfen mit besonders dünnen Rohren verwendet, die häufiger entkokt werden müssen.

Bei der Entscheidung zugunsten einer bestimmten Spaltschärfe müssen die Mehrkosten durch teurere Öfen und häufigeres Entkoken durch den Mehrerlös bei den Crackprodukten getragen werden können.

4.4.1.3 Abhängigkeit der Spaltausbeuten beim Naphthacracken von der Zusammensetzung des Einsatzproduktes

Bei 700 – 800° C nimmt die Propylenausbeute mit steigender Temperatur ab, die Äthylenausbeute steigt hingegen. In diesem Bereich nimmt die Stabilität gegenüber den Crackbedingungen in der Reihe n-Paraffine, - Iso-Paraffine - Naphthene - Aromaten - kondensierte Aromaten zu.

Zur Herstellung von Äthylen sind die n-Paraffine auf Grund ihrer Struktur am besten geeignet. Isoparaffine ergeben höhere Methan- und Propylenausbeuten. Naphthene werden nur zum Teil umgesetzt. Der umgesetzte Anteil liefert

DIAGRAMM 15: Spaltgaszusammensetzung beim Cracken von Straight-run-Naphtha in Abhängigkeit von den Spaltbedingungen (34)

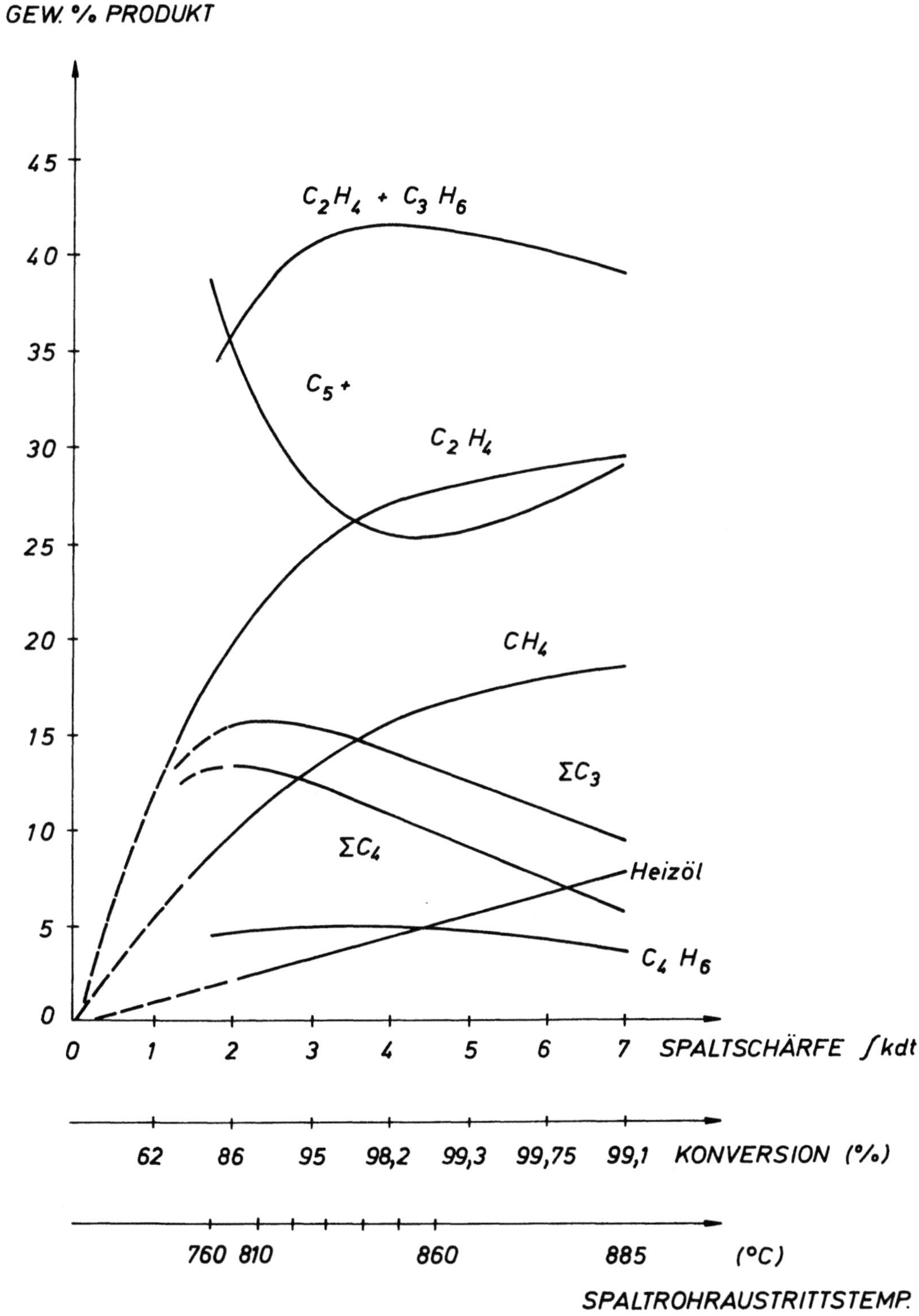

in Abhängigkeit vom Verzweigungsgrad ähnliche Spaltproduktausbeuten an Äthylen und Propylen wie die Aliphaten. Mit steigendem Naphthengehalt des Einsatzes steigen Butadien- und Aromatengehalt des Spaltgases. Aromaten werden bei der Pyrolyse im Röhrenofen kaum angegriffen.

Deshalb beeinflußt gerade der Aromatengehalt des Naphthas die Pyrolyseausbeute. Darauf gründet sich der BMCI (Bureau of Mines Correlation Index) für Crackrohstoffe. Je niedriger der BMCI für ein Produkt ist, desto geeigneter ist es als Einsatz für die Äthylenherstellung. Dieser ist für n-Paraffine nahe Null. Mit zunehmender Verzweigung steigt der BMCI bis auf Werte in der Größenordnung von 10 bis 15. Monocycloparaffine besitzen BMCI, die etwa in der Mitte zwischen Paraffinen und Aromaten liegen. Aromaten besitzen die höchsten BMCI, der von Benzol wurde mit 100 festgelegt. Substitution der Aromaten mit Alkylgruppen verstärkt ihren paraffinähnlichen Charakter und senkt den BMCI.

Die Methanausbeute sinkt im allgemeinen mit steigender C-Zahl des Einsatzes. Der optimale Bereich dürfte zwischen C_7 und C_{10} liegen. Darunter entsteht mehr Methan, darüber mehr Propylen und Teer.

4.4.1.4 Abhängigkeit der Spaltausbeute vom n-Paraffingehalt des Einsatzes

Die Abhängigkeit der Äthylenausbeute vom n-Paraffingehalt ist in Diagramm 16 und Tabelle 17 dargestellt.

Bei der Propylenausbeute zeigt sich generell keine signifikante Veränderung in Abhängigkeit vom n-Paraffingehalt des Naphthaeinsatzes. Bei n-paraffinhaltigen Naphthas und reinen n-Paraffinfraktionen kann mit einer Propylenausbeute von 16 bis 19 Gew.% gerechnet werden.

Die Tendenzen in der Änderung der Produktverteilung beim Cracken von Naphtha in Abhängigkeit von dessen n-Paraffingehalt können wohl am besten durch Untersuchung des Crackverhaltens von reinen n-Alkanen festgestellt werden.

4.4.1.5 Das Cracken von reinen n-Paraffinen

Normalparaffine sind auf Grund ihrer Struktur am besten zur Herstellung von Äthylen geeignet. Im Vergleich zur Konfiguration spielt die Kettenlänge eine geringere Rolle; trotzdem sind auch hier Einflüsse zu erkennen.

Die Tabelle 16 zeigt deutlich die Unterschiede in der Spaltgaszusammensetzung für verzweigte und lineare Paraffine. Vergleichsweise ist auch Cyclohexan angeführt.

Auch das niedrigere Methan-Äthylen-Verhältnis bei gleichen Crackbedingungen zeichnet die n-Paraffine gegenüber den iso-Paraffinen als vorteilhaften Crackrohstoff für die Äthylenherstellung aus (40) (Diagramm 17).

DIAGRAMM 16: Abhängigkeit der Äthylenausbeute beim Cracken vom Normalparaffingehalt des eingesetzten Benzins

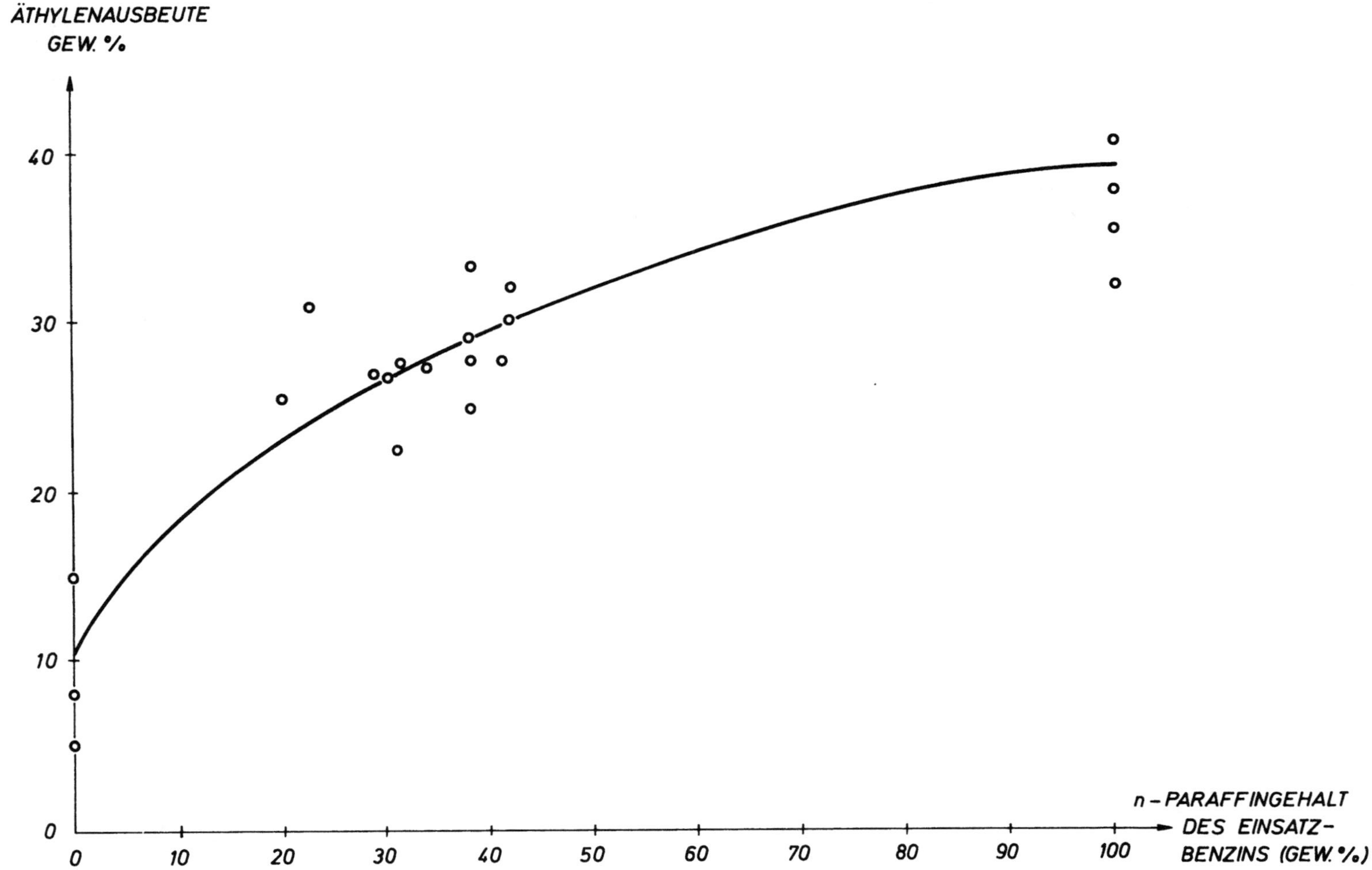

TABELLE 16: Spaltgaszusammensetzung verschiedener Kohlenwasserstoffe (35)

	Ausbeuten in Gew.%			
	Äthylen	Propylen	C_4-Ungesättigte	Methan
n-Hexan	34	16	6	17
2-Methylpentan	10	23	13	10
2,2-Dimethylbutan	15	7,5	18	21
Cyclohexan	30	10	14	9
n-Heptan	39	18	7	12
2,4-Dimethylpentan	8	29	38,4	14
n-Oktan	42	18	10	12
2,2,4-Trimethylpentan	5	17	34	15

DIAGRAMM 17: Änderung des Methan-Äthylen-Verhältnisses mit der Spaltschärfe

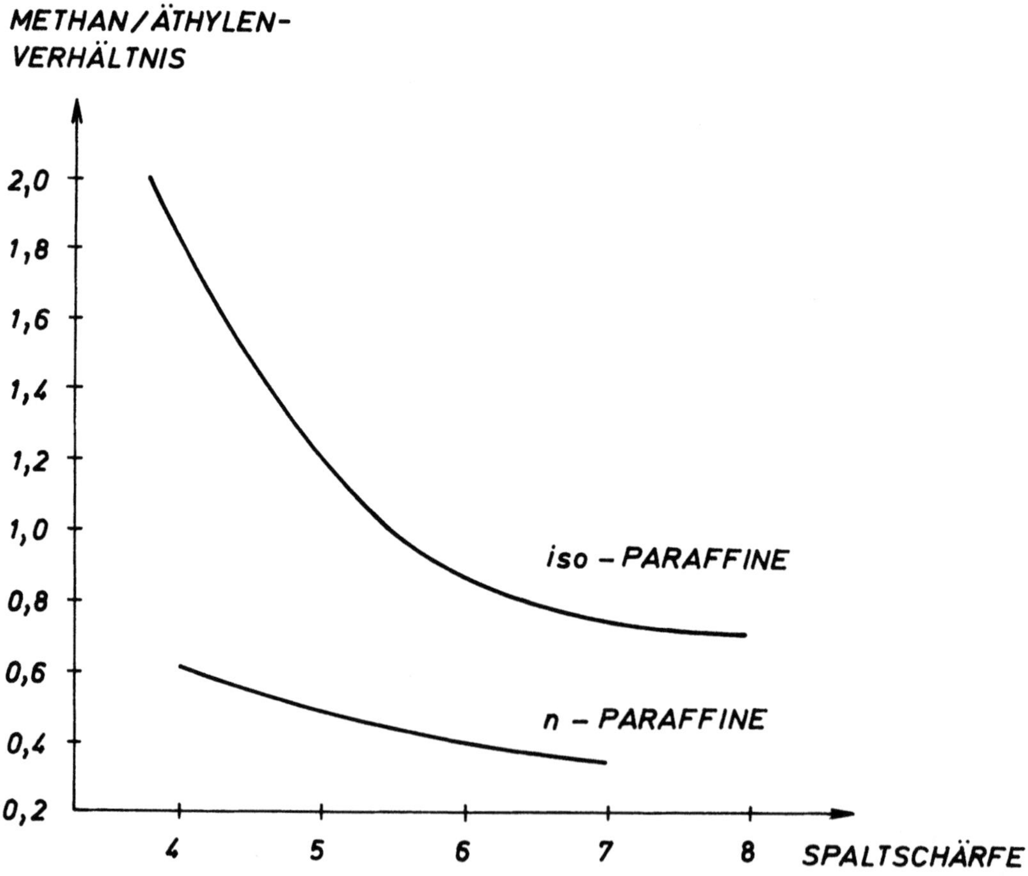

TABELLE 17: Abhängigkeit der Äthylenausbeute vom n-Paraffingehalt des Benzins

Benzin	°C Siedebereich	Gew.% n-Paraffin	Gew.% Äthylen	veröffentl. von	Bemerkungen
1	C_5-C_9	38	24,6-27,6		ohne Äthan Propan-Rückführung
			29,2-32,2	(36)(43)	mit Äthan Propan-Rückführung
2	C_5-C_9	100	32,4-35,7	(38)(36) (43)	ohne Äthan Propan-Rückführung
			38,0-41,3		mit Äthan Propan-Rückführung
3	full-range d = 0,720	41	27,6	(37)	
4	full-range d = 0,710	30	26,6	(37)	
5	full-range d = 0,712	29	26,8	(37)	
6	full-range d = 0,727	20	25,4	(37)	
7	45 - 183	22,3	30,75	(38)	Äthan bis zum Verschwinden im Kreis gefahren
8	35 - 145	42	31,9	(39)	max. Rückführung
9	38 - 193	34	27,1	(39)	max. Rückführung
10	60 - 180	31,5	27,5	(35)	auf maximale Äthylenausbeute gecrackt
11	37 - 111	41,8	30,0	(35)	
12	50 - 175	31,0	22,3	(35)	
13	Reinkompon.	0	5,8,10,15, 30	(35)	

Wenn man die Spaltgaszusammensetzung reiner n-Paraffine feststellen will, muß man berücksichtigen, daß die hier bekannten Werte zum Teil in labormäßigen und nicht in technischen Spaltöfen ermittelt wurden; deren Aussagekraft für die technisch erzielbare Ausbeute und Produktzusammensetzung ist nur beschränkt. Wohl wurden vergleichsweise auch derartige Untersuchungen in das beiliegende Diagramm 18 eingezeichnet.

Der Kurve A liegen folgende Werte zugrunde (35):

n-Hexan	34 Gew.% Äthylen
n-Heptan	39 Gew.% Äthylen
n-Oktan	42 Gew.% Äthylen

Diese Werte wurden bei 90% Konversion im Pilotmaßstab bei 0,1 bis 2 sec Verweilzeit und 600 bis 840° C gemessen. Einen ähnlichen Verlauf zeigt die Kurve B, die auf anderen Untersuchungen (41) basiert:

n-Heptan	36,6 Gew.% Äthylen
n-Oktan	38,4 Gew.% Äthylen
n-Decan	36,3 Gew.% Äthylen
n-Dodecan	34,8 Gew.% Äthylen

Diese Werte wurden in einem lotrechten 29,9 mm Rohrreaktor bei Verweilzeiten von 1,5 bis 2,7 sec erhalten.

Kurve C (42) zeigt ein Maximum bei C_7. Diese Untersuchungen wurden in einem 5,2 mm starken Spaltrohr mit einem zentralen, 3,5 mm dicken Thermoelement mit extremer Stickstoffverdünnung durchgeführt und sind daher mit den anderen nicht unmittelbar vergleichbar.

Gut vergleichbar sind die Bereiche 1 und 2 in Diagramm 18. Sie geben die Äthylenausbeuten von C_5 bis C_9-Gemischen an (36), (43).

Aus den bekannten Daten ist zu erkennen, daß n-Alkane zwischen C_7 und C_{10} jedenfalls Äthylenausbeuten im Bereich von 38 bis über 40% erwarten lassen.

Auch die Propylenausbeute (siehe Diagramm 19) hängt stark von den angewandten Reaktionsbedingungen ab. Die Kurven A, B, C und die Bereiche 1 und 2 im Diagramm decken sich mit den bei der Äthylenausbeute angeführten Veröffentlichungen.

Die Propylenausbeute beginnt bei den reinen n-Paraffinen ab C_7 abzunehmen, fällt aber nicht unter 13,3 Gew.%. Von der zu erwartenden Propylenausbeute her gesehen wäre ein Einsatz von n-Paraffingemischen im Steamcracker jedenfalls nicht nachteilig.

Beim Einsatz von n-Paraffinen als Crackrohstoff muß man jedenfalls damit rechnen, daß weniger Methan, Äthan, Propan, weniger C_4 und vor allem weniger

DIAGRAMM 18: Abhängigkeit der Äthylenausbeute beim Spalten von n-Paraffinen von der Kettenlänge

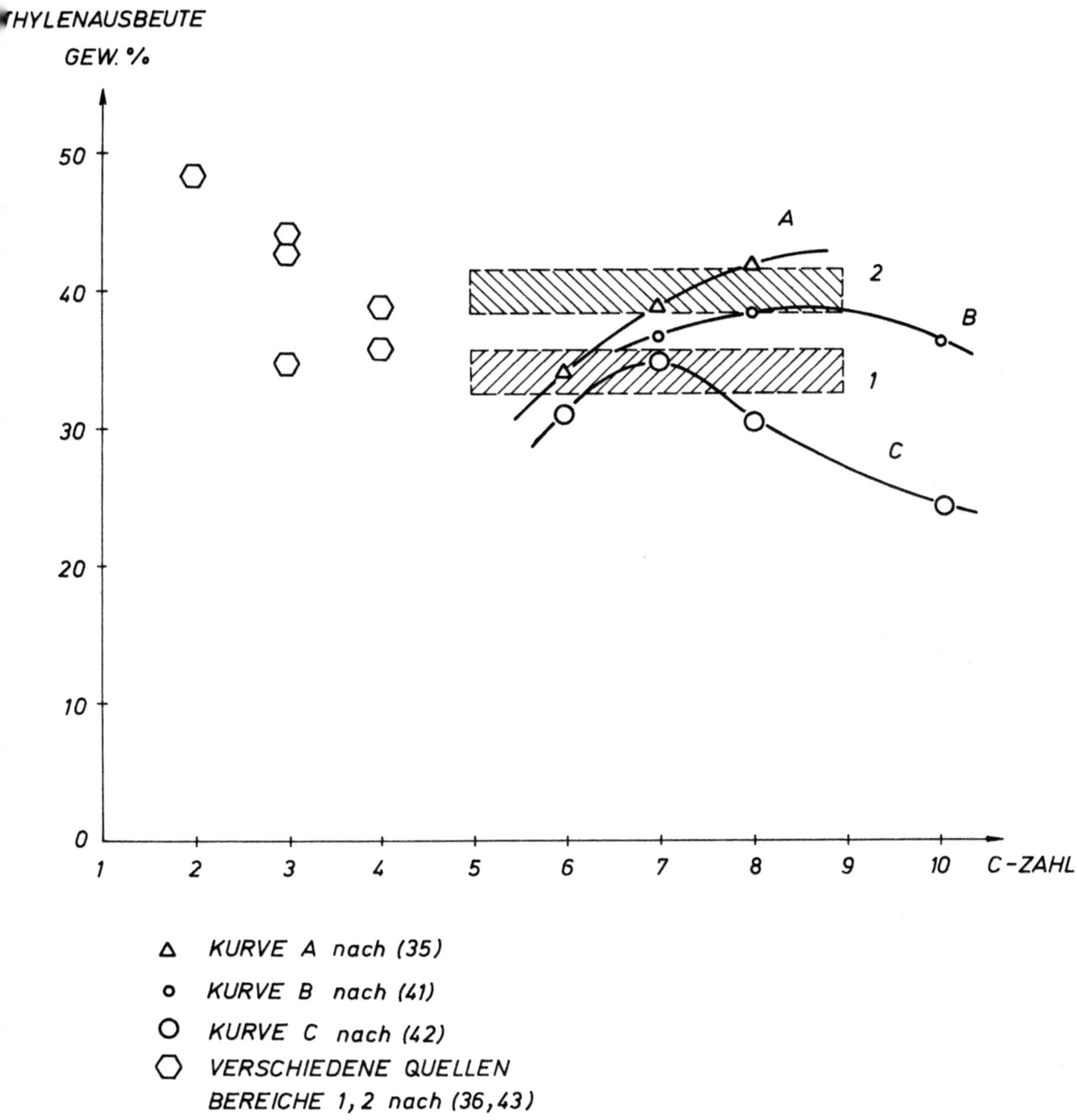

DIAGRAMM 19: Abhängigkeit der Propylenausbeute beim Spalten von n-Paraffinen von der Kettenlänge

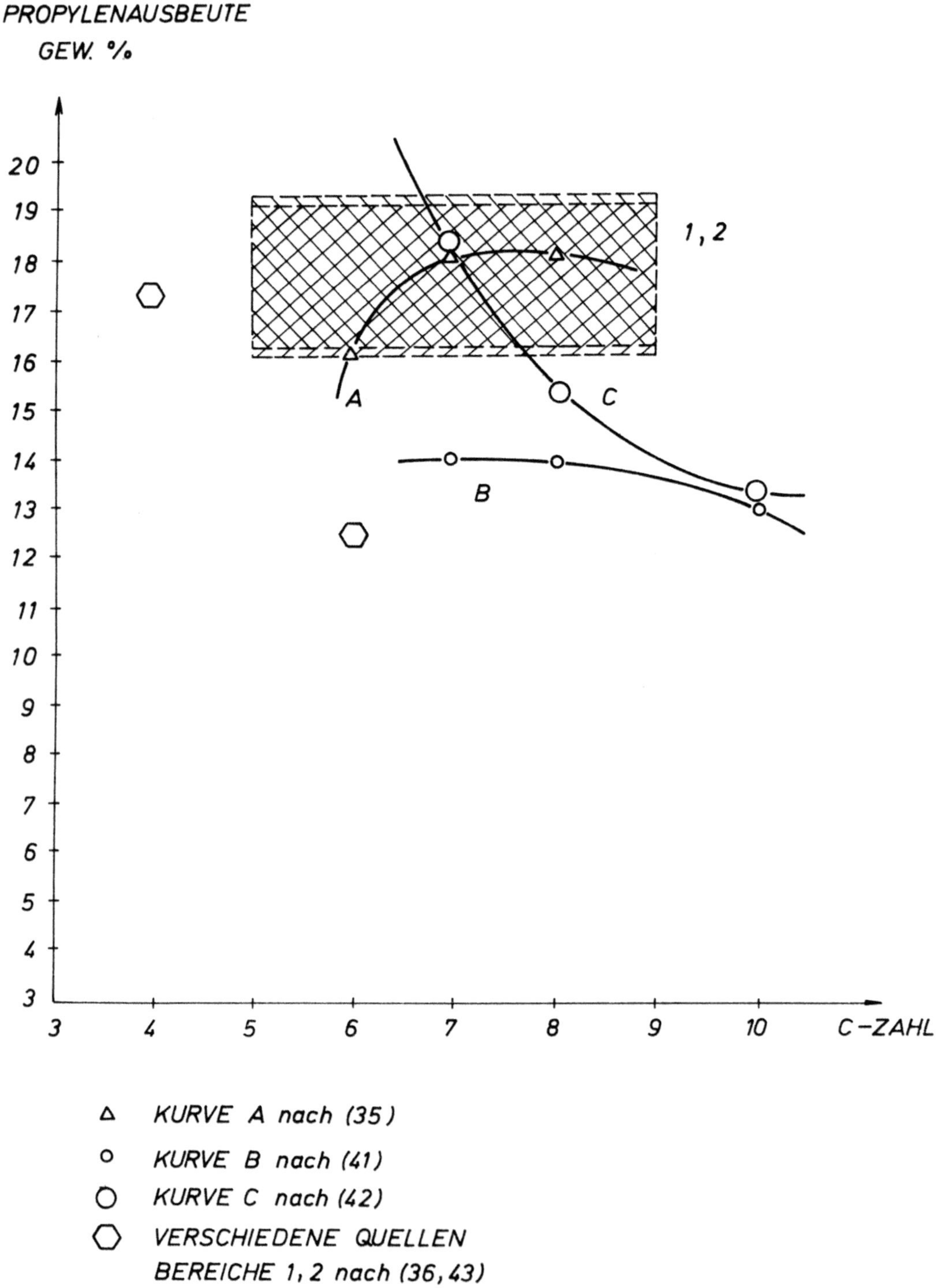

Pyrolysebenzin und Heizöl anfallen werden.

4.4.2 Die Ausbeute beim Einsatz von n-Paraffinfraktionen im Steamcracker im Vergleich zu Naphtha

Auf Grund der Zusammensetzung und der in 4.4.1.5 angeführten Ausbeuten an Äthylen läßt sich die zu erwartende Ausbeute für die n-Paraffinfraktion von Primärbenzin abschätzen (Tabelle 18). Die Äthylenausbeute würde etwa 37,2% betragen.

Nach Diagramm 16 ergibt sich für das Ausgangsbenzin der Trennung im Steamcracker eine Äthylenausbeute in der Höhe von etwa 25%. Die Mehrausbeute an Äthylen würde also 12,2% betragen.

TABELLE 18: Ermittlung der Äthylenausbeute der n-Fraktion von „Primärbenzin S-arm"

	Gew.%	Crack-ausbeute	Anteil an Äthylen	% der Äthylenausbeute
n-C_3	2,77	42	1,1634	3,13
n-C_4	9,13	38	3,4694	9,32
n-C_5	14,68	35	5,138	13,80
n-C_6	15,08	34	5,1272	13,77
n-C_7	15,48	39	6,0372	16,22
n-C_8	17,86	40	7,144	19,19
n-C_9	15,08	39	5,8812	15,80
n-C_{10}	9,52	33	3,1416	8,44
n-C_{11}	0,40	30	0,0012	0,32
			37,22%	

Für einen exakten Vergleich wurden von H.G. DAVIS (38) stammende und zum Teil unveröffentlichte Daten herangezogen. Verglichen wurde ein Straight-run-Benzin C_5 - C_9 mit 62% Iso-Anteilen und 38 Gew.% n-Paraffinen mit der aus diesem Benzin mittels IsoSiv-Trennung erhaltenen n-Paraffinfraktion. Die Daten wurden in Laborexperimenten der Union Carbide, Research & Development, erhalten, von denen ein direkter Vergleich mit technischen Anlagen möglich ist.

Die Versuche wurden mit Ofenaustrittstemperaturen von 810 bis 850^0 C gefahren. Wahlweise wurde mit oder ohne Rückführung von Äthan, Propan und Butan gearbeitet.

Die Rohstoff- und Produktbilanz wurde auf der Basis gleichen Äthylenausstoßes erstellt, da der Sinn einer Äthylenanlage ja die Herstellung einer bestimmten Äthylenmenge und nicht die Aufarbeitung einer bestimmten Menge Rohstoffes sein soll. Diese Daten sind in Tabelle 19 angeführt.

Es fällt auf, daß zur Erzeugung der gleichen Äthylenmenge nur etwa 77% des Naphthaeinsatzes an n-Paraffinen notwendig ist. Die Wasserstoffausbeute fällt leicht, die Methanausbeute stark, während der Acetylengehalt des Spaltgases in etwa gleich bleibt. Gemessen an der gleichen Äthylenausbeute fallen Propylenmenge und C_4-Ausbeute stark ab. Auch der Heizöl- und Pyrolysebenzinanteil gehen zurück (siehe Tabelle 20).

Der Verlust an Pyrolysebenzin beim Einsatz von n-Paraffinen als Steam-Cracker-Rohstoff beträgt also etwa 2% des Einsatzes bzw. etwa 11,9% der beim Cracken von Benzin anfallenden Pyrolysebenzinmenge. Im VK-Pool wird man beim Einsatz von n-Paraffinen in der Äthylenanlage bis zu einem gewissen Grad einen Ersatz für Pyrolysebenzin finden müssen.

Ansonsten muß auch noch der fallenden Propylenausbeute eine gewisse Aufmerksamkeit zugewendet werden. Hier kann man vor allem durch geeignete Wahl der Spaltschärfe Einfluß nehmen.

4.4.3 Die Wirtschaftlichkeit des Einsatzes von n-Paraffinfraktionen im Steam-Cracker im Vergleich zu Naphtha

Die zu erwartende Spaltgaszusammensetzung für beide Ausgangsstoffe ist bekannt (Tabelle 19). Vom Preis der Einsatzprodukte und von der Bewertung der Crackprodukte hängt es ab, welcher der beiden Rohstoffe günstiger ist. Auf Grund des Rohstoffmindereinsatzes bei den n-Paraffinen ist auch eine Auswirkung auf Anlage- und Betriebskosten zu erwarten.

Die Bewertung der Ausbeuten in den Tabellen 21 und 22 wurde mit den für Österreich anwendbaren Preisen durchgeführt.

Vergleichsweise wurden die bei den beiden Crackrohstoffen anfallenden Produkte auch zu Weltmarktpreisen bewertet (siehe Tabellen 23 und 24).

Der Betrag, aus dem Verarbeitung und Gewinn beglichen werden soll, ist für Bewertungsweisen, die auf hohen Preisen für petrochemische Grundstoffe basieren (Weltmarktpreise), höher als für die Bewertung mit den für Österreich angenommenen Preisen.

Ausgehend davon, daß jedenfalls für Verarbeitung und unternehmerischen Gewinn beim Einsatz von n-Paraffinen weniger Geld zur Verfügung steht, muß untersucht werden, ob und inwiefern sich die Verarbeitungskosten beim Einsatz von n-Paraffinen im Vergleich mit Naphtha ändern werden.

Die Verarbeitungskosten setzen sich zusammen aus Betriebsmittelkosten (variable Kosten), Kosten für menschliche Arbeit (Lohnkosten) und Fixkosten. In diesen ist die Abschreibung, Versicherung, Lizenzgebühr, Unterhalt, Kapitalverzinsung und Ähnliches enthalten.

TABELLE 19: Ausbeuten im Steam-Cracker bei Einsatz von Naphtha bzw. Normalparaffinen (in kg) (36), (43)

	aus Naphtha		aus Normalparaffinen	
	ohne Recycling	mit Recycling	ohne Recycling	mit Recycling
Einsatz	4065,04-3623,19	3424,66-3105,59	3086,42-2801,12	2631,6 -2421,3
Äthylen	1000	1000	1000	1000
Wasserstoff	28,46- 28,99	37,67- 37,27	24,69- 28,01	31,58- 33,90
Methan	621,95- 677,54	544,52- 599,38	401,23- 453,78	357,89- 406,78
Acetylen	8,13- 14,49	6,85- 12,42	9,26- 16,81	7,89- 9,69
Propylen	813,00- 626,81	691,78- 543,48	586,42- 445,38	505,42- 389,83
Butadien	199,19- 166,67	171,23- 145,96	160,49- 134,45	142,11- 121,07
Äthan, Propan, Butan	264,23- 210,14	6,85- 6,21	234,57- 196,08	10,53- 4,84
Butene	333,33- 224,64	287,67- 177,02	157,41- 50,42	134,21- 38,74
Heizöl	113,82- 97,83	95,89- 83,85	73,15- 68,07	63,16- 59,56
Pyrolysebenzin	682,93- 576,09	582,19- 500,00	439,20- 408,12	378,95- 356,90

TABELLE 20: Ausbeute an Pyrolysebenzin

Einsatz	Crackmodus	Gew.% Ausbeute bezogen auf Einsatz	
Benzin	mit Recycling ohne Recycling	17,0 - 16,1 16,8 - 15,9	im Mittel 16,45
n-Paraffine	mit Recycling ohne Recycling	14,4 - 14,7 14,2 - 14,6	im Mittel 14,5

TABELLE 21: Produktzusammensetzung pro t Äthylen und Bewertung

	Naphtha ohne Recycling		Naphtha mit Recycling	
	Gewicht in kg	Preis in öS	Gewicht in kg	Preis in öS
Äthylen	1000	4400,	1000	4400,-
Propylen	813,00- 626,81	2926,80- 2256,52	691,78- 543,48	2490,41-1956,53
Heizwert	1569,11-1420,29	2353,67- 2130,44	1150,69-1062,11	1726,03-1593,17
Pyrobenzin	682,93- 576,09	1912,20- 1613,05	582,19- 500,00	1630,13-1400,00
		11592,67-10400,01		10246,57-9349,70
Naphtha	4065,04-3623,19	8943,09- 7971,02	3424,66-3105,59	7534,25-6832,30
		2649,58- 2428,99		2712,32-2517,40

Verarbeitungskosten + unternehmerischer Gewinn

Bewertung:

Naphtha	2200,- /t
Pyrobenzin	2800,- /t
Heizwert	1500,- /t
Propylen	3600,- /t
Äthylen	4400,- /t

TABELLE 22: Produktzusammensetzung pro t Äthylen und Bewertung

	n-Paraffine ohne Recycling		n-Paraffine mit Recycling	
	Gewicht in kg	Preis in öS	Gewicht in kg	Preis in öS
Äthylen	1000	4400,-	1000	4400,-
Propylen	586,42- 445,38	2111,11-1603,37	505,26- 389,83	1818,94-1403,39
Heizwert	1060,80- 947,62	1591,20-1421,43	747,39- 674,57	1121,09-1011,86
Pyrobenzin	439,20- 408,12	1229,76-1142,74	378,95- 356,90	1061,06- 999,32
		9332,07-8567,54		8401,09-7814,57
Einsatz	3086,42-2801,12	7083,33-6428,57	2631,60-2421,30	6039,52-5556,88
		2248,74-2138,97		2361,57-2257,69

Verarbeitungskosten + unternehmerischer Gewinn

Bewertung:

n-Paraffine	2295,- /t
Pyrobenzin	2800,- /t
Heizwert	1500,- /t
Propylen	3600,- /t
Äthylen	4400,- /t

TABELLE 23: Naphtha-Spaltung-Produktzusammensetzung und Bewertung pro t Äthylen

	ohne Recycling		mit Recycling	
	Gewicht in kg	Preis in öS	Gewicht in kg	Preis in öS
Äthylen	1000	6059	1000	6059
Propylen	813,00- 626,81	3384,52- 2609,41	691,78- 543,48	2879,88- 2262,51
Heizwert-produkte	1569,11-1420,29	1882,93- 1704,35	1150,69-1062,11	1380,83- 1274,53
Pyrolyse-benzin	682,93- 576,09	1912,20- 1613,05	582,19- 500,00	1630,13- 1400,00
		13238,65-11985,81		11949,84-10996,04
Naphtha-einsatz	4065,04-3623,19	10341,46- 9217,40	3424,66-3105,59	8712,34- 7900,62
Verarbeitungskosten + Gewinn		2897,19- 2768,41		3237,50- 3095,42

TABELLE 24: n-Paraffin-Spaltung-Produktzusammensetzung und Bewertung pro t Äthylen

	ohne Recycling		mit Recycling	
	Gewicht in kg	Preis in öS	Gewicht in kg	Preis in öS
Äthylen	1000	6059	1000	6059
Propylen	568,42- 445,38	2441,27- 1854,12	505,26- 389,83	2103,40- 1622,86
Heizwert-produkte	1060,80- 947,62	1272,96- 1137,14	747,39- 674,57	896,87- 809,48
Pyrolyse-benzin	439,20- 408,12	1229,76- 1142,74	378,95- 356,90	1061,06- 999,32
		11002,99-10193,00		10120,33- 9490,66
n-Paraffin-einsatz	3086,42-2801,12	8145,06- 7392,16	2631,60-2421,30	6944,79- 6389,81
Verarbeitungskosten + Gewinn		2857,93- 2800,84		3175,54- 3100,85

Bewertungsgrundlage:

Naphtha	2544 S/t
Äthylen	6059 S/t
n-Paraffine	2639 S/t
Propylen	4163 S/t
Pyrolysebenzin	2800 S/t
Heizwertprodukte	1200 S/t = ca. 120 S/Mio WE

1. Betriebsmittelkosten

Die Betriebsmittelkosten sind (44) entnommen. Im einzelnen entfallen beim Naphthacracken in einer 500 000 jato Äthylenanlage auf 1 Tonne Äthylen folgende Anteile an den Betriebsmitteln:

Art	Menge	Preis pro Einheit	Kosten pro t Äthylen
Dampf	2,04 t	130 S/t	265,20
Strom	170 kWh	0,45 S/kWh	76,50
Kühlwasser	485 m^3	0,15 S/m^3	72,75
Brennstoff	$5{,}5 \times 10^6$ WE	120 $S/10^6$ WE	660,00
			1074,45 S/t

Für 1 t Äthylen sind mit Recycling von Äthan, Propan und Butan im Durchschnitt 3,265 t Naphtha oder 2,562 t n-Alkane notwendig. Da die Betriebsmittel direkt und unmittelbar von der eingesetzten Rohstoffmenge abhängen, sinken die Betriebsmittelkosten beim Einsatz von n-Paraffinen auf 77,37% der ursprünglichen Höhe und betragen 831,30 S/t Äthylen.

2. Lohnkosten

Diese sind wohl in beiden Fällen gleich hoch anzusetzen und wurden mit 100 S/t Äthylen beziffert.

3. Investitionskosten und Fixkosten

Die Investitionskosten sind in (44) für eine 500 000 jato Äthylenanlage mit 16 Mio Dollar angegeben. Da sich die Investitionskosten zweier Anlagen etwa wie die 0,7-te Potenz ihrer jato-Kapazitäten verhalten, ergeben sich bei einem Dollarkurs von 18,5 öS pro US Dollar Investitionskosten von 155,86 Mio öS für eine 200 000 jato-Äthylenanlage:

$$\left(\frac{200\,000}{500\,000}\right)^{0{,}7} = 0{,}5266 \qquad 16 \text{ Mio Dollar} = 296 \text{ Mio öS}.$$

Die jährlichen Fixkosten wurden mit 21% der Investitionskosten angenommen. Abschreibung, Lizenzgebühr, Versicherung, Instandhaltung etc. betragen also jährlich 327 Mio S, das entspricht bei 200 000 jato Äthylen Kosten von 1 636,5 S/t Äthylen aus Naphtha.

Die Investitionskosten sind in Tabelle 25 nach dem Preis der Teile der Anlage aufgeschlüsselt. Die linke Spalte enthält die Daten einer tatsächlich von der Firma Lurgi gebauten Anlage mit Naphtha als Einsatz. In der rechten Spalte sind die sich aus dem Mindereinsatz bzw. den Minder- und Mehrausbeuten bei

Einsatz von n-Paraffinen mit Äthan, Propan und Butan-Recycling ergebenden Änderungen des Anteils der einzelnen Bauteile an den Investitionskosten angeführt.

TABELLE 25: Investitionskosten in % der gesamten Anlagekosten bei Anwendung von Naphtha und n-Paraffinen

	Naphtha		n-Paraffine
	als Spaltrohstoff		
Pyrolyse und Dampferzeugung	38,87	62,61	48,45
Quench	3,91		
Spaltgaskompressor	13,39		
Sauergaswäsche und Trocknung	6,44		
Methantrennkolonne	8,56		5,72
$C_2/C_3/C_4$ Abtrennkolonne	3,50		4,12
$C_2/C_2^=$ Trennung	6,88		6,88
$C_3/C_3^=$ Trennung	3,75		3,75
Propylen-Kältekreislauf	9,14		9,14
Äthylenkältekreislauf	5,57		5,57
Investitionskosten	100%		83,63%
Feedmenge	100%		77,37%

Eine weitere Verringerung der Investitionskosten ist durch den Umstand zu erwarten, daß n-Paraffine auf Grund ihrer größeren Bereitschaft zu spalten mit geringerem Wasserdampfzusatz gecrackt werden können.

Die in der Praxis angewendete Verdünnung mit Wasserdampf ist aus der folgenden Tabelle ersichtlich:

	Verdünnungsverhältnis (kg/kg)
Äthan	0,2 - 0,25
Propan	0,4
n-Butan	0,3 - 0,4
Naphtha	0,5 - <u>0,6</u> - 0,7
Gasöl	0,8 - 1,0

In Naphthacrackanlagen ergibt eine Verdoppelung der Wasserdampfverdünnung von 0,6 auf 1,2 bei der Spaltanlage eine 15%-ige Erhöhung der Investitionskosten in Feuerung und Quench und insgesamt eine etwa 7%-ige Erhöhung der Investitionskosten für die gesamte Anlage (45).

Vom Crackverhalten her müßten bei den n-Alkanen eine Verdünnung mit 0,3 bis 0,5 kg Dampf/kg ausreichend sein. Daraus ergeben sich folgende Einsparungen:

	Verminderung der Investitionskosten	
Verdünnungsverhältnis	in Feuerung und Quench	der Gesamtanlage
0,6	100 %	100 %
0,5	97,5%	98,8%
0,4	95,0%	97,7%
0,3	92,5%	96,5%

Wenn man nun diese Verminderung der Investitionskosten in den Investitionskostenvergleich der Naphtha- und der n-Paraffinspaltung (Tabelle 25) einsetzt, erhält man für die Investitionskosten folgende Werte:

	Naphtha	n-Paraffine			
Verdünnungsverhältnis	0,6	0,6	0,5	0,4	0,3
Investitionskosten	100 %	83,6%	82,6%	81,7%	80,7%

Zur Berechnung der gesamten Herstellungskosten für 1 t Äthylen aus n-Paraffinen soll angenommen werden, daß das Wasserdampf-Kohlenwasserstoff-Verhältnis 0,5 kg/kg beträgt und die Investitionskosten der mit n-Alkan-Einsatz arbeitenden Crackanlage 82,6% der bei Naphthaeinsatz anfallenden Summe betragen.

Die Investitionskosten der mit n-Paraffinen betriebenen Anlage (Kapazität 200 000 jato) betragen dann 1,2874 Milliarden öS, die jährliche Abschreibung inklusive aller anderen Fixkosten 270 Mio S und der pro Tonne Äthylen entfallende Anteil 1 351,8 S.

TABELLE 26: Fixkostenvergleich von zwei Äthylenanlagen gleicher Kapazität bei unterschiedlichem Einsatz

	Einsatzmaterial	
	Naphtha	n-Paraffine
Investitionskosten	1 558,6 Mio S	1 287,4 Mio S
Jährliche Fixkosten	327 Mio S	270 Mio S
Fixkosten je t/Äthylen	1 636,5 S	1 351,8 S

Die Verarbeitungskosten des Rohstoffes, aufgeschlüsselt pro Tonne Äthylen, betragen also:

	Naphthaeinsatz	n-Paraffineinsatz
Betriebsmittelkosten	1074,5	831,3
Löhne	100,0	100,0
Fixkosten	1636,5	1351,8
Verarbeitungskosten pro Tonne Äthylen	2811,0 S	2283,1 S

Über die oben angegebenen Verarbeitungskosten kann man nun die Herstellungskosten von 1 t Äthylen aus Naphtha berechnen. Mit diesem Preis geht man in die Ausbeutebilanz des n-Paraffincrackers und ermittelt den Preis des n-Paraffineinsatzproduktes. Den Ausbeutebilanzen liegen die Werte mit Äthan, Propan-, und Butanrückführung zugrunde.

TABELLE 27: Ausbeutebilanz im Steam-Cracker

	Einsatz	
	Naphtha	n-Paraffine
Äthylen	1	1
Propylen	0,618	0,448
Heizwert	1,106	0,711
Pyrolysebenzin	0,541	0,368
Einsatzmenge	3,265	2,526

Bewertungsgrundlage:

Propylen	3600 S/t
Heizwert	1500 S/t
Pyrolysebenzin	2800 S/t
Naphtha	2200 S/t

1. Berechnung der Preise für 1 t Äthylen beim Cracken von Naphtha

Einsatzkosten	7.183,0 S		
Verarbeitungskosten	2.811,0 S		
	9.994,0 S	....	9.994,0 S
Koppelproduktwerte:			
Propylen	2.224,8 S		
Heizwert	1.659,0 S		
Pyrolysebenzin	1.514,8 S		
	5.398,6 S	....	5.398,6 S
	Preis für 1 Tonne Äthylen	....	4.595,4 S

2. Berechnung des Wertes der n-Paraffinfraktion

Äthylen	4.595,4 S		
Koppelprodukte:			
Propylen	1.612,8 S		
Heizwertprodukte	1.066,5 S		
Pyrolysebenzin	1.030,4 S		
	8.305,1 S	....	8.305,1 S
Verarbeitungskosten	- 2.283,1 S	....	- 2.283,1 S
	Einsatzkosten für 2,526 t n-Paraffine	....	6.022,0 S
das ergibt			
	Einsatzkosten pro Tonne n-Paraffine	....	2.384,0 S

Um Äthylen aus n-Paraffinen zum gleichen Preis herstellen zu können wie aus Naphtha, dürfen n-Paraffine um 184 S/t teurer sein als dieses. Anders ausgedrückt heißt das, daß Trennkosten bei der Abtrennung der n-Paraffine bis zu diesem Betrag von der n-Paraffinfraktion getragen werden können. Wenn n-Paraffine die Trennkosten nicht allein tragen müssen, ist es rentabel, Äthylenanlagen auf der Basis von n-Paraffinen als Spaltrohstoff zu betreiben.

4.5 Kosten-Ertragsvergleich der n/iso-Trennung

Die Ergebnisse der in den vorgehenden Abschnitten ausgeführten Wirtschaftlichkeitsuntersuchung können also wie folgt zusammengefaßt werden:

Kosten der n/iso-Trennung	S 95,- /t Einsatz
Gutschrift für das iso-Leichtbenzin	S 600,- /t Produkt
Gutschrift für das iso-Schwerbenzin	S 75,- /t Produkt
Gutschrift für die n-Paraffine	S 184,- /t Produkt

Für eine Bilanzierung sind noch die relativen Mengen der verarbeiteten bzw. anfallenden Produkte zu berücksichtigen:

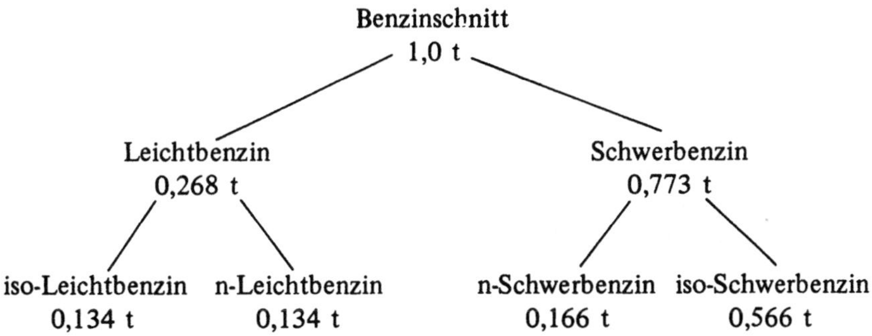

Unter diesen Bedingungen ergibt sich der Kosten/Ertragsvergleich wie folgt:

	Kosten	Ertrag
	S/t Benzinschnitt	
1,0 t Benzinschnitt, Trennung	95,-	
0,134 t iso-Leichtbenzin Gutschrift		80,40
0,134 t n-Leichtbenzin, Gutschrift		24,66
0,166 t n-Schwerbenzin, Gutschrift		30,54
0,566 t iso-Schwerbenzin, Gutschrift		42,45
	95,-	178,05

Es ergibt sich also als Differenz ein Ertragsüberschuß von S 83,05/t Benzinschnitt. Die n/iso-Trennung ist also auch wirtschaftlich günstig.

Eine Analyse des Ergebnisses des Kosten-Ertragsvergleiches zeigt jedoch die Tatsache, daß sich für die Trennung des Leicht- und des Schwerbenzinanteiles unterschiedliche Erträge ergeben:

Leichtbenzin

	Kosten	Ertrag
	S/t Benzinschnitt	
0,268 t Leichtbenzin, Trennkosten	25,46	
0,134 t iso-Leichtbenzin, Gutschrift		80,40
0,134 t n-Leichtbenzin, Gutschrift		24,66
	25,46	105,06

Aus der Differenz zwischen Kosten und Erträgen ergibt sich also - bezogen auf 1 t Benzinschnitt - ein Ertragsüberschuß bei Leichtbenzin von S 79,60.

Schwerbenzin

	Kosten	Ertrag
	S/t Benzinschnitt	
0,732 t Schwerbenzin, Trennung	69,54	
0,166 t n-Schwerbenzin, Gutschrift		30,54
0,566 t iso-Schwerbenzin, Gutschrift		42,45
	69,54	72,99

Beim Schwerbenzin ergibt sich also nur ein Ertragsüberschuß, bezogen auf 1 t Benzinschnitt, von S 3,45. Während also die Trennung der Leichtbenzinfraktion ein wirtschaftlich günstiger Prozeß ist, der einen erheblichen Gewinn abwirft, werden beim Schwerbenzin nur die Kosten durch die Erträge etwa gedeckt; ihre Durchführung müßte daher durch andere Überlegungen gerechtfertigt werden. Hierzu muß der Aufbau des Benzinpools für alle Alternativen genauer analysiert werden.

5. ANWENDUNG DER n/iso-TRENNUNG IN DER RAFFINERIE IM VERGLEICH MIT ANDEREN, DIE BLEIREDUZIERUNG AUSGLEICHENDEN VERFAHREN

Im Weiteren wird untersucht, ob und mit welchen Maßnahmen der Vergaserkraftstoffbedarf in Österreich im Jahre 1980 gedeckt werden kann, wobei zwei Alternativen bezüglich des zulässigen Bleigehaltes gegeben sind:

a) 0,15 g/l Pb

b) 0,0 g/l Pb.

Zusätzlich wurde auch die eventuelle Zumischung von Methanol zum Kraftstoff berücksichtigt.

Für die Erstellung der Verarbeitungsschemata waren verschiedene Annahmen notwendig, die im weiteren beschrieben sind.

5.1 Die Vergaserkraftstoffproduktion und der -verbrauch in Österreich in den frühen 80er Jahren

Im Jahr 1975 wurden in Österreich etwa 2,14 Mio Tonnen Fahrbenzin verbraucht, wovon 1,40 Mio Tonnen in Österreich produziert wurden. Die Aufteilung auf Superbenzin und Normalbenzin gliederte sich folgendermaßen (26):

VK-Pool 1975	Erzeugung	Verbrauch	Import
Normalbenzin	532 000 t	660 000 t	128 000 t
Superbenzin	847 000 t	1 480 000 t	633 000 t
insgesamt	1 379 000 t	2 140 000 t	761 000 t

Auf Grund des Status in der Nähe der Vollmotorisierung und der Bestrebungen der Automobilproduzenten, Autos mit immer niedrigeren Kraftstoffverbrauchswerten anzubieten, wird angenommen, daß bis 1980 nur mehr mit einem mäßigen Anstieg des Bedarfes an Vergaserkraftstoffen zu rechnen sein wird. Aus verschiedenen Gründen (siehe Kapitel 1.1.3.2) wird bis dahin eine Reduktion des Bleigehaltes im Benzin notwendig sein.

Wenn mit einem jährlichen Verbrauchsanstieg von etwa 3,3% gerechnet wird, die heimische Produktion aber ein Wachstum von etwa 6% aufweist, würde sich für den VK-Pool 1980 folgende Situation ergeben:

VK-Pool 1980	Erzeugung	Verbrauch	Import
Normalbenzin	500 000 t	700 000 t	200 000 t
Superbenzin	1 350 000 t	1 800 000 t	450 000 t
insgesamt	1 850 000 t	2 500 000 t	650 000 t

Diese Annahme gilt, wenn sich das Normalbenzin-Superbenzin-Verhältnis des VK-Pools von derzeit 30,8 : 69, 2 im Verbrauch und 38,6 : 61,4 in der Erzeugung bis 1980 auf 28 : 72 im Verbrauch und 27 : 73 in der Erzeugung verschiebt. Letzteres wird vor allem deshalb anzustreben sein, weil derzeit der größte Teil der Importe (83,2%) auf Superbenzin entfällt.

Eine starke Zunahme des Normalbenzinanteiles am Vergaserkraftstoffverbrauch ist nicht zu erwarten. Die Verwendung von Normalbenzin ist nur in Motoren mit niedrigem Verdichtungsverhältnis möglich. Niedriges Verdichtungsverhältnis bedingt aber durch den dadurch ungünstigeren thermischen Wirkungsgrad des Explosionsmotors einen Mehrverbrauch. Nach der Energiekrise 1973 hat 1975 der Verbrauch an Superbenzin erstmals wieder höhere Wachstumsraten gezeigt als Normalbenzin; parallel dazu verringert sich auch der Preisunterschied zwischen Super- und Normalbenzin.

In der Prognose für 1980 scheint daher die Annahme einer leichten Verschiebung des Verhältnisses zwischen Normalbenzin und Superbenzin im Verbrauch zugunsten des Superbenzins gerechtfertigt.

5.2 Annahmen über den VK-Pool 1980

Die Oktanzahlanforderungen betragen derzeit

	ROZ	MOZ	FOZ
Superbenzin	98	88	88
Normalbenzin	91	82	-

Beim FOZ-Wert für Superbenzin handelt es sich um eine Empfehlung, die Werte für ROZ und MOZ entsprechen DIN 51 600.

Bei einer Absenkung des Bleigehaltes auf 0,15 g Pb/l erfordert 1980 das Superbenzin etwa eine ROZ unverbleit von 95, das Normalbenzin eine ROZ unverbleit von 87.

Bei gänzlicher Entfernung des Bleizusatzes müßte der Superkraftstoff eine ROZ von 98 und der Normalkraftstoff von 91 besitzen.

Mit dem oben angegebenen Verhältnis aus Normalbenzin und Superbenzin bei der Erzeugung ergibt das für den Fall einer Reduzierung des Bleigehaltes auf

0,15 g Pb/l eine Pool-Oktanzahl von 92,84, bei
0,0 g Pb/l eine Pool-Oktanzahl von 96,11.

Zur Herstellung der geforderten Menge Vergaserkraftstoff steht dem Benzinpool eine konstante Menge FCC-Benzin (Benzin aus der Crackanlage) und eine konstante Menge Alkylatbenzin zur Verfügung. Der für die Herstellung der restlichen, den VK-Pool bis auf 1 850 000 jato auffüllenden Benzinkomponenten notwendige Rohöleinsatz soll möglichst klein gehalten werden. Aus dem verfügbaren Naphtha sollen 200 000 jato Leichtnaphtha für die chemische Industrie und genügend Einsatzprodukt für eine 200 000 jato-Äthylenanlage zur Verfügung stehen. Das Pyrolysebenzin der Äthylenanlage ist zu berücksichtigen.

Als konstant wurden eine Alkylatbenzinmenge von
100 000 jato und eine FCC-Benzinmenge von
300 000 jato angenommen.

Für die Äthylenerzeugung von 200 000 jato Äthylen wurden folgende Annahmen getroffen:

Einsatz		Pyrolysebenzinausbeute
-material	-menge	
Naphtha	653 000 jato	131 000 jato
n-Paraffine	505 200 jato	85 300 jato

Bei eventuellem Methanol-Isobutanolzusatz beträgt der Anteil des Zusatzes am Pool 15 Gew.%. Dieses Gemisch soll aus 2 Teilen Methanol und 1 Teil i-Butanol bestehen.

	ROZ	MOZ
Methanol	ca. 113	92
i-Butanol	110	32
2 : 1-Gemisch	ca. 112	72

Die Oktanzahlen der VK-Poolkomponenten wurden wie folgt angenommen:

	ROZ
Alkylat	92
FCC-Benzin	98
Pyrolysebenzin	98
Platformat	85 - 100
Leichtes Straight-run-Benzin	65
Leichtes Isobenzin	85
Methanol-i-Butanol-Additiv	112

Für den Platformereinsatz wurde die in Diagramm 20 dargestellte Abhängigkeit der Platformerausbeute von der gewünschten Oktanzahl des Platformates angenommen. Eine weitere Annahme war, daß bei Einsatz des Iso-Schwerbenzins in den Platformer durch die geringere Flüchtigkeit des Platformates eine etwa 5% höhere Leichtbenzinmenge für den Benzinpool nötig ist.

5.3 Der Aufbau des Benzinpools

Im folgenden Abschnitt sind die Raffinerieproduktionsschemata und der Aufbau des Benzinpools für die verschiedenen Alternativen zusammengestellt. Folgende Varianten sind berücksichtigt:

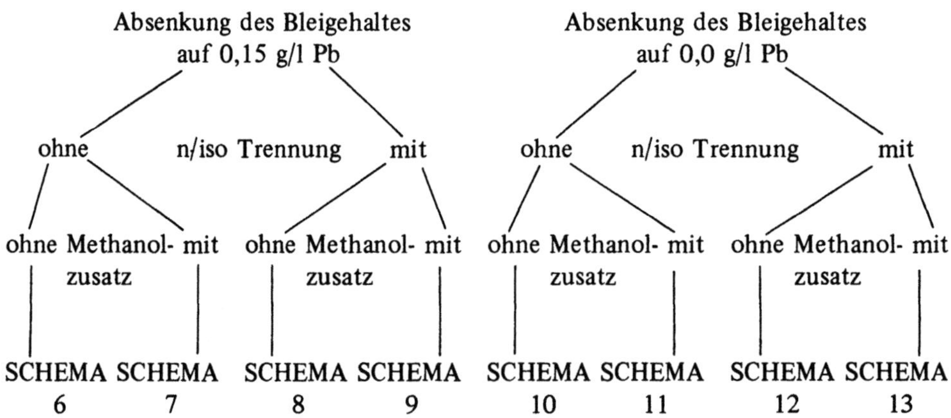

Der jeweilige Aufbau des Benzinpools ist für die Absenkung des Bleigehalts auf 0,15 g/l Pb in Tabelle 28 und für die Absenkung auf 0,0 g/l Pb in Tabelle 29 angeführt.

DIAGRAMM 20: Abhängigkeit der Platformatausbeute von der ROZ des Platformates

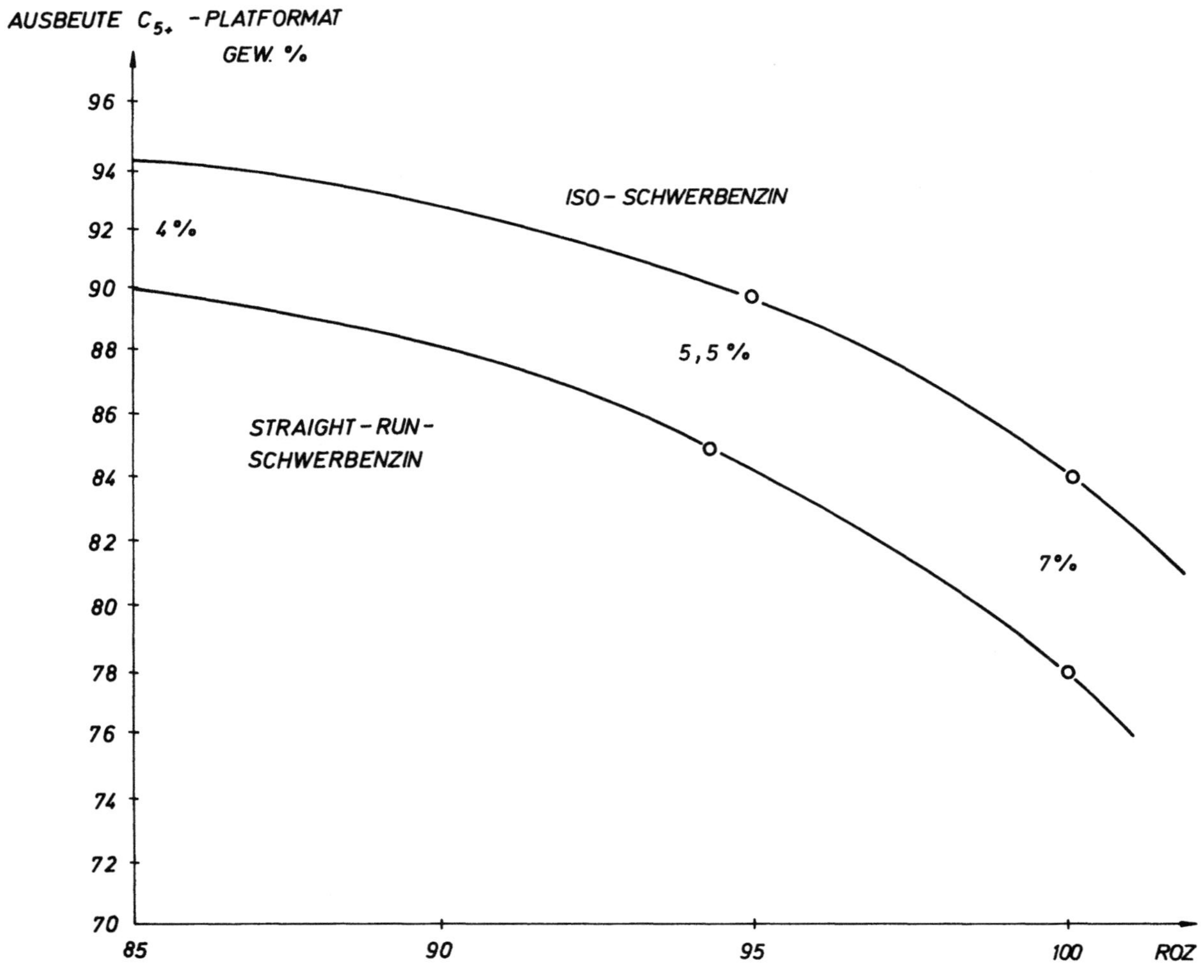

TABELLE 28: Bleigehalt 0,15 g Pb/l

	ohne n/iso-Trennung			
	ohne Methanolzusatz		mit Methanolzusatz	
	Menge (jato)	ROZ	Menge (jato)	ROZ
FCC-Benzin	300 000	98	300 000	98
Alkylat	100 000	92	100 000	92
Pyrolysebenzin	131 000	98	131 000	98
leichtes s.r. Benzin	150 000	65	–	–
leichtes Isobenzin	–	–	–	–
Platformat	1 169 000	94,58	1 041 500	85,68
	1 850 000	92,84	1 572 500	89,46
Methanol-i-Butanolzusatz	–	–	277 500	112
VK-Pool	1 850 000	92,84	1 850 000	92,84
siehe SCHEMA	6		7	

	mit n/iso-Trennung			
	ohne Methanolzusatz		mit Methanolzusatz	
	Menge (jato)	ROZ	Menge (jato)	ROZ
FCC-Benzin	300 000	98	300 000	98
Alkylat	100 000	92	100 000	92
Pyrolysebenzin	85 300	98	85 300	98
leichtes s.r. Benzin	–	–	–	–
leichtes Isobenzin	155 000	85	–	–
Platformat	1 209 700	92,27	1 087 200	86,20
	1 850 000	92,84	1 572 500	89,46
Methanol-i-Butanolzusatz	–	–	277 500	112
VK-Pool	1 850 000	92,84	1 850 000	92,84
siehe SCHEMA	8		9	

TABELLE 29: Bleigehalt 0,0 g Pb/l

	ohne n/iso-Trennung			
	ohne Methanolzusatz		mit Methanolzusatz	
	Menge (jato)	ROZ	Menge (jato)	ROZ
FCC-Benzin	300 000	98	300 000	98
Alkylat	100 000	92	100 000	92
Pyrolysebenzin	131 000	98	131 000	98
leichtes s.r. Benzin	150 000	65	–	–
leichtes Isobenzin	–	–	–	–
Platformat	1 169 000	99,76	1 041 500	91,49
	1 850 000	96,11	1 572 500	93,31
Methanol-i-Butanolzusatz	–	–	277 500	112
VK-Pool	1 850 000	96,11	1 850 000	96,11
siehe SCHEMA	10		11	

	mit n/iso-Trennung			
	ohne Methanolzusatz		mit Methanolzusatz	
	Menge (jato)	ROZ	Menge (jato)	ROZ
FCC-Benzin	300 000	98	300 000	98
Alkylat	100 000	92	100 000	92
Pyrolysebenzin	85 300	98	85 300	98
leichtes s.r. Benzin	–	–	–	–
leichtes Isobenzin	155 000	85	–	–
Platformat	1 209 700	97,27	1 087 200	91,76
	1 850 000	96,11	1 572 500	93,31
Methanol-i-Butanolzusatz	–	–	277 500	112
VK-Pool	1 850 000	96,11	1 850 000	96,11
siehe SCHEMA	12		13	

SCHEMA 6

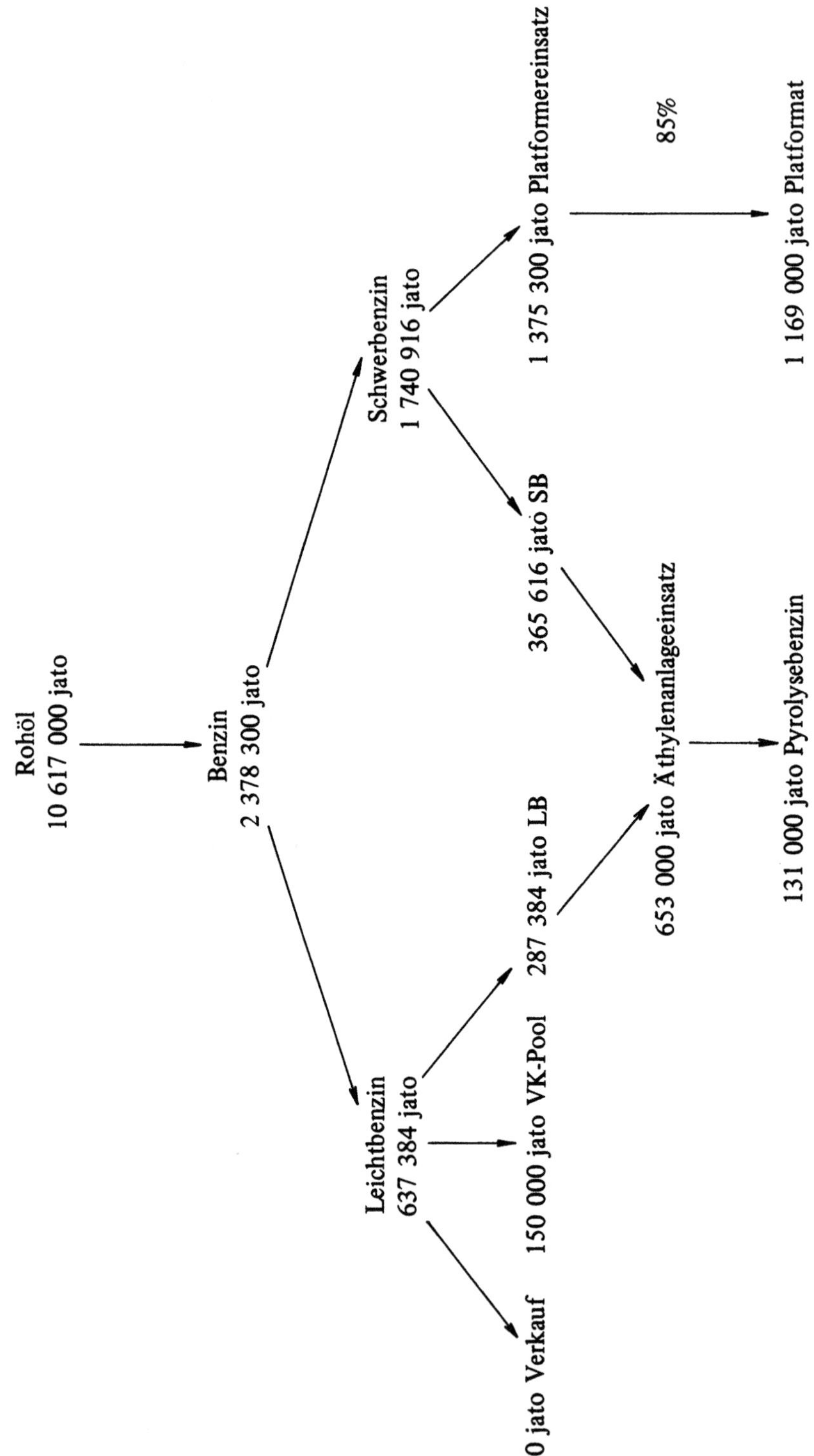
Rohöl
10 617 000 jato
Benzin
2 378 300 jato
Schwerbenzin
1 740 916 jato
Leichtbenzin
637 384 jato
1 375 300 jato Platformereinsatz
85%
1 169 000 jato Platformat
365 616 jato SB
287 384 jato LB
150 000 jato VK-Pool
200 000 jato Verkauf
653 000 jato Äthylenanlageeinsatz
131 000 jato Pyrolysebenzin

SCHEMA 7

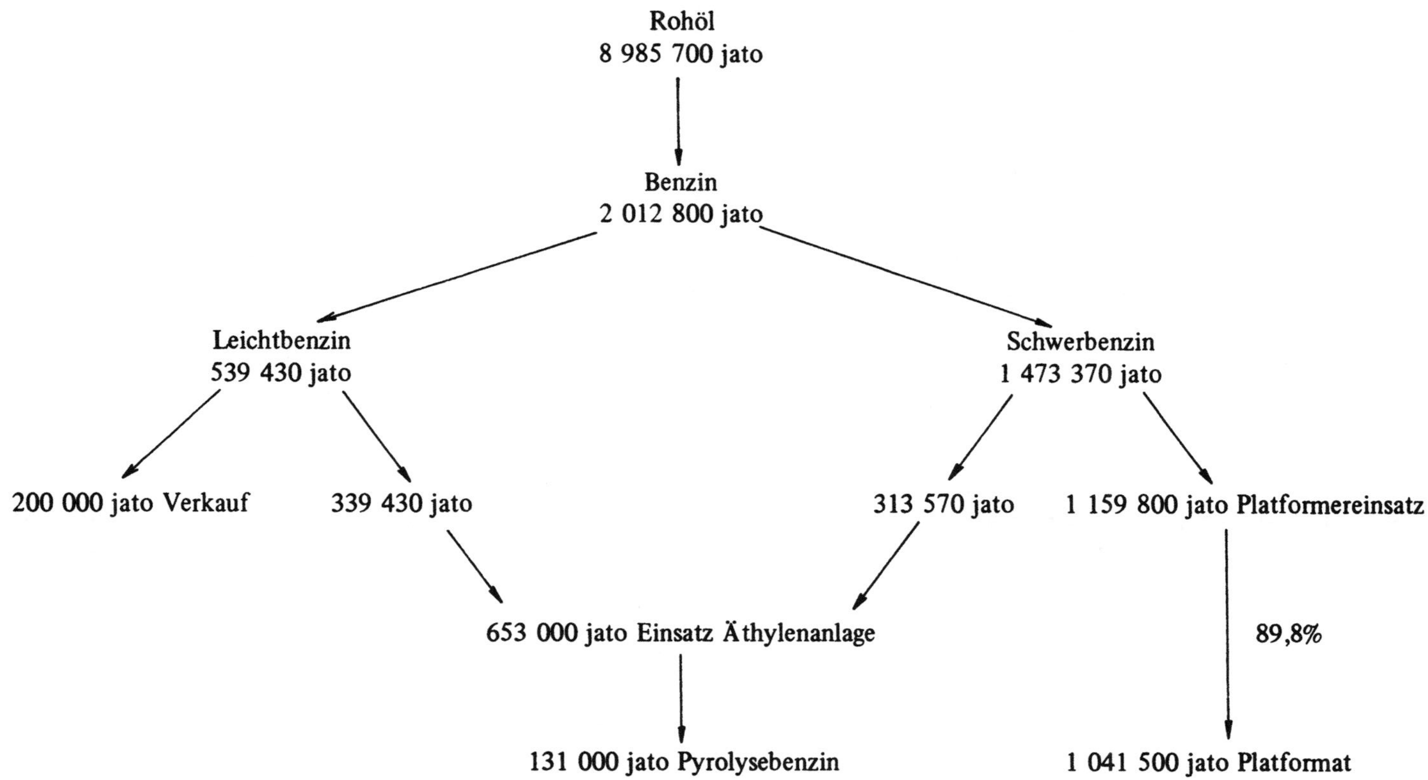
Rohöl
8 985 700 jato
Benzin
2 012 800 jato
Leichtbenzin
539 430 jato
Schwerbenzin
1 473 370 jato
200 000 jato Verkauf
339 430 jato
313 570 jato
1 159 800 jato Platformereinsatz
653 000 jato Einsatz Äthylenanlage
89,8%
131 000 jato Pyrolysebenzin
1 041 500 jato Platformat

SCHEMA 8

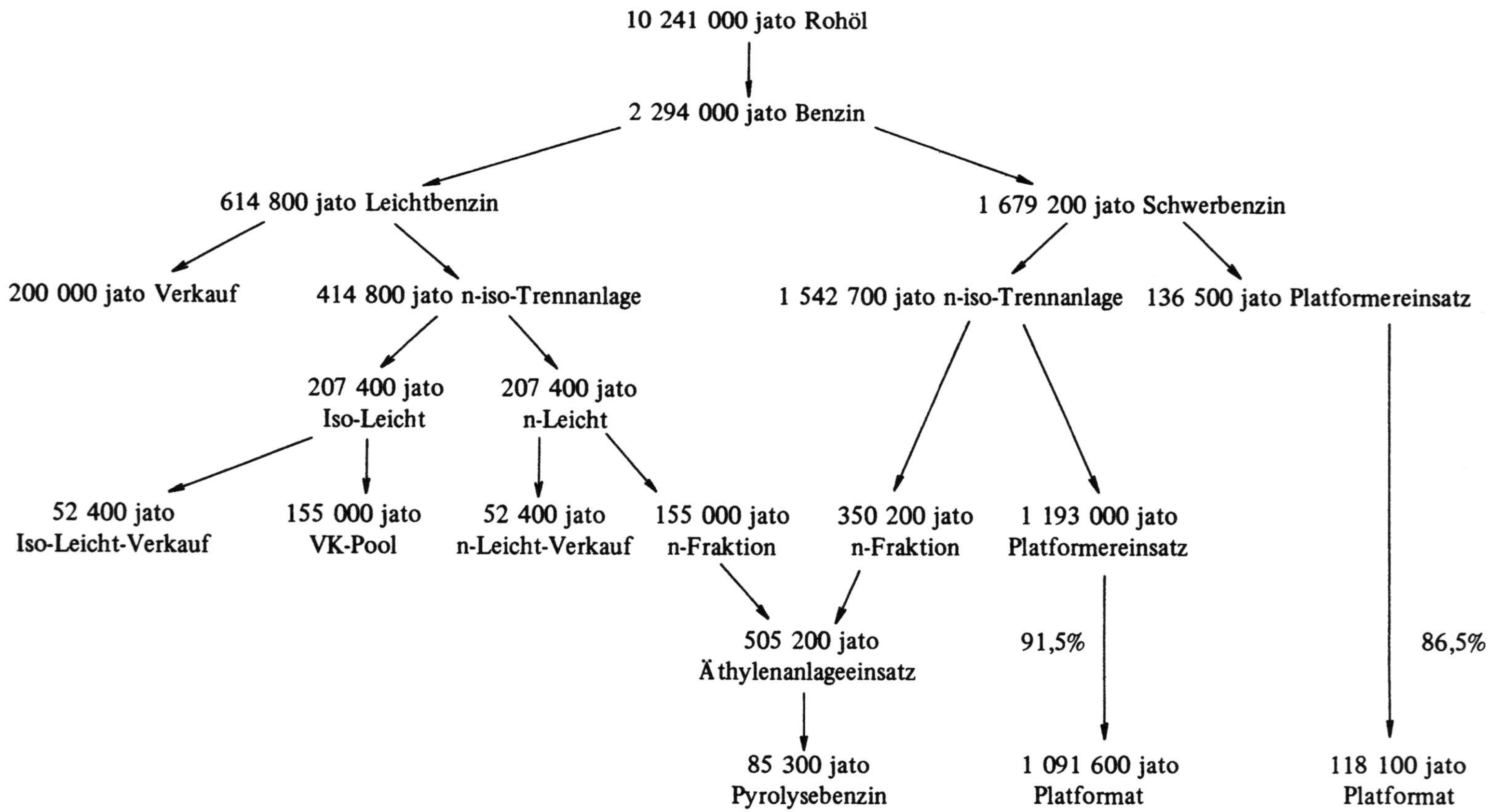
10 241 000 jato Rohöl
2 294 000 jato Benzin
614 800 jato Leichtbenzin
1 679 200 jato Schwerbenzin
200 000 jato Verkauf
414 800 jato n-iso-Trennanlage
1 542 700 jato n-iso-Trennanlage
136 500 jato Platformereinsatz
207 400 jato Iso-Leicht
207 400 jato n-Leicht
52 400 jato Iso-Leicht-Verkauf
155 000 jato VK-Pool
52 400 jato n-Leicht-Verkauf
155 000 jato n-Fraktion
350 200 jato n-Fraktion
1 193 000 jato Platformereinsatz
505 200 jato Äthylenanlageeinsatz
91,5%
86,5%
85 300 jato Pyrolysebenzin
1 091 600 jato Platformat
118 100 jato Platformat

SCHEMA 9

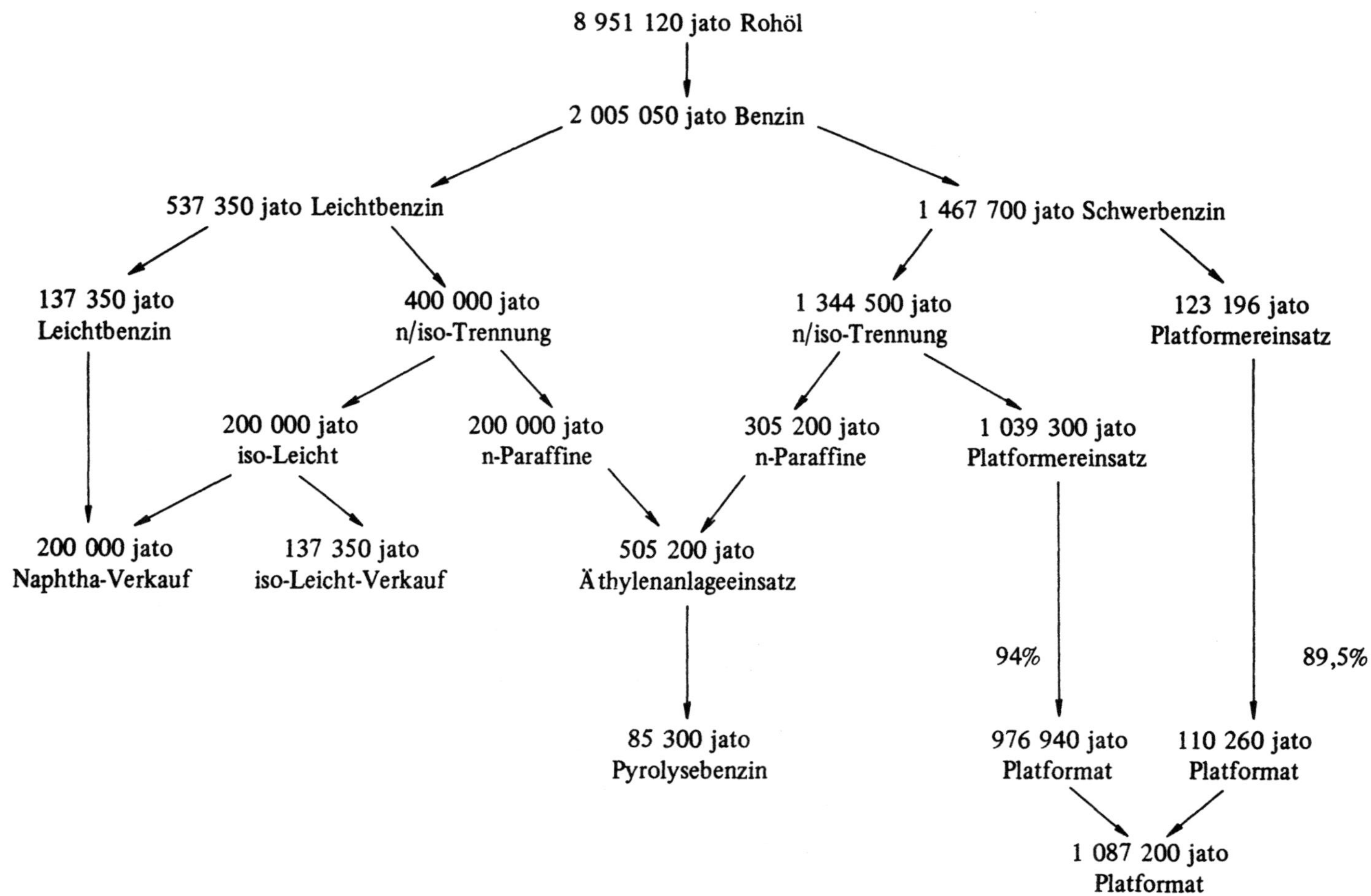
8 951 120 jato Rohöl
2 005 050 jato Benzin
537 350 jato Leichtbenzin
1 467 700 jato Schwerbenzin
137 350 jato
Leichtbenzin
400 000 jato
n/iso-Trennung
1 344 500 jato
n/iso-Trennung
123 196 jato
Platformereinsatz
200 000 jato
iso-Leicht
200 000 jato
n-Paraffine
305 200 jato
n-Paraffine
1 039 300 jato
Platformereinsatz
200 000 jato
Naphtha-Verkauf
137 350 jato
iso-Leicht-Verkauf
505 200 jato
Äthylenanlageeinsatz
94%
89,5%
85 300 jato
Pyrolysebenzin
976 940 jato
Platformat
110 260 jato
Platformat
1 087 200 jato
Platformat

SCHEMA 10

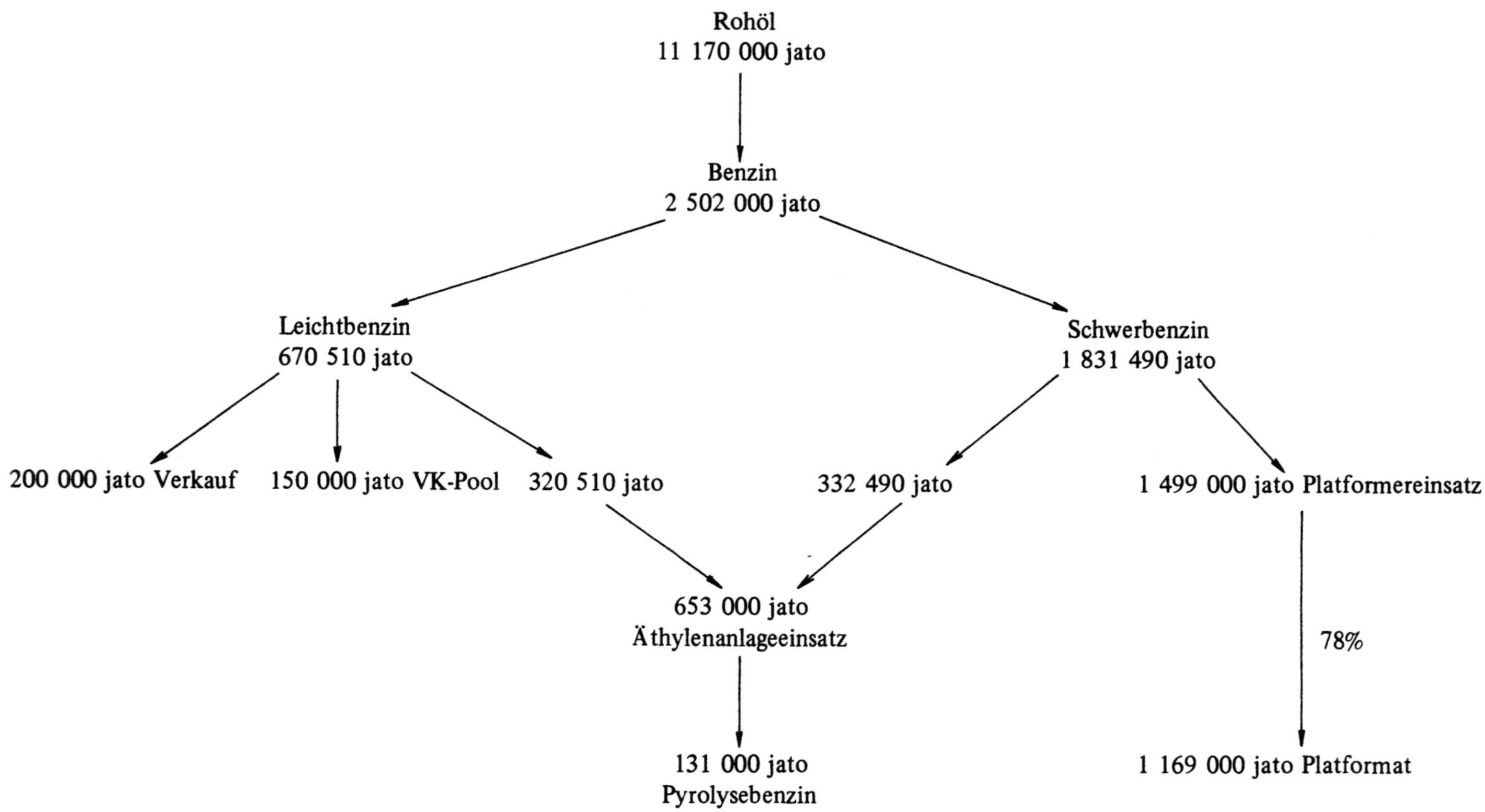
Rohöl
11 170 000 jato
Benzin
2 502 000 jato
Leichtbenzin
670 510 jato
Schwerbenzin
1 831 490 jato
200 000 jato Verkauf
150 000 jato VK-Pool
320 510 jato
332 490 jato
1 499 000 jato Platformereinsatz
653 000 jato
Äthylenanlageeinsatz
78%
131 000 jato
Pyrolysebenzin
1 169 000 jato Platformat

SCHEMA 11

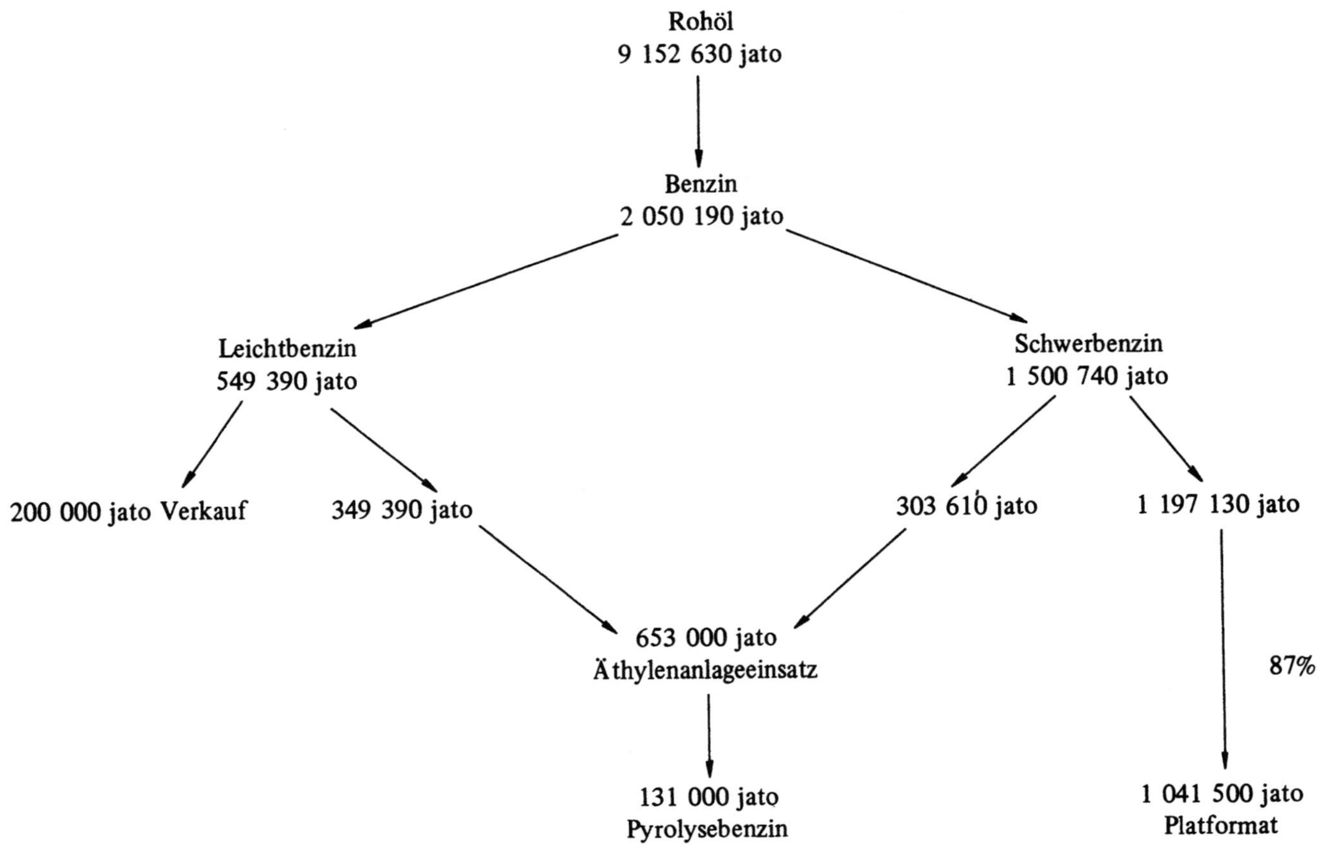
Rohöl
9 152 630 jato
Benzin
2 050 190 jato
Leichtbenzin
549 390 jato
Schwerbenzin
1 500 740 jato
200 000 jato Verkauf
349 390 jato
303 610 jato
1 197 130 jato
653 000 jato
Äthylenanlageeinsatz
87%
131 000 jato
Pyrolysebenzin
1 041 500 jato
Platformat

SCHEMA 12

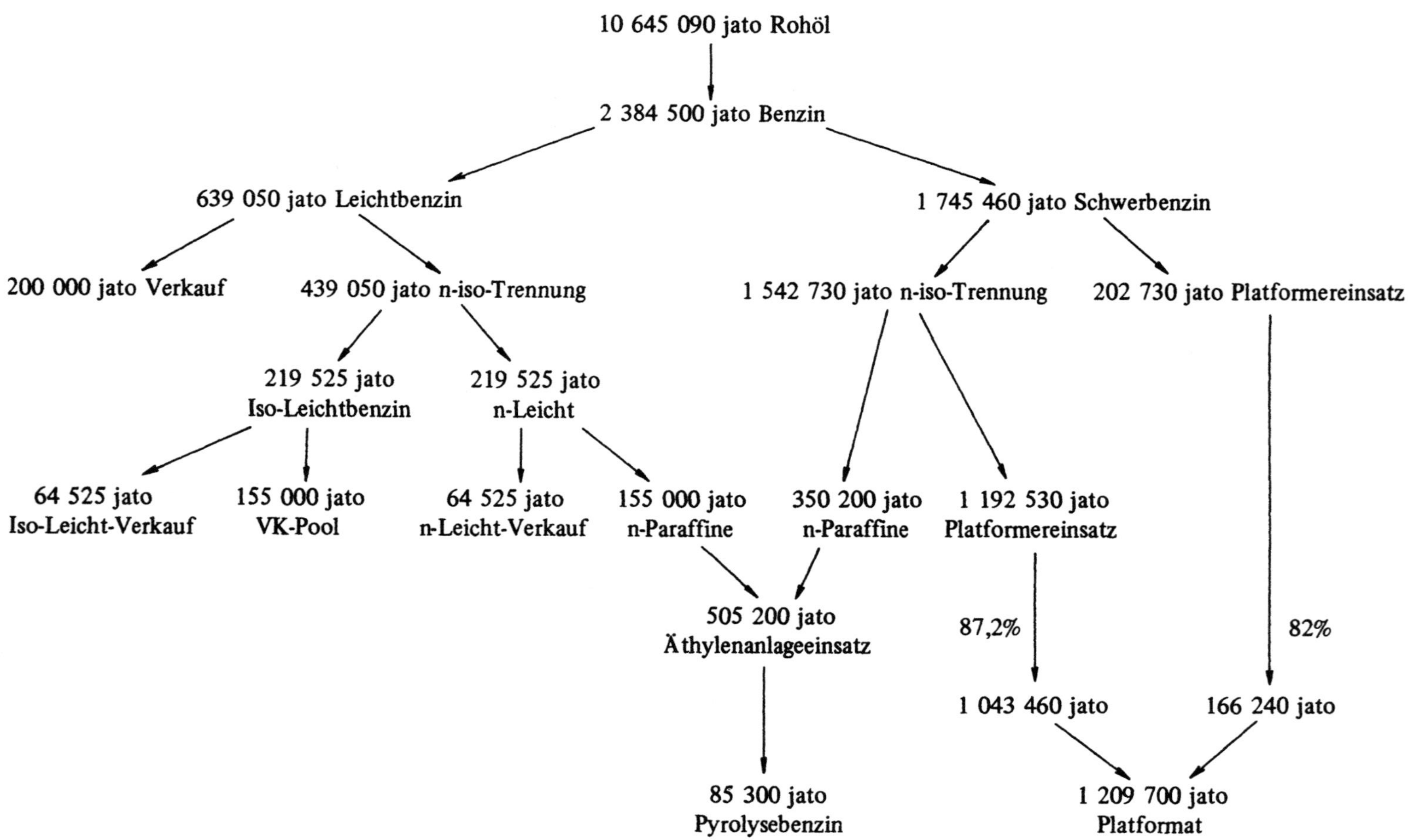
10 645 090 jato Rohöl
2 384 500 jato Benzin
639 050 jato Leichtbenzin
1 745 460 jato Schwerbenzin
200 000 jato Verkauf
439 050 jato n-iso-Trennung
1 542 730 jato n-iso-Trennung
202 730 jato Platformereinsatz
219 525 jato
Iso-Leichtbenzin
219 525 jato
n-Leicht
64 525 jato
Iso-Leicht-Verkauf
155 000 jato
VK-Pool
64 525 jato
n-Leicht-Verkauf
155 000 jato
n-Paraffine
350 200 jato
n-Paraffine
1 192 530 jato
Platformereinsatz
505 200 jato
Äthylenanlageeinsatz
87,2%
82%
1 043 460 jato
166 240 jato
85 300 jato
Pyrolysebenzin
1 209 700 jato
Platformat

SCHEMA 13

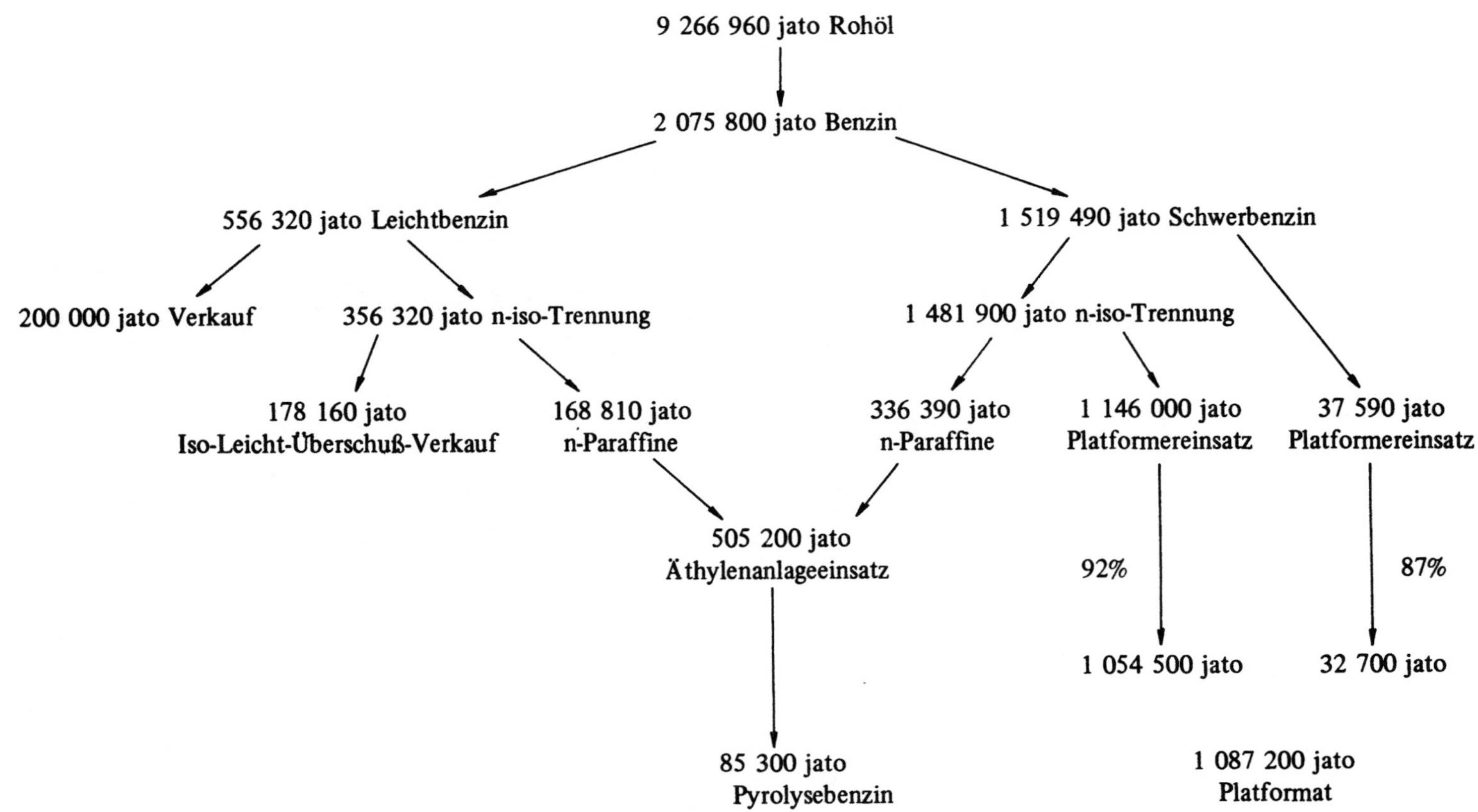
9 266 960 jato Rohöl
2 075 800 jato Benzin
556 320 jato Leichtbenzin
1 519 490 jato Schwerbenzin
200 000 jato Verkauf
356 320 jato n-iso-Trennung
1 481 900 jato n-iso-Trennung
178 160 jato
Iso-Leicht-Überschuß-Verkauf
168 810 jato
n-Paraffine
336 390 jato
n-Paraffine
1 146 000 jato
Platformereinsatz
37 590 jato
Platformereinsatz
505 200 jato
Äthylenanlageeinsatz
92%
87%
1 054 500 jato
32 700 jato
85 300 jato
Pyrolysebenzin
1 087 200 jato
Platformat

5.4 Diskussion der einzelnen Alternativen

Wesentliche Kriterien bei der Beurteilung der Güte bzw. der Zweckmäßigkeit der angeführten Varianten zur Absenkung des Bleigehaltes im Fahrbenzin in technischer Hinsicht sind der erforderliche Rohöleinsatz, die zu erwartenden Schadstoffe im Abgas, der Anteil und die Zusammensetzung der leichten Komponenten und eventuell notwendige Umbauten in den Fahrbenzin produzierenden Raffinerien.

Besonders dem Rohöleinsatz kommt angesichts der weltweiten Energiesituation große Bedeutung zu.

Zunächst muß festgestellt werden, daß die Verringerung bzw. die Vermeidung des Bleizusatzes zum Vergasertreibstoff prinzipiell auch ohne n/iso-Trennung der Benzinfraktion und ohne Methanolzusatz möglich ist. Allerdings würde dabei als leichtflüchtige Komponente neben Leichtplatformat auch leichtes Straight-run-Benzin eingesetzt werden müssen. Dadurch wird die Einhaltung der nötigen FOZ vor allem im Fall einer völligen Weglassung des Bleizusatzes schwierig sein.

Diese FOZ-Lücke würde in den KFZ-Motoren vor allem beim plötzlichen Gasgeben zu unrundem Motorlauf und beim Beschleunigen zum Klopfen führen. Vom Standpunkt eines günstigen Oktanzahlprofils ist diese Variante daher nicht günstig.

Ein Zusatz von Methanol-Isobutanol-Gemisch würde demgegenüber Vorteile bieten: Die FOZ des Vergasertreibstoffes könnte ohne Schwierigkeiten hoch gehalten werden. Die Verzerrung der Siedelinie des Kraftstoffes, verglichen mit der von reinem Benzin, durch die Azeotrop-Bildung des Methanols mit einzelnen Benzinkohlenwasserstoffen wäre im Grundbenzin zu berücksichtigen, da sonst, besonders im Sommer, Schwierigkeiten durch die vapor-lock-Bildung erwachsen könnten. Die eher schlechte MOZ des Additivs begrenzt die zusetzbare Menge an Methanol mit 10 bis 15%. Die Unbeständigkeit einzelner Werkstoffe in bestimmten Automobiltypen gegenüber Methanol dürfte keinen Anlaß zu großen Schwierigkeiten geben. Bei sorgfältiger Optimierung des Additivs bezüglich seiner Zusammensetzung und der dem Benzin zuzusetzenden Menge müßte ein Einsatz im Großen durchaus durchführbar sein.

Problemloser allerdings wäre die Aufrechterhaltung der geforderten Eigenschaften des Fahrbenzins, wenn die Raffinerien n/iso-Trennanlagen zu seiner Herstellung einsetzen würden. Durch die Zusammensetzung allein aus Kohlenwasserstoffen hätte der Ottokraftstoff eine konventionelle Siedelinie. Die Sensitivität wäre, verglichen mit der Variante des Zusatzes von Methanol-Isobutanol-Additiv, gering. (Die Sensitivität beträgt bei Iso-Leichtbenzin Δ ROZ-MOZ = 1; bei Methanol-iso-Butanol-Additiv Δ ROZ-MOZ = 40.) Durch den hohen Iso-Paraffin-Gehalt des Benzins wäre die FOZ ohne weiteres einzuhalten. Das daher günstige Oktanzahlprofil des Fahrbenzins würde einen problemlosen Einsatz in den konventionellen Ottomotoren ermöglichen.

Größere Unterschiede zwischen den einzelnen Alternativen würden sich bei dem zu erwartenden Schadstoffausstoß der Fahrzeuge ergeben.

Bei der Variante ohne n-iso-Trennung und ohne Zusatz von Methanoladditiv muß das Oktanzahlniveau allein durch Erhöhung der Reformerseverity erreicht werden. Durch den hohen Platformatgehalt würden in diesem Fall große Mengen Aromaten ins Benzin gelangen, was wieder zu einer Erhöhung des Ausstoßes an polynuklearen Aromaten bei der Verbrennung im Motor führt.

Um die Benzolemissionen etwas einzuschränken, müßte der Benzolgehalt des Treibstoffes auf unter 5 Vol.% begrenzt werden. Nur dann wäre die Toxizität der Abgasemissionen tolerabel. Diese Abtrennung würde aber weitere Kosten verursachen. Problematisch ist die Abtrennung des Benzols aber vor allem deshalb, weil die FOZ dadurch ungünstig beeinflußt wird.

Ein eventueller Zusatz von Methanol würde demgegenüber eine wesentliche Verringerung des Schadstoffausstoßes, besonders bei Kohlenmonoxid und bei polynuklearen Aromaten bedeuten. Dies wäre sicherlich ein großer Vorteil.

Bei der motorischen Verbrennung von Fahrbenzin, das von mit n/iso-Trennanlagen ausgestatteten Raffinerien produziert wird, ist mit keiner wesentlichen Veränderung der Abgaszusammensetzung und seines Schadstoffgehaltes gegenüber dem derzeitigen Zustand zu rechnen.

Größere Unterschiede zwischen den einzelnen Alternativen ergeben sich auch bei der erforderlichen Einsatzmenge an Straight-run-Benzin. Dies ist ein wichtiges Kriterium, da Prognosen (37) festgestellt haben, daß in der Zukunft ein Naphthamangel zu befürchten ist. Die Ursache für dieses Defizit ist das stärkere Wachstum der petrochemischen Industrie verglichen mit dem des gesamten Erdölverbrauches. Die petrochemische Industrie wird daher, zumindest zum Teil, auf Gasöl als Rohstoff ausweichen müssen, siehe Diagramm 21.

Wenn auch diese Prognosen mit großer Vorsicht zu beurteilen sind, da sich durch eine stärkere Verwendung von Dieselmotoren auch im Personenkraftwagen eine Verschiebung ergeben kann, so sind doch Verarbeitungsvarianten zu bevorzugen, die einen geringeren Straight-run-Benzineinsatz ermöglichen.

Eine Übersicht über die betrachteten Alternativen ergibt hier folgendes Bild:

a) ohne Methanolzusatz

	Erforderlicher Straight-run-Benzineinsatz in t	
	0,15 g/l Pb	0,0 g/l Pb
ohne n/iso-Trennung	2,378.300	2,502.000
mit n/iso-Trennung	2,189.210	2,255.500
Minderverbrauch bei Einsatz der n/iso-Trennung	189.090 = 8%	246.500 = 9,9%

b) mit Methanolzusatz

	Erforderlicher Straight-run-Benzineinsatz in t *)	
	0,15 g/l Pb	0,0 g/l Pb
ohne n/iso-Trennung	2,012.800	2,050.190
mit n/iso-Trennung	1,867.700	1,888.290
Minderverbrauch bei Einsatz der n/iso-Trennung	145.100 = 7,2%	161.900 = 7,4%

*) ohne Berücksichtigung des Rohstoffeinsatzes für die Methanolerzeugung.

DIAGRAMM 21: Rohstoffbedarf für die Äthylenfabrikation in Westeuropa

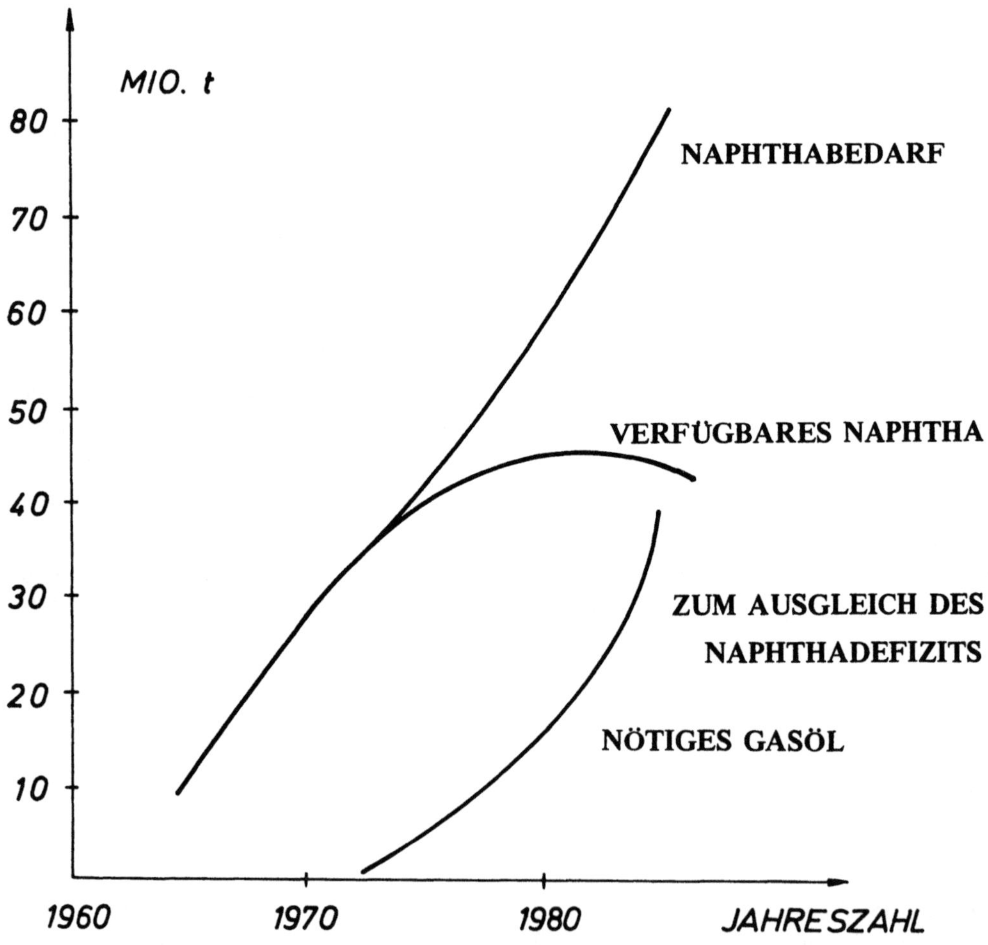

Wie aus diesen Zahlen ersichtlich ist, ergibt sich in allen Fällen eine beträchtliche Verringerung des Bedarfes an Straight-run-Benzin, wenn die n/iso-Trennung eingesetzt wird. Die Ursache hierfür ist die Verbesserung der Ausbeuten sowohl bei der Olefinherstellung als auch in den Reforming-Anlagen. Dies zeigt sich besonders deutlich, wenn man die für das Platformat in den einzelnen Fällen erforderliche Oktanzahl miteinander vergleicht, da die Ausbeute im Reformer stark von der Oktanzahl des Produktes abhängt.

Erforderliche Oktanzahl des Platformates

a) 0,15 g/l Pb

	ohne n/iso-Trennung	mit n/iso-Trennung
ohne Methanolzusatz	94,58	92,27
mit Methanolzusatz	85,68	86,20

b) 0,0 g/l Pb

	ohne n/iso-Trennung	mit n/iso-Trennung
ohne Methanolzusatz	99,76	97,27
mit Methanolzusatz	91,49	91,76

Aus der Zusammenstellung ist auch ersichtlich, daß der Methanolzusatz eine starke Entlastung des Reformers bedeutet, und dadurch den Vorteil der n/iso-Trennung in dieser Hinsicht vermindert.

5.5 Wirtschaftlicher Vergleich der Alternativen

Die unterschiedlichen Oktanzahlerfordernisse der einzelnen Varianten bedingen wieder unterschiedliche Ausbeuten im Reformer. Während für die erste Bewertung des iso-Schwerbenzins im Abschnitt 4.3.4 angenommen wurde, daß jeweils Platformat gleicher Oktanzahl hergestellt wird, muß also hier eine entsprechende Korrektur vorgenommen werden.

Als Basis für die Rechnung dienen die Raffinerieverarbeitungsschemata des Abschnittes 5.3, in denen diese Ausbeutenunterschiede bereits berücksichtigt sind.

Um diese Untersuchung nicht unnötig zu komplizieren, wird keine vollständige Kostenrechnung, sondern nur ein relativer Vergleich angestellt.

Die für den Vergleich verwendeten Kosten und Gutschriften sind in der nachfolgenden Tabelle zusammengestellt:

Benzinschnitt	S 2.200.- /t
Vergaserkraftstoff	2.800,- /t
Leichtbenzin (Verkauf)	2.200,- /t
iso-Leichtbenzin (Verkauf)	2.800,. /t
n-Leichtbenzin (Verkauf)	2.800,- /t
Propylen	3.600,- /t
Nebenprodukte/Äthylenherstellung	1.500,- /t
Nebenprodukte/Platformer	1.300,- /t

Fertigungskosten	
Äthylenanlage/Naphtha	2.811,- /t Äthylen
Äthylenanlage/n-Paraffine	2.283,- /t Äthylen
Platformer	170,- /t Einsatz
n/iso-Trennanlage	95,- /t Einsatz

Für die Saldoerrechnung wurden die Werte des erzeugten Vergaserkraftstoffes, des verkaufbaren Naphtha und der Nebenprodukte der Äthylen- und der Platforming-Anlagen summiert und davon die Kosten des Einsatzbenzins und die Fertigungskosten der Äthylen-, der Platforming- und, ggf., der n/iso-Trennanlage abgezogen. Je höher der sich daraus errechnete Saldo ist, desto günstiger ist die Wirtschaftlichkeit der betreffenden Alternative zu beurteilen. Die absolute Höhe der Salden ist ohne Bedeutung, da es sich nur um einen Vergleich handelt.

Als Basis für diesen Vergleich wurde ein zulässiger Bleigehalt des Vergaserkraftstoffes von 0,4 g Pb/l, was dem status quo entspricht, angenommen.

Der Benzinpool setzt sich dann folgendermaßen zusammen:

	Menge (jato)	ROZ
FCC Benzin	300 000	98
Alkylat	100 000	92
Pyrolysebenzin	131 000	98
Leichtbenzin	150 000	65
Straight-run-Benzin	300 000	60
Platformat	869 000	94
	1,850 000	87

Die Herstellung erfolgt nach SCHEMA 14.

SCHEMA 14

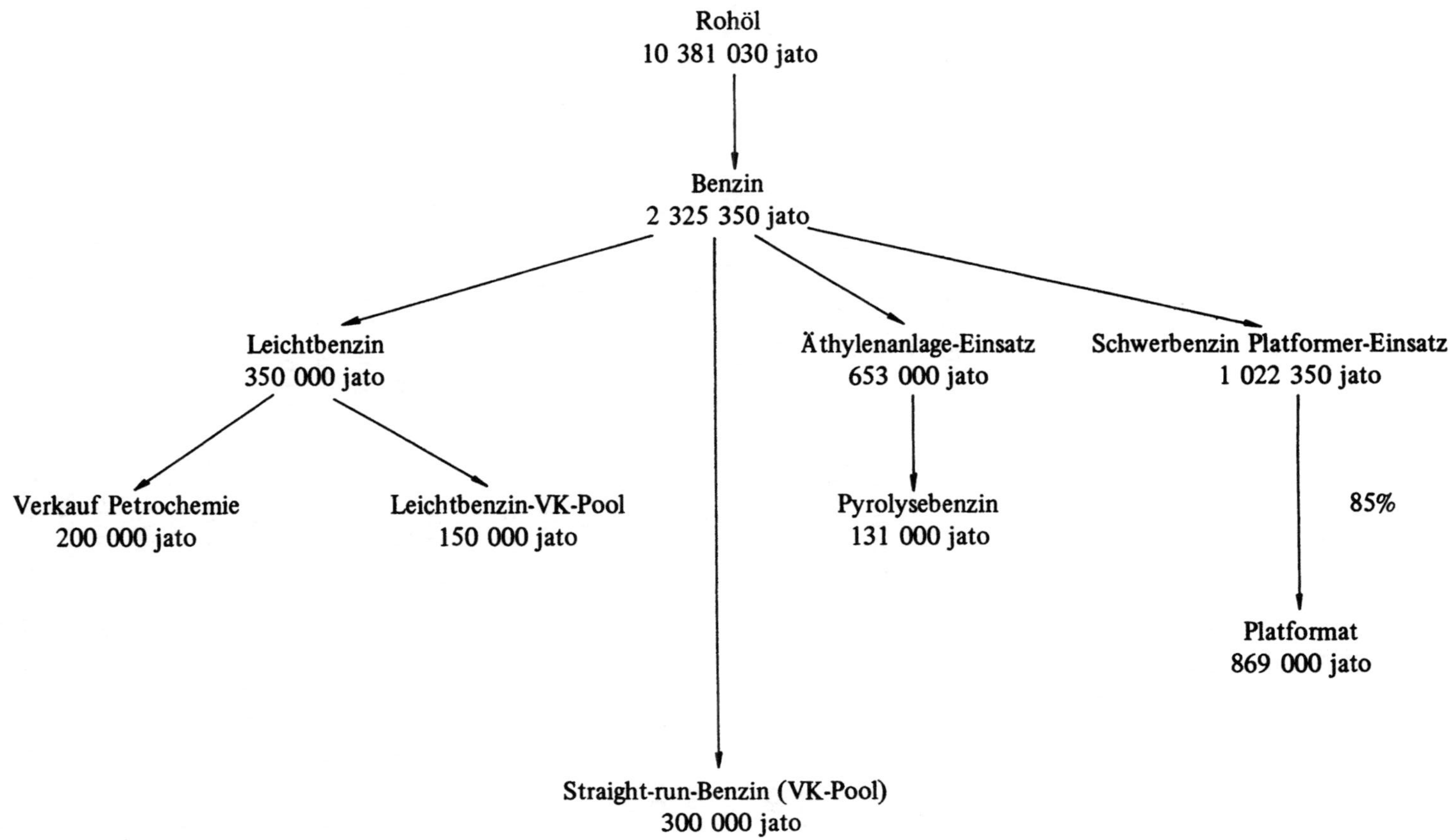

Rohöl
10 381 030 jato
Benzin
2 325 350 jato
Leichtbenzin
350 000 jato
Äthylenanlage-Einsatz
653 000 jato
Schwerbenzin Platformer-Einsatz
1 022 350 jato
Verkauf Petrochemie
200 000 jato
Leichtbenzin-VK-Pool
150 000 jato
Pyrolysebenzin
131 000 jato
85%
Platformat
869 000 jato
Straight-run-Benzin (VK-Pool)
300 000 jato

Daraus ergibt sich als Basis (Angaben in Mio Schilling):

VK-Pool	5.180,0	
Naphtha-Verkauf	440,0	
Nebenprodukte Äthylenanlage	776,76	
Nebenprodukte Platformer	172,78	
Gutschriften		6.569,54
Naphthaeinsatz	5.115,77	
Fertigungskosten Äthylenanlage	562,20	
Fertigungskosten Platformer	173,80	
Gutschriften		5.851,77
SALDO		717,77

Die Berechnungen sind in den nachfolgenden Tabellen 30 und 31 angeführt, die Ergebnisse in den Tabellen 32 und 33 zusammengefaßt. Wie daraus ersichtlich ist, zeigt die Verwendung der n/iso-Trennung in allen betrachteten Fällen einen deutlichen wirtschaftlichen Vorteil gegenüber den anderen Alternativen.

Bei einem Vergleich der Werte der Alternativen ohne und mit Methanolzusatz muß berücksichtigt werden, daß dieser nur zulässig ist, wenn das erforderliche Methanol-Isobutanolgemisch einschließlich aller Lager- und Mischkosten gleich teuer ist wie der Vergaserkraftstoff, d.h. S 2.800,- /t kostet.

Ist der Preis des Methanolzusatzes davon verschieden, so würden sich auch daraus noch Verschiebungen der relativen Wirtschaftlichkeit zwischen den Varianten mit und ohne Methanol ergeben. Um diese Unsicherheit auszuklammern, wurde die Saldierung ohne Berücksichtigung des Methanolzusatzes erstellt.

Ein Vergleich der Salden für die Alternativen ohne Methanolzusatz zeigt, daß sich die Verringerung der Wirtschaftlichkeit der Vergaserkraftstoffherstellung als Folge einer Verringerung des zulässigen Bleizusatzes durch den Einsatz einer n/iso-Trennung stark vermindern lassen würde, und zwar bei einer Bleizusatzverringerung von 0,4 auf 0,15 g Pb/l um etwa 40% und von 0,4 auf 0,0 g Pb/l um etwa 50% relativ.

Eine Beurteilung der Alternativen mit Methanolzusatz ist schwieriger, da die Kosten dieses Zusatzes zunächst nicht bekannt sind. Offensichtlich ist jedoch, daß auch in diesen Fällen, unabhängig vom Preis des Zusatzes, der Einsatz einer n/iso-Trennung stets wirtschaftlich günstig ist. Dabei ist allerdings zu beachten, daß dabei erhebliche Mengen an getrennten Normal- und an Iso-Leichtbenzin nicht für die Herstellung von Äthylen, bzw. von Vergaserkraftstoff eingesetzt werden können, sondern verkauft werden müßten. Dies ist sicherlich ein gewisser Nachteil.

TABELLE 30: a) Ohne Methanolzusatz (Angaben in Millionen öS)

	0,15 g Pb/l		0,0 g Pb/l	
	n/iso-Trennung ohne	mit	n/iso-Trennung ohne	mit
VK-Pool	5.180,0	5.180,0	5.180,0	5.180,0
Naphtha Verkauf	440,0	727,84	440,0	801,34
Nebenprodukte Äthylenanlage	776,76	535,86	776,76	535,86
Nebenprodukte Platformer	232,43	121,22	389,74	209,60
Gutschriften	+6.629,19	+6.564,92	+6.786,50	+6.726,80
Naphthaeinsatz	5.232,26	5.046,8	5.504,4	5.245,9
Fertigungskosten Äthylenanlage	562,20	456,62	562,2	456,62
Fertigungskosten Platformer	233,80	226,02	254,83	237,19
Fertigungskosten n/iso-Trennung	–	185,96	–	188,27
Lastschriften	-6.028,26	-5.915,40	-6.321,43	-6.127,98
SALDO	600,93	649,52	465,07	598,82

TABELLE 31: b) Mit Methanolzusatz (Angaben in Millionen öS)

	0,15 g Pb/l		0,0 g Pb/l	
	n/iso-Trennung ohne	mit	n/iso-Trennung ohne	mit
VK-Pool	4.403,0	4.403,0	4.403,0	4.403,0
Naphtha Verkauf	440,0	824,58	440,0	938,85
Nebenprodukte Äthylenanlage	776,76	535,86	776,76	535,86
Nebenprodukte Platformer	123,63	67,66	171,19	94,76
Gutschriften	+5.743,39	+5.831,10	+5.790,95	+5.972,47
Naphthaeinsatz	4.428,16	4.410,11	4.510,42	4.566,76
Fertigungskosten Äthylenanlage	562,20	456,62	562,20	456,62
Fertigungskosten Platformer	197,17	197,62	203,51	201,21
Fertigungskosten n/iso-Trennung	–	165,73	–	174,59
Lastschriften	-5.187,53	-5.231,08	-5.276,15	-5.399,18
SALDO	555,86	600,02	514,80	573,29

TABELLE 32: Salden ohne Methanol (in Millionen öS)

	n/iso-Trennung	
	ohne	mit
0,4 g Pb/l	717,77	–
0,15 g Pb/l	600,93	649,52
0,0 g Pb/l	465,07	598,82

TABELLE 33: Salden mit Methanolzusatz (in Millionen öS)

	n/iso-Trennung	
	ohne	mit
0,15 g Pb/l	555,86	600,02
0,0 g Pb/l	514,80	573,29

6. ZUSAMMENFASSUNG

Die vorliegende Untersuchung versucht zu klären, ob die Auftrennung der Benzinfraktionen des Rohöles in den Normal- und den Isoparaffinanteil bei der beabsichtigten Verringerung bzw. Vermeidung des Bleizusatzes zum Vergaserkraftstoff technisch und wirtschaftlich interessant ist.

Die Auftrennung des Benzines mit Hilfe von Adsorption an Molekularsieben ist heute bereits ein technisch erprobtes Verfahren, dessen hohe Kosten jedoch bisher eine breitere Anwendung verhindert haben. Es konnte gezeigt werden, daß dieses Verfahren nur Aussicht auf einen wirtschaftlichen Erfolg hat, wenn beide Produkte der Trennung, also sowohl die Normal- als auch die Isoparaffinfraktion nutzbringend eingesetzt werden können. Es ergab sich, daß die Normalparaffinfraktion im gesamten Benzinsiedebereich ein vorteilhafter Rohstoff für die Olefinerzeugung ist, der Äthylenausbeuten von über 40% ermöglicht. Das Iso-Leichtbenzin ist eine gesuchte Komponente für den Vergaserkraftstoffpool, da es die Front-Oktanzahl stark anhebt. Das Iso-Schwerbenzin hat jedoch eine zu geringe Oktanzahl,um direkt im VK-Pool verwendbar zu sein. Es konnte aber gezeigt werden, daß sein Einsatz als Platformer-Rohstoff, verglichen mit ungetrenntem Schwerbenzin, die Ausbeute an Platformat um bis zu 7% erhöhen kann, wodurch sich erhebliche wirtschaftliche Vorteile ergeben.

Zur Ermittlung der für diese Überlegungen benötigten Daten wurde eine Versuchsanlage gebaut, in der Trennversuche mit verschiedenen Benzinen, zum Teil aus sortenreinen Rohölen destilliert, gemacht werden konnten. Die erhaltenen Produkte wurden auf ihre Eigenschaften untersucht, insbesondere auch auf ihre Oktanzahlen und die Empfindlichkeit der Oktanzahlen auf einen Zusatz von Methanol.

Eine erste Kosten-Nutzen-Rechnung ergab, daß bei Verwendung der n/iso-Trennung die erhaltenen Produkte die Trennkosten decken können.

Da jedoch der Nutzen der Produkte von ihrer Verwendbarkeit im Vergaserkraftstoff-Pool abhängt, wurden eine Reihe von Verarbeitungsschemata für Rohöl unter Zugrundelegung der in Österreich anfangs des nächsten Jahrzehnts zu erwartenden Verbrauchssituation erstellt. Mit Hilfe dieser Schemata wurde sodann eine eingehendere Untersuchung der wirtschaftlichen Möglichkeiten des Trennverfahrens erstellt.

Als Ergebnis dieser Untersuchungen konnte gezeigt werden, daß der Einsatz einer n/iso-Trennung des Benzins bei einer beabsichtigten Verringerung des Bleizusatzes zum Vergaserkraftstoff wesentlich dazu beitragen kann, die zu erwartenden Mehrkosten zu verringern, und zwar um 40 bis 50%. Weiters konnte gezeigt werden, daß daneben auch eine Verringerung des Einsatz-Benzinbedarfes um etwa 7 bis 10% möglich wäre, da der Anfall an Nebenprodukten bei der Olefinherstellung und im Platformer bei Einsatz der getrennten Fraktionen wesentlich zurückgeht.

ANHANG

I. EXPERIMENTELLER TEIL

I.1 Ziel der Experimente

Vorbemerkung: In dieser Arbeit wird als *"Isobenzin"* ein Benzin bezeichnet, dessen Normalparaffine mit Hilfe eines adsorptiven Trennverfahrens entfernt worden sind. Lediglich das Iso-Leichtbenzin bis 80° C enthält allerdings fast ausschließlich Isoparaffine. Das Iso-Schwerbenzin enthält selbstverständlich neben Isoparaffinen Aromaten und Naphthene.

In den diversen Veröffentlichungen über n-Alkan-Abtrennung findet man oft nur mangelhafte Angaben über die Iso-Fraktion. Meist wird sie nur als Nebenprodukt bei der Herstellung von n-Paraffinen betrachtet. Über Isobenzine, die aus full-range-Benzinen hergestellt wurden, sind praktisch keine Daten bekannt.

Ziel der Experimente war es, mit Hilfe eines Molekularsiebadsorptionsverfahrens Isobenzin in solchen Mengen herzustellen, daß man seine wichtigsten motorischen Kennwerte ermitteln konnte. Neben ROZ, MOZ, Blei- und Methanolsuszeptibilität des Isobenzins sollte auch die Abhängigkeit der ROZ des Isobenzins von der Zusammensetzung des eingesetzten Benzins untersucht werden.

I.2 Die Versuchsanlage

I.2.1 Anforderungen und Kriterien bei der Dimensionierung der Anlage

Zur Aufstellung der Trennanlage stand ein Platz im technischen Raum des Institutes zur Verfügung. Da der Raum nicht explosionsgeschützt ist, mußte die Größe der Anlage so beschaffen sein, daß immer nur verhältnismäßig kleine Benzinmengen im Einsatz waren. Die Größe der Trennanlage wurde daher aus Sicherheitsgründen so bemessen, daß pro Trennzyklus nie mehr als 1 Liter Benzin eingesetzt wurde. Die durchschnittlich pro Zyklus einzusetzende Menge sollte bei 300 bis 500 ml liegen.

I.2.2 Auswahl eines geeigneten Verfahrens

a) Phase

Es bestand die Möglichkeit, ein Flüssigphase- oder ein Gasphaseverfahren zu wählen. Obwohl es apparativ einfacher gewesen wäre, ein Flüssiggasverfahren auszuarbeiten, wurde, da es sich bei fast allen technischen Verfahren um Gasphaseverfahren handelt, zugunsten einer Adsorption in der Gasphase entschieden.

b) Adsorber

bb) Funktion:

Die Wahl zwischen Adsorbern mit bewegtem oder mit festem Bett wurde naturgemäß zugunsten der Festbettadsorption entschieden. Neben der besseren Ähnlichkeit mit den großtechnischen Verfahren war die fehlende Abriebfestigkeit ein Grund für diese Entscheidung.

bc) Anbringung:

Die Möglichkeiten reduzieren sich im Prinzip auf vertikale oder horizontale Anbringung. Es wurde für vertikale Anordnung des Adsorbers entschieden, erstens, weil die meisten technischen Verfahren auch mit Adsorptionstürmen arbeiten, und zweitens, weil diese Lösung aus Platzgründen die bessere schien.

bd) Durchströmungsrichtung:

Von den beiden Möglichkeiten einer Aufwärts- oder Abwärtsbewegung des verdampften Mediums im Adsorber wurde die zweite gewählt. Eine aufsteigende Bewegung hätte nämlich, ähnlich den Vorgängen in einer Destillationskolonne, zu Fraktionierungserscheinungen führen können. Durch die nicht über den ganzen Adsorber gleiche Zusammensetzung hätten Nebeneffekte resultieren können, die die Güte der Trennversuche hätten in Frage stellen können.

c) Die Desorption

ca) Desorptionsart:

Obwohl anfangs an eine pressure-swing-Desorption gedacht war, wurde dann doch zugunsten einer Desorption mit einem Spülmedium entschieden. Als Vorteil sprach für die pressure-swing-Desorption, daß die Produkte nicht mit fremden Stoffen in Berührung kommen. Jedoch überwogen die Nachteile wesentlich: Erstens sind in der Anlage zur Desorption Drücke von 1 bis 5 torr nötig, um in vernünftigen Zeiträumen halbwegs passable Ausbeuten zu erzielen. Schon das Erreichen eines solchen Vakuums ist ziemlich problematisch. Zweitens wäre der Kondensationsteil für das Desorbat nur schwierig und teuer zu realisieren. Für eine günstige Gestaltung des Tieftemperaturteiles fehlen die apparativen Voraussetzungen und das Know-how der großen Firmen.

Daher wurde zugunsten eines Spülmediums entschieden. Wesentlich bei der Auswahl des Spülmediums war, daß eine leichte, unproblematische Abtrennung vom Desorbat möglich sein sollte. Weiters sollten Spülmittelreste nicht zur Kondensation und daher zur Verunreinigung des Adsorbers neigen. In Frage kamen also praktisch alle permanenten Gase außer Sauerstoff, der wegen der Bildung explosiver Gemische mit Kohlenwasserstoffen ausscheidet. In die engere Wahl wurden Erdgas und Stickstoff gezogen. Da Erdgas neben Methan immer auch höhere Kohlenwasserstoffe enthält, die das Desorbat verunreinigen würden, und vor allem auch aus Gründen der Brennbarkeit wurde Stickstoff gewählt.

cb) Desorptionsrichtung:

Es besteht die Möglichkeit der Spülung im Gleichstrom und im Gegenstrom. Beim Bau einer kleinen Versuchsanlage muß man mit folgenden Vor- und Nachteilen der beiden Methoden rechnen:

Gleichstromspülung: Nachteile:

Höhere Spülgasmengen zur Erreichung des gleichen Desorptionsgrades notwendig, daraus resultieren längere Zykluszeiten, dadurch ergibt sich eine höhere Verkokungsbereitschaft des Molekularsiebes.

Gleichstromspülung: Vorteile:

Geringere Toträume, dadurch weniger unreine Produkte, dadurch grössere Ausbeute pro Zyklus.

Gegenstromspülung: Nachteile:

Entweder apparativ aufwendiger, weil zwei Kondensationssysteme vorgesehen werden müssen, oder größere Toträume, daher mehr unreine Produkte.

Gegenstromspülung: Vorteile:

Bessere Desorption (weniger Spülgas, schneller), dadurch kürzere Verweilzeit der n-Paraffine auf dem Sieb, daher weniger Koksbildung.

Beim Abwägen der Vor- und Nachteile wurde für die Gegenstromspülung entschieden, wobei Adsorptions- und Desorptionsschritt den gleichen Kondensationsteil verwenden sollten.

I.2.3 Funktionsweise der Anlage (Abb. 3,4,6)

I.2.3.1 Bauteile

Einsatzproduktförderung

Ursprünglich war an eine kontinuierliche Förderung des Einsatzbenzins mit Hilfe einer Lewa-Kolbendosierpumpe gedacht worden. Im praktischen Betrieb erwies sich die Pumpe als nicht geeignet, Benzin in den geforderten geringen Mengen gegen den Betriebsdruck der Anlage zu fördern. Daher wurde eine nach dem Verdrängungsprinzip arbeitende Dosieranlage gewählt.

Es handelte sich um eine Druckflasche, die an beiden Enden mit Ventilen versehen und senkrecht befestigt war. Die Flasche wurde mit Stickstoff gespült, mit Hilfe einer Vakuumpumpe evakuiert und aus einem kalibrierten Gefäß die gewünschte Menge Benzin eingesaugt. Dann wurde aus einer mit einem Reduzierventil versehenen Stickstofflasche 10 atü Stickstoff aufgepreßt. Bei geschlossenem oberen Ventil konnte nun durch Betätigen des unteren Ventils ein Benzinstrom aus diesem Windkessel in die Anlage gelangen.

Inertgasspülung der Anlage

Es war auch vorgesehen, mit Hilfe von Stickstoff die gesamte Anlage vor Inbetriebnahme in der Strömungsrichtung der Adsorption frei von Sauerstoff spülen zu können. Diese, aus Sicherheitsgründen wesentliche Einrichtung konnte im Notfall, zum Beispiel bei Ausfall des zur Desorption eingerichteten Stickstoffkreislaufes, auch zur Gleichstromspülung des Adsorbers verwendet werden.

Verdampfer

Es wurde ein kontinuierlicher Verdampfer verwendet. Eine Rohrschlange von 4 m Länge und 8 mm innerem Durchmesser wurde von oben nach unten mit Benzin durchströmt. Sie befand sich in einem Metallgefäß, eingebettet in Sand, der von drei Heizelementen zu je 1000 Watt beheizt wurde. Die Rohrschlange besaß 8,5 Windungen mit einem Durchmesser von 150 mm.

Adsorber

Als Adsorber diente ein vertikal montiertes Rohr mit zwei seitlichen Anschlußstücken. Diese dienten sowohl zum Beschicken des Adsorbers mit Molekularsieb, das in demontiertem Zustand erfolgte, und zum Anschluß an das Röhrensystem der Anlage. Die Anschlußstutzen waren mit Hutsieben abgeschlossen, sodaß ein Herausfallen der Molekularsiebpellets verhindert wurde, ohne die Benzindämpfe am Durchtritt zu hindern. Im Inneren war zentral ein zweites, dünnes Rohr befestigt, das bis zum Boden des Adsorbers reichte. Durch Einführen eines Widerstandsthermometers in dieses Rohr konnte die Temperatur im Adsorberinneren gemessen werden.

Der Adsorber weist ein ähnliches Länge-Durchmesser-Verhältnis auf wie die in diversen Veröffentlichungen beschriebenen Versuchs- und Pilotanlagen. Bei einer inneren Länge von 1689 mm enthält er 2746,5 cm^3 Molekularsieb 5 A der Linde Division der Union Carbide, das allerdings im Adsorber dichter gepackt ist als in den Dosen der Herstellerfirma. Die Füllung entspricht einem Gewicht von 2 kg.

Die Beheizung des Adsorbers erfolgt von außen. Heizdraht, auf den hochhitzefeste Keramik-Isolierperlen aufgefädelt wurden, wurde spiralig um den Adsorber gewickelt. Dabei wurden zwei 1000 Watt-Heizdrähte parallel geschaltet.

Kühler

a) Wasserkühler

Als erster Kühler wurde ein Wasserkühler verwendet, bei dem eine Rohrschlange mit gleichen Daten wie die des Verdampfers von außen mit Leitungswasser gekühlt wurde. Wegen der zu erwartenden thermischen Beanspruchung wurde das Zuleitungsrohr nach oben mit einer Stopfbüchse abgedichtet. Der Deckelflansch des Kühlers wurde mit Hilfe einer Flächendichtung abgedichtet und mit acht M16-Schrauben befestigt.

b) Solekühler

Das Kondensat gelangte aus dem Wasserkühler in die Vorlage, einen Glaskolben, auf dessen zweiten Hals ein gläserner Schlangenkühler aufgesetzt wurde. Als Kühlmedium für diesen zweiten Kühler wurde Methanol verwendet. Das von einem Kryostaten mit Umwälzpumpe gekühlte und geförderte Methanol konnte bis auf -20^0 C abgekühlt werden.

So konnten alle Benzinanteile, die aus der Vorlage abdampften, kondensiert werden und in die Vorlage zurückfließen.

Vorlage

Als Vorlage wurden Einliter-Zweihalskolben aus Glas verwendet. Mit einem Hals war der Kolben, der mit Normschliffen ausgestattet war, an einem Schliffstück, das am Wasserkühler-Produktaustritt angeklebt war, befestigt. Der zweite, kleinere Hals führte zum Solekühler. Der Vorlagewechsel zwischen Adsorptions- und Desorptionsschritt gestaltete sich durch die starre Befestigung beider Kühler sehr rasch und einfach.

Stickstoffheizung

Der zur Desorption notwendige Stickstoff mußte in heißem Zustand in den Adsorber eintreten, um Kondensationserscheinungen zu verhindern und die Desorption zu begünstigen.

Zur Heizung des Stickstoffstromes wurde ein elektrischer Röhrenofen (Marke Heraeus) verwendet, wie er zum Beispiel auch in der Elementaranalyse eingesetzt wird. Seine Heizleistung betrug 1000 Watt.

In seinem Inneren steckte ein Eisenrohr mit einem äußeren Durchmesser von 28,5 mm und einer Länge von 45 cm. Um einen besseren Wärmeaustausch des Stickstoffes bei geringer Strömungsgeschwindigkeit mit der heißen Rohrwand zu ermöglichen, war das Rohr mit keramischen Füllkörpern, kleinen Ringen, ähnlich denen, wie sie zur Isolation der heißen Stromleitungen benutzt werden, gefüllt. Beiderseits waren Anschlüsse an das Röhrensystem der Anlage angebracht. Um zu verhindern, daß Füllkörper durch den durchströmenden Stickstoff mitgerissen werden und ins Produkt oder in die heiklen Teile der Anlage (Ventile, Absperrhähne) gelangen können, war an beiden Seiten des Rohres ein Sieb angelötet.

Begleitheizungen

Um eine Kondensation von Kohlenwasserstoffen im Röhrensystem der Anlage zu verhindern, wurden Röhren, Ventile und sonstige Armaturen mit Heizbändern der Firma Pilz beheizt. Das für den mit n-Paraffinen beladenen Stickstoffstrom vorgesehene Rohr zum Kühler wurde zum größten Teil von der Adsorberheizung mitbeheizt und befand sich auch im gleichen Isolationsmantel wie der Adsorber. Um die Wirksamkeit der Begleitheizungen zu verbessern, war der ganze heiße Teil der Anlagen mit Glaswolle isoliert.

Meß- und Regelorgane

Die Regulierung der durchfließenden Benzinmenge und des Betriebsdrukkes erfolgte mit Hilfe der Ventile am Ausgang des Benzinförderbehälters und am Ausgang des Adsorbers. Da fast die ganze Anlage bei Temperaturen des verdampften full-range-Benzins unter Druck arbeiten mußte, wurden an die Meß- und Regelarmaturen große Anforderungen gestellt. Neben der Eignung bis 350° C mußten sie noch Benzinfestigkeit aufweisen. Benzin ist vor allem wegen seiner entfettenden Wirkung gefährlich für bewegte Metallteile. Geeignete Ventile und Absperrhähne (Firma Klinger) wurden, ebenso wie die Manometer, von der ÖMV zur Verfügung gestellt.

Stellen zur Messung des Betriebsdruckes waren der Adsorbereingang und der Adsorberausgang. Gleichfalls war ein federbelastetes Überdruckventil vorgesehen, das jedoch später, weil es damit laufend Dichtigkeitsprobleme gab, entfernt wurde.

Zur Messung der zur Desorption benutzten Stickstoffmenge wurde ein Balgengaszähler verwendet.

Die Kontrolle der Temperatur erfolgte mit Widerstandsthermometern PT 100. Die Temperaturmeßstellen konnten zentral mit Hilfe eines Digitalvoltmeters abgefragt werden. Gemessen wurde die Temperatur des Verdampfers, des verdampften Benzins in der Zuleitung zum Adsorber, am Adsorber außen und innen und des heißen Stickstoffes zwischen Stickstoffheizung und Adsorber.

Auch die Regelung der diversen Heizungen erfolgte zentral mit Hilfe von Drehwiderständen. Der Betrieb sämtlicher Heizungen erfolgte mit 220 V Wechselstrom.

Werkstoffe

Für den heißen, druckbeständigen Teil der Anlage wurden durchwegs Metalle verwendet. Die Röhren waren aus rostfreiem Stahl, innerer Durchmesser 8 mm, äußerer Durchmesser 12 mm. Zur Verbindung mit den Armaturen wurde das Ermeto-System "s" für hohe Drucke benutzt. Der Adsorber wurde aus Stahl gefertigt.

Im Druckteil der Benzineinspeisung wurden neben Ermeto-Bauteilen Serto-Anschlußstücke aus Messing und Druckschläuche aus verstärktem Polyäthylen verwendet. Der Auffangteil für die Fraktionen bestand aus Laborglas, wobei die Verbindung von Ermeto-Rohr mit dem Normschliffanschluß durch eine Klebung mit Zweikomponenten-Epoxydharz erfolgte.

I.2.3.2 Auslegung der Anlage

Der Inhalt des Adsorbers beträgt 2 kg Molekularsieb 5 A; dessen theoretische Kapazität bei den Trennbedingungen ist je nach Kohlenwasserstoff 4 bis 7 Gew.%. Wenn man annimmt, daß auf Grund der verschiedenen Gegebenheiten, wie zum Beispiel Desaktivierung des Siebes, nur 80 bis 85% der theoretischen Menge adsorbiert werden, kann eine Beladung des Molekularsiebes mit 64 bis 119 g n-Paraffinen pro Zyklus erfolgen. Im Durchschnitt wird man also mit mindestens 70 g n-Paraffinen pro Zyklus rechnen können. Das heißt, daß bei einem Zyklus von einem Einsatzprodukt mit 25 Gew.% n-Paraffinen und einer Dichte von 0,72 g/cm^3 mindestens 390 ml aufgetrennt werden können.

Verdampfer und Kühler wurden so ausgelegt, daß 3 kg Benzin pro Stunde prozessiert werden können. Aus einer Kapazität des Adsorbers von 90 g ergibt sich bei einem Einsatzprodukt von 25 Gew.% n-Alkanen eine Dauer eines Adsorptionsschrittes von mindestens 8,5 min.

Da im Adsorptionsschritt ein Arbeiten bei erhöhtem Druck erforderlich war, wurde die Anlage mit Ausnahme des Kondensations- und Auffangteiles auf eine Belastbarkeit von mindestens 6 atü ausgelegt und überprüft.

I.2.4 Durchführung der Versuche

Um die Betriebsbedingungen im Verlauf eines Zyklus und die Funktionsweise der Trennanlage erläutern zu können, sei hier ein Trennvorgang beschrieben.

Als erstes wird die Apparatur auf Betriebstemperatur gebracht. Im Adsorber soll innen eine Temperatur von 310 bis 315^0 C herrschen, im Verdampfer etwa 540^0 C. Auch die Begleitheizungen werden eingeschaltet, sodaß das Röhrensystem überall zwischen 280 und 320^0 C hat. Sodann erfolgt eine Spülung der Anlage mit Stickstoff aus der dafür vorgesehenen Flasche. War die Anlage zuvor mit Benzin in Betrieb und ist sie frei von Sauerstoff, kann diese Spülung entfallen. Währenddessen füllt man, wie unter I.2.3.1 beschrieben, den Benzinvorratsbehälter mit der vorgesehenen Menge Benzin.

Nach Beendigung des Spülschrittes werden die Ventile beiderseits des Adsorbers geschlossen und Benzin langsam in den Verdampfer strömen gelassen. Sobald dort der Druck 3 atü übersteigt, wird der Weg des Benzindampfes zum Adsorber freigegeben, wobei darauf geachtet werden muß, daß der obere Hahn des Adsorber-By-Pass-Rohres geschlossen ist. Hat sich im ganzen System ein Druck von 3,0 bis 3,5 atü (je nach Temperatur) eingestellt, wird das Nadelventil zwischen Adsorber und Kühler geöffnet. Ein kontinuierlicher Strom Isobenzin entweicht aus dem Adsorber, wird am Ventil entspannt und gelangt dann durch den Wasserkühler in die Vorlage.

Mit den Ventilen am Ausgang des Benzinbehälters und am Ausgang des Adsorbers wird der Druck auf den angegebenen Wert reguliert, wobei die Raumgeschwindigkeit von der Auslegung des Verdampfers her den Wert von 1,4 h^{-1}

nicht überschreiten darf, im Interesse eines günstigen Verlaufes der Adsorption sich jedoch im Bereich von 0,5 bis 0,9 h^{-1} bewegen soll.

Wenn alles Benzin in die Anlage gespeist ist, schließt man das Auslaßventil des Benzinvorratsbehälters. Man beläßt die Produktabnahme, bis der Druck in der Anlage nur mehr 1 atü beträgt, dann schließt man die Ventile beiderseits des Adsorbers. Nachdem man noch im Kühler befindliches Isobenzin zusammenlaufen gelassen hat, wechselt man die Vorlage.

Man öffnet die Ventile der By-Pass-Leitung und das Nadelventil am Ausgang des Adsorbers. Dann läßt man den Adsorber entspannen und schließt die beiden, dem Wasserkühler zunächst liegenden Ventile (Adsorber-Ausgang, By-Pass). Die hierbei gesammelte Fraktion, „Entspannungsfraktion" genannt, enthält neben Isobenzin eventuell schwere Isoanteile, die durch Kapillarkondensation bei Betriebsdruck in den Molekularsiebporen festgehalten worden sind, und leichte lineare Aliphaten, vorwiegend n-Butan und n-Pentan, die durch den Druckabfall bei der Arbeitstemperatur bereits wieder desorbiert worden sind.

Nach neuerlichem Wechsel der Vorlage wird nun der Hahn der Desorptionsstickstoffleitung und das dem Wasserkühler nächstliegende Ventil der By-Pass-Leitung geöffnet und ein möglichst langsamer Strom heißen Stickstoffs durch den Adsorber geleitet (Abb. 4). Adsorption und Desorption werden isotherm durchgeführt.

Bei ungünstiger Strömungsgeschwindigkeit des Stickstoff-n-Paraffingemisches und zu tiefer Temperatur des Wasserkühlers kann es zur Ausbildung eines Nebels bei der Kondensation der Normalparaffinfraktion kommen. Diese Nebelbildung muß unter allen Umständen vermieden werden.

Die durchschnittliche Dauer der Desorption beträgt 2 bis 3 Stunden, der durchschnittliche Stickstoffverbrauch 0,1 bis 0,4 Nm^3. Auf die Temperaturabhängigkeit der Desorptionsgeschwindigkeit muß hier nochmals hingewiesen werden.

Nach der vollständigen Desorption der n-Paraffine wird die Vorlage wieder gewechselt. Nach dem Schließen aller Ventile kann wie oben mit dem nächsten Adsorptionsschritt begonnen werden.

I.2.5 Belastung der Molekularsiebe durch Koks und dessen Beseitigung

Verunreinigungen

Der Schwefelgehalt im Einsatzprodukt lag zum größten Teil über dem bei technischen Anlagen tolerierten (Tabelle 34).

Bei 200 ppm Schwefelgehalt des Einsatzes verbleiben etwa 1 g Schwefelverbindungen pro 1000 g Einsatz im Molekularsieb und werden beim Desorbieren nicht wieder freigesetzt, da Schwefelverbindungen wegen ihrer Polarität wesentlich fester adsorbiert werden.

Eine weitere Belastung der Molekularsiebe stellt Wasser dar. Dieses ist in der Lage, bei den angewandten hohen Temperaturen die Molekularsiebe zu

TABELLE 34: Schwefelgehalt der prozessierten Straight-run-Benzine

Name	Schwefelgehalt
ÖP-Primärbenzin, schwefelarm	ca. 200 ppm
Brega	< 200 ppm
Kirkuk	850 ppm
Arabian light	350 ppm
Iranian heavy	1.500 ppm
Tuijmaza	< 500 ppm

schädigen. Das nach Entfernung durch Ausfrieren nur mehr in Spuren im Einsatzprodukt vorhandene Wasser konnte jedoch nicht stören.

Wesentlich war jedoch die Bildung von Koks. Nach Beladung des Siebes mit 1 m^3 Kohlenwasserstoffdampf pro kg Molekularsieb tritt bereits erheblicher Kapazitätsverlust ein (siehe Diagramm 9). Beim Einsatz von schwefelarmem Primärbenzin ist diese Beladung nach 8 bis 9 Zyklen erreicht. Deshalb muß ein Abbrennen des Siebes durchgeführt werden.

Das Beseitigen von Koks

Das Regenerieren wurde auf zwei Arten durchgeführt:

1. Methode:

Der Adsorber wurde entleert und das Molekularsieb im Muffelofen bei 500^0 C unter Luftzutritt etwa 12 Stunden ausgeheizt, wobei am Verschwinden der Graufärbung der Fortschritt des Abbrennens verfolgt werden konnte. In den letzten sechs Stunden wurde mit Sauerstoff angereicherte Luft eingeblasen. Das Molekularsieb befand sich in flachen, keramischen Schalen und wurde von Zeit zu Zeit durchmischt.

Besser bewährte sich allerdings die

2. Methode:

Das Molekularsieb wurde im Adsorber belassen. Statt des Desorptionsstickstoffs wurde Stickstoff-Sauerstoffgemisch bzw. Preßluft in den Desorptionskreislauf geblasen. Durch Demontage des Manometers am oberen Ende des Adsorbers gelangte das Abgas des Abbrennvorganges ins Freie. Auch hier herrschte im Adsorber eine Temperatur von 500 bis 550^0 C. Die erforderliche Zeit wurde nach Methode 1 bestimmt. (Abbildung 5).

ABBILDUNG 3: Grundfließbild

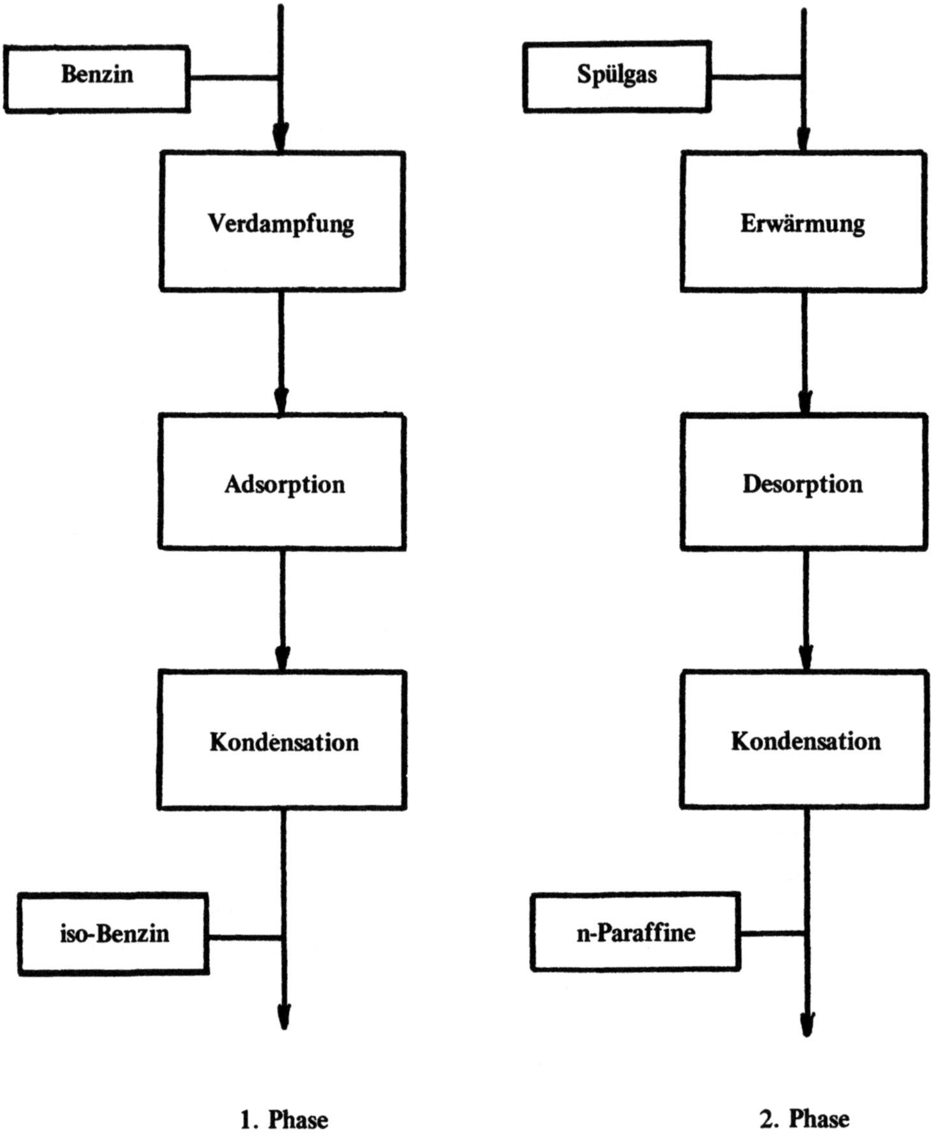

ABBILDUNG 4: Verfahrensfließbild der Versuchsanlage

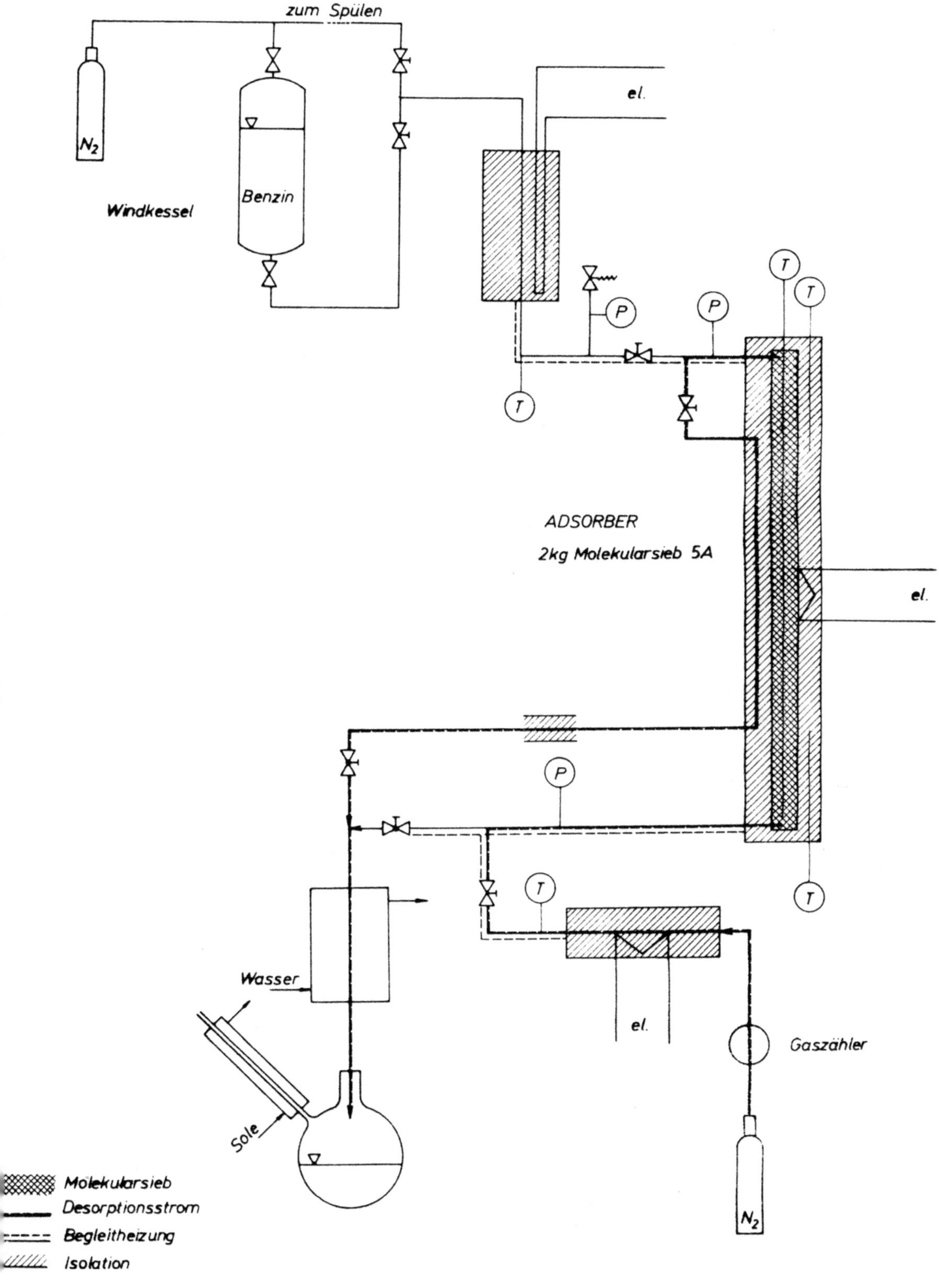

ABBILDUNG 5: Verfahrensfließbild beim Abbrennen des Molekularsiebes

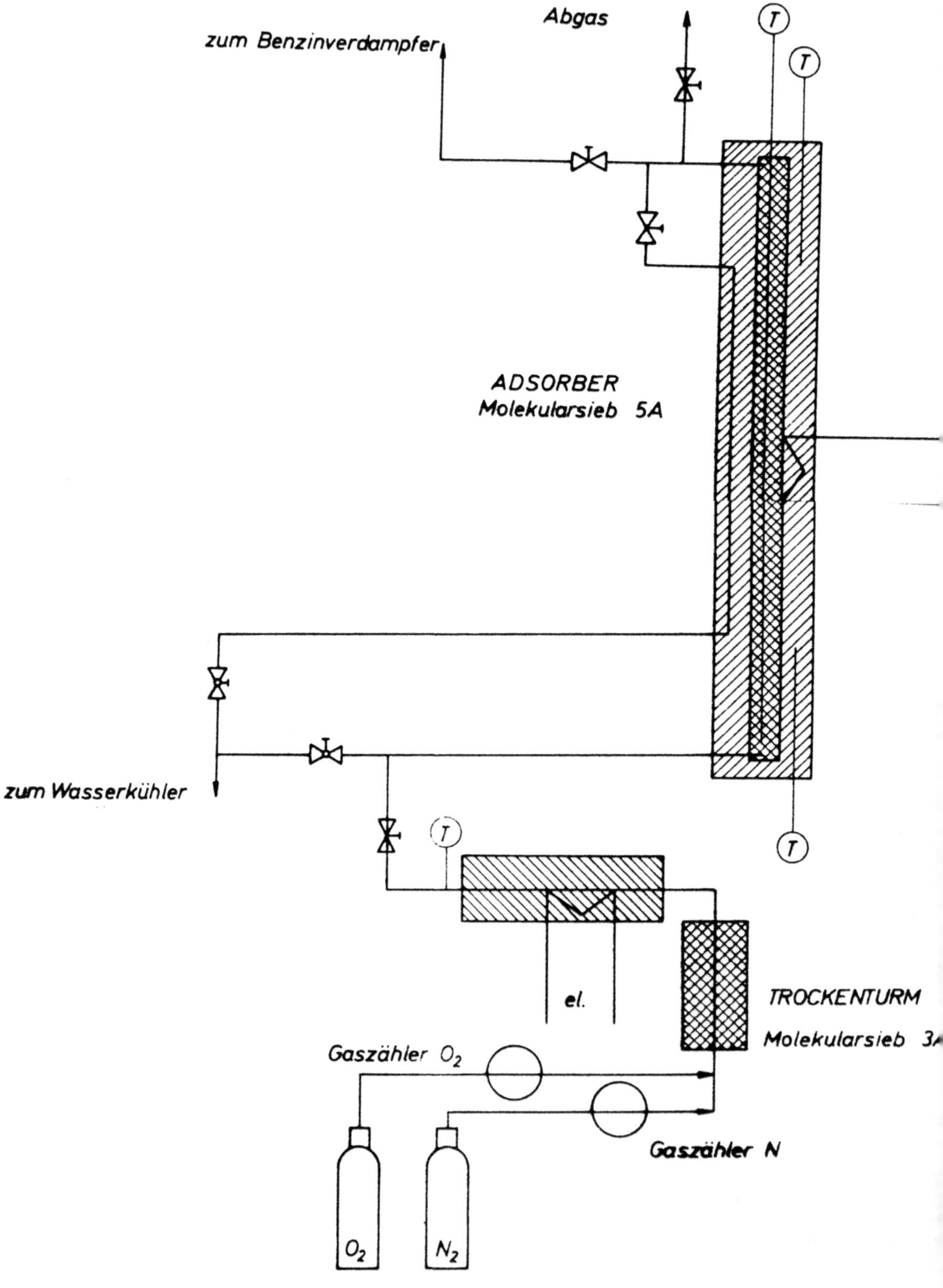

ABBILDUNG 6: Schaltplan der Apparatur

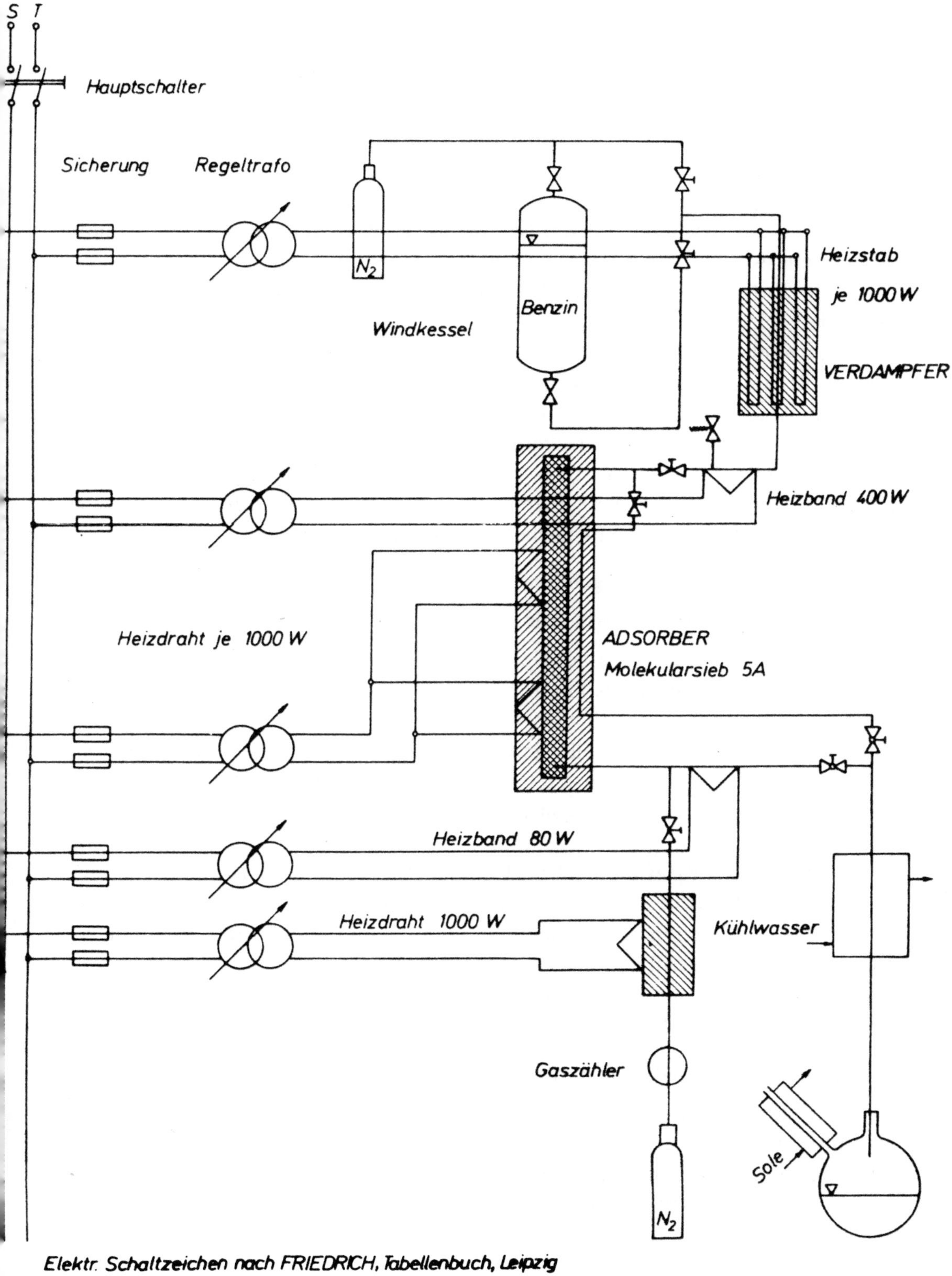

Elektr. Schaltzeichen nach FRIEDRICH, Tabellenbuch, Leipzig

I.2.6 Aufbereitung der Proben für die Trennung

Um vorerst eine Entschwefelung des Einsatzes umgehen zu können, wurden die ersten Trennversuche, die zur Herstellung der größten Isobenzinmenge führen sollten, mit schwefelarmem, österreichischen Primärbenzin durchgeführt.

Weiters wurden von der ÖMV fünf sortenreine Rohöle verschiedener Herkunft zur Verfügung gestellt. Durch Destillation über eine Kolonne wurden je 2 bis 2,5 Liter sortenreines Benzin hergestellt. Es handelte sich um eine 600 mm lange Füllkörperkolonne, die mit 4×4 mm V4A-Wendeln gefüllt und mit einem elektrisch gesteuerten Dampfteilerkopf ausgerüstet war. Als Sumpf diente ein 4-Liter-Kolben.

Die Entwässerung der Benzine erfolgte durch Ausfrieren des Wassers in der Tiefkühltruhe.

Obwohl ursprünglich an eine Entschwefelung wenigstens einiger der sortenreinen Benzine gedacht war, wurde davon Abstand genommen. Es zeigte sich ein Mangel an geeigneten,labormäßigen Entschwefelungsverfahren, die ohne größeren Substanzverlust, vor allem der leichtflüchtigen Anteile, arbeiten.

Das Schwefelproblem wurde durch häufigeres Abbrennen des Siebes, Siebtausch und Prozessieren der schwefelreicheren Einsatzprodukte gegen Ende der Gebrauchsdauer der Molekularsiebe zufriedenstellend gelöst.

I.2.7 Relevanz der Trennergebnisse

Das Totraum-Nutzraum-Verhältnis

Da die Versuchsanlage bei gleichen Auslegungsdaten ursprünglich mit kleineren Armaturen und Rohren mit einem Durchmesser von 3 mm geplant worden war, der Einfachheit halber aber von der ÖMV in dieser Form hergestellt wurde, mußte festgestellt werden, ob sich das Verhältnis von nutzbarem Volumen zu totem Volumen jetzt sehr viel ungünstiger gestaltet hatte.

Einem Reaktorvolumen von etwa 2800 cm^3 steht ein sonstiges Volumen von 1275 cm^3 gegenüber.

Bei einem n-Paraffingehalt im Einsatz von 30% wird ein Isoprodukt mit rund 9,6% n-Paraffinen erhalten. Ein n-Paraffingehalt von 38% im Einsatz erbringt eine Isofraktion von etwa 12,1%. Erst wenn dieses Produkt nochmals durch die Anlage geschickt wird, erhält man theoretisch aus dem 38%-Einsatzprodukt ein Isobenzin mit einem Rest-n-Paraffingehalt von 4,3%, aus dem 30%-Einsatz ein Isoprodukt mit 3,6% Restgehalt an n-Alkanen.

Vergleich der Versuchsanlage mit technischen Anlagen

In industriellen Anlagen werden je nach Erfordernis Isobenzine mit einem Normalparaffingehalt von 0,8 bis 7,0 Gew.% und Normalparaffinfraktionen mit 91,0 bis 99,6 Gew.% n-Alkangehalt hergestellt. Diese Produktqualitäten können aus demselben Einsatzprodukt gewonnen werden. Eine Steuerung ist insbesondere über die Spülphase möglich.

Außer dem ungünstigen Nutzraum-Totraum-Verhältnis wirkt sich in der Versuchsanlage noch negativ aus, daß kein kontinuierlicher Betrieb möglich ist. Technische Anlagen arbeiten mit mindestens zwei Adsorbern. Sie werden von Rechenanlagen gesteuert, um eine exakt reproduzierbare und optimale Fahrweise zu erhalten.

Bei technischen Anlagen wird vor dem Einleiten des zu adsorbierenden Produktes der Betriebsdruck mit n-paraffinfreien Kohlenwasserstoffen eingestellt. Diese Möglichkeit besteht, konstruktiv bedingt, bei der Versuchsanlage nicht, sodaß insbesondere bei den ersten Millilitern der Isofraktion mit größeren Verunreinigungen durch n-Paraffine zu rechnen ist.

Sicher ist auch der hohe Schwefelgehalt des Einsatzes eher ungünstig. Wesentlich ist aber besonders, daß die Versuchsanlage mit full-range-Benzin betrieben wurde, was hinsichtlich der Optimierung der Operationsparameter durch den breiten Siedebereich Nachteile bringt. Technische Anlagen fahren fast ausschließlich mit Benzinschnitten.

Auf Grund der angeführten Faktoren scheint es angebracht, das in der Anlage gewonnene Benzin aus Gründen leichterer Vergleichbarkeit auf Freiheit von n-Paraffinen zu extrapolieren.

I.3 Analytischer Teil

I.3.1 Analysenverfahren für n-Paraffine

Um die Wirksamkeit der Abtrennung der Normalparaffine quantifizieren zu können, muß ein geeignetes Analysenverfahren zur Bestimmung des n-Paraffingehaltes in Benzin bzw. in Benzinfraktionen gefunden werden.

Neben Harnstoffadduktbildung, deren Prinzip schon in 2.1 erläutert wurde, bietet vor allem die selektive Adsorption mit Molekularsieb 5 A eine erfolgversprechende Lösungsmöglichkeit. Der Vollständigkeit halber sei erwähnt, daß geeignete, leistungsfähige Gaschromatographen, zum Teil mit Mehrsäulensystemen, in der Lage sind, mit Hilfe von Kapillarsäulen die Aliphaten derart aufzutrennen, daß eine quantitative Bestimmung der n-Paraffine möglich ist. Da ein solches Gerät nicht zur Verfügung stand, wurde ein Analysenverfahren auf Molekularsiebbasis gewählt.

Die herkömmlichen Analysenverfahren sind in SCHEMA 15 zusammengefaßt.

Vor der Adsorption an das Molekularsieb können Aromaten und Olefine abgetrennt werden, stören jedoch die Adsorption der n-Paraffine nicht. Die Bestimmung der n-Paraffine kann entweder indirekt (14) oder direkt erfolgen.

Die indirekte Methode geht von Fraktionen aus, die jeweils nur ein lineares Alkan enthalten. Aus den Brechungsindizes der n-paraffinhaltigen und der n-paraffinfreien Fraktion wird der n-Paraffingehalt berechnet.

Die anderen Verfahren beruhen darauf, daß die n-Paraffine nach von

SCHEMA 15: Molekularsiebmethoden zur n-Paraffinanalyse

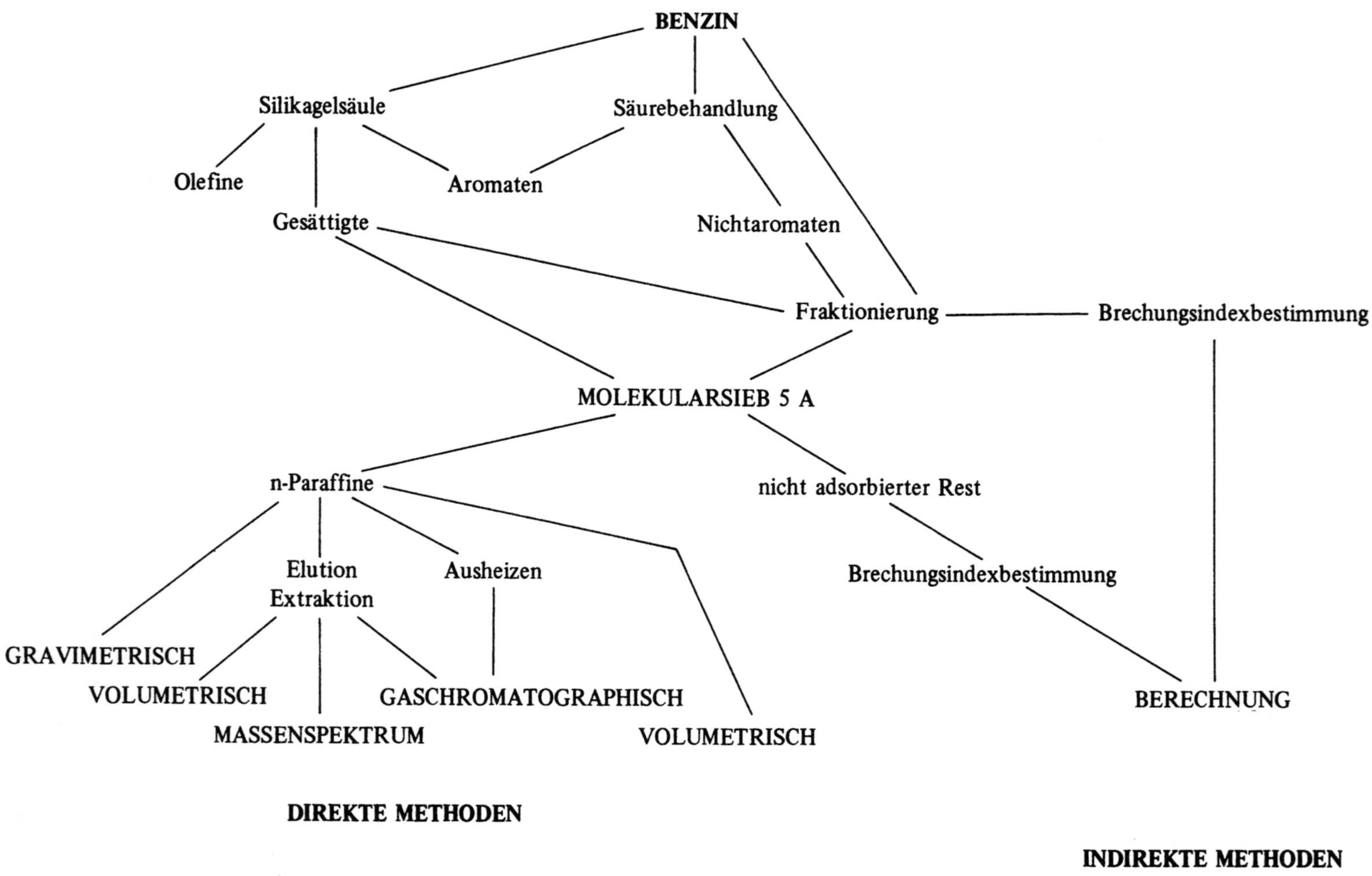

Methode zu Methode verschiedener Behandlung direkt bestimmt werden. Einerseits können die auf dem Molekularsieb befindlichen n-Paraffine volumetrisch oder gravimetrisch bestimmt werden. Ihre Bestimmung kann aber auch erst nach Entfernen aus dem Molekularsieb durch Ausheizen oder durch Elution oder Extraktion mit n-Pentan oder Wasserdampf oder einem ähnlichen Mittel auf volumetrischem, massenspektrometrischem oder gaschromatographischem Weg erfolgen.

I.3.2 Das verwendete Analysenverfahren

Das im Rahmen dieser Arbeit verwendete Verfahren zur Bestimmung von Normalparaffinen lehnt sich an eine Arbeit von NELSON, GRIMES und a. (46) an.

Das zu untersuchende Benzin wurde zuerst über Molekularsieb 3 A mindestens 24 Stunden getrocknet. Dann wurden bis zu 40 ml des trockenen Benzins auf einer Drehbandkolonne nach Dr. ABEGG der Firma Büchi bei einem Rücklaufverhältnis von 2 : 40 in drei Fraktionen destilliert. Ein hohes Rücklaufverhältnis ist sehr wesentlich für die Qualität der nachfolgenden Bestimmung. Mitgerissene, schwersiedende Flüssigkeitströpfchen verfälschen das Analysenergebnis beträchtlich.

Gemäß den Siedepunkten der n-Paraffine (siehe Tabelle 35) wurde die erste Fraktion von Siedebeginn bis etwa 115° C, die zweite von etwa 115 bis etwa 160° C und die dritte ab 160° C gewählt. Die Destillation erfolgte bei Atmosphärendruck. Die dritte Fraktion wurde, um einer Zersetzung vorzubeugen, nicht überdestilliert, sondern es wurde nach Beendigung der Abnahme der zweiten Fraktion die Fraktionsabnahme ausgeschaltet und der in der Kolonne befindliche Teil in den Sumpf zurückfließen gelassen. Beim Auffangen der ersten Fraktion wurde die Vorlage von außen intensiv gekühlt.

Diese drei Fraktionen wurden für sich getrennt auf ihren n-Paraffingehalt hin analysiert. Dabei wurde die Tatsache ausgenützt, daß noch bei verhältnismäßig geringen Drücken (1 bis 5 torr) die Adsorption der Normalparaffine praktisch vollständig ist, die anderen im Benzin vorhandenen Verbindungen aber bei den bei der Analyse angewendeten Temperaturen beim Analysendruck schon verdampfen.

Gestützt auf die Untersuchungen von NELSON (46) und eigene Versuche wurden die Analysentemperaturen für die

1. Fraktion mit 25° C, die
2. Fraktion mit 100° C und die
3. Fraktion mit 150° C festgelegt.

Zur Durchführung der Analysen (Abb. 7) wurde ein U-förmiges Röhrchen mit zwei Hähnen, einer davon abnehmbar, mit Schliffverbindung und Anschluß für Vakuumschlauch verwendet. Um das Röhrchen auf Analysentemperatur zu bringen und zu halten, wurde es in einen mit Äthylenglykol gefüllten Flüssigkeitsthermostaten getaucht. Zur Erzielung des benötigten Vakuums wurde eine Drehschieberpumpe der Firma Leybold mit vorgeschalteter Kühlfalle verwendet.

Das Entfernen der Normalparaffine aus dem Molekularsieb durch Ausheizen erfolgte bei 300 bis 320° C in einem elektrischen Tiegelofen, der geeignet adaptiert wurde. Durch eine kurze Destillationsbrücke mit gekühlter Auffangvorrichtung wurde der Versuch unternommen, die n-Paraffine quantitativ aufzufangen, um sie einer gaschromatischen Analyse zuführen zu können. Dadurch, daß der Gaschromatograph nicht on-line geschaltet werden konnte und die Desorption aus dem Sieb apparativ bedingt nicht rasch genug und quantitativ vor sich ging, konnte so lediglich die qualitative Analyse des Desorbates durchgeführt werden.

Die Füllmenge des Desorptionsröhrchens und die benützte Einwaage war so bemessen, daß eine Sättigung des Molekularsiebes nur zu etwa 7 bis 10% der theoretisch adsorbierbaren Menge erfolgte.

Wegen der guten Kohlenwasserstofflöslichkeit der meisten herkömmlichen Schliffette wurde „Silikone R - hochviskos" (Bayer AG) zum Fetten der Schliffe verwendet.

Durchführung der Analyse einer Benzinfraktion

Das Adsorptionsröhrchen wurde im Tiegelofen bei 300 bis 320° C mindestens 25 min. bei 1 bis 5 torr regeneriert. Dann wurde es im Exsiccator abkühlen gelassen, ohne zu wägen oder zu belüften 10 min (Stoppuhr!) im Vakuum (1 bis 5 torr) bei Analysentemperatur belassen. Hernach wurden die Hähne geschlossen, das Röhrchen außen gründlich mit Aceton gespült, mit Zellstoff trocken gewischt und je nach Analysentemperatur mindestens 10 min. im Exsiccator abkühlen gelassen. Nach kurzem Öffnen des Hahnes zur Belüftung erfolgte Wägung. Dann wurde aus einer Injektionsspritze mit ca. 2 ml Inhalt und ca. 15 cm langer Nadel, die direkt durch die Bohrung des Dreiwegehahnes bis zum Molekularsieb gesteckt wurde, die Probe (ca. 1 ml) auf das Molekularsieb aufgebracht. Nach dem Schließen des Hahnes wurden mit einer Wasserstrahlpumpe im Küken und auf dem Trichter verbliebene Benzinspuren weggesaugt. Dann erfolgte die Wägung. Aus diesen beiden Wägungen wurde die Einwaage berechnet. Um eine vollständige Adsorption zu ermöglichen, wurde das Röhrchen vor dem Fortsetzen der Analyse noch etwa 20 min liegengelassen. Dann wurde das Röhrchen unter Vakuum gesetzt und auf Analysentemperatur gebracht, wobei die erforderliche Zeit von 10 min mit der Stoppuhr gemessen wurde. Das folgende Herausnehmen, Spülen, Trocknen, Abkühlen lassen, Belüften und Wägen erfolgte wie oben.

Zur Desorption wurde das Adsorptionsröhrchen an einer Mikro-Destillationsbrücke mit Auffanggefäß befestigt, wobei sich das Adsorptionsröhrchen im Tiegelofen bei ca. 320° C und das Auffanggefäß in einem mit flüssiger Luft gefüllten Dewar befand. Die Desorptionszeit war je nach Fraktion und erzieltem

Vakuum 10 bis 25 min. Zum vollständigen Regenerieren des Molekularsiebes für die nächste Analyse wurde das Röhrchen allerdings einige, mindestens jedoch 2 Stunden bei 320° C ausgeheizt.

Auch bei dem zur Analyse eingesetzten Molekularsieb konnte nach einiger Zeit eine gewisse Koksbildung bemerkt werden, die die weißlich gelbe Färbung der Molekularsiebe ins Graue veränderte. Aus Sicherheitsgründen wurde je nach Schwefelgehalt des untersuchten Materials nach 3 bis 20-maliger Verwendung der Inhalt des Röhrchens ausgewechselt. Selbstverständlich wurden die Molekularsiebe vor der ersten Analyse etwa 1 Stunde im Vakuum ausgeheizt.

Die nach dieser Methode erhaltenen Analysenwerte decken sich recht gut mit Ergebnissen, die von der ÖMV auf gaschromatographischem Weg ermittelt und uns mitgeteilt wurden.

TABELLE 35: Siedepunkte reiner n-Paraffine, gerundet auf ganze Zahlen

n-Butan	- 0,5° C	n-Octan	126° C
n-Pentan	36 ° C	n-Nonan	151° C
n-Hexan	69 ° C	n-Decan	174° C
n-Heptan	98 ° C	n-Undecan	196° C

Analysenverfahren für die n-Fraktion

Für die Normalparaffinfraktion, deren Gehalt an n-Paraffinen für die Betriebsweise der Anlage von Interesse war, wurden folgende Verfahren erprobt:
1. Methode mit Molekularsieb 5 A, wie oben beschrieben,
2. gaschromatographische Analyse,
3. Siedekurve bei der Fraktionierung auf der Drehbandkolonne.

Die Übereinstimmung war recht gut; in den meisten Fällen genügte es jedoch, an Hand der gaschromatographischen Aufnahme eine semiquantitative Aussage über den Reinheitsgrad zu treffen.

Für die Aufnahme der Gaschromatogramme stand ein Perkin-Elmer GC 900 zur Verfügung. Zur Trennung wurde eine mit Squalan belegte Stahlsäule von 3,6 m Länge und 2,7 mm innerem Durchmesser verwendet. Die Einspritzblocktemperatur betrug 200 bis 210° C, die Manifoldtemperatur 190° C. Als Trägergas diente Helium. Zum Nachweis der Kohlenwasserstoffe wurde der Flammenionisationsdetektor verwendet. Für den Siedebereich der eingesetzten Proben bewährte sich folgendes Programm am besten: Anfangs 5 min bei 35° C, dann Aufheizen mit 5° C/min bis 150° C, dann 10 min bei 150° C verweilen lassen.

Die Probemenge betrug 1 μl.

ABBILDUNG 7: Versuchsanordnung zur n-Paraffinanalyse
oben - n-Paraffinanalyse
unten - Regeneration

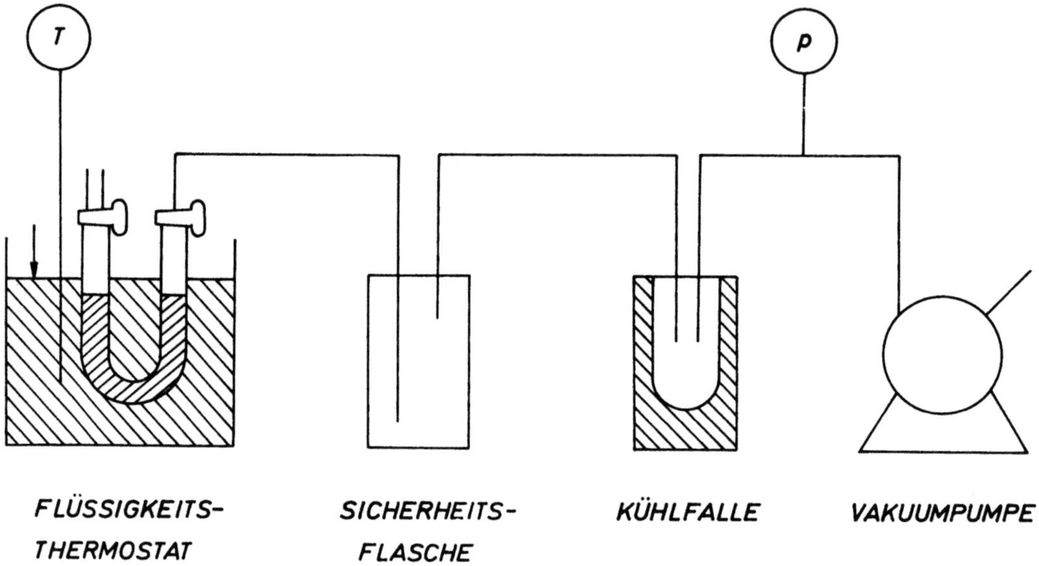

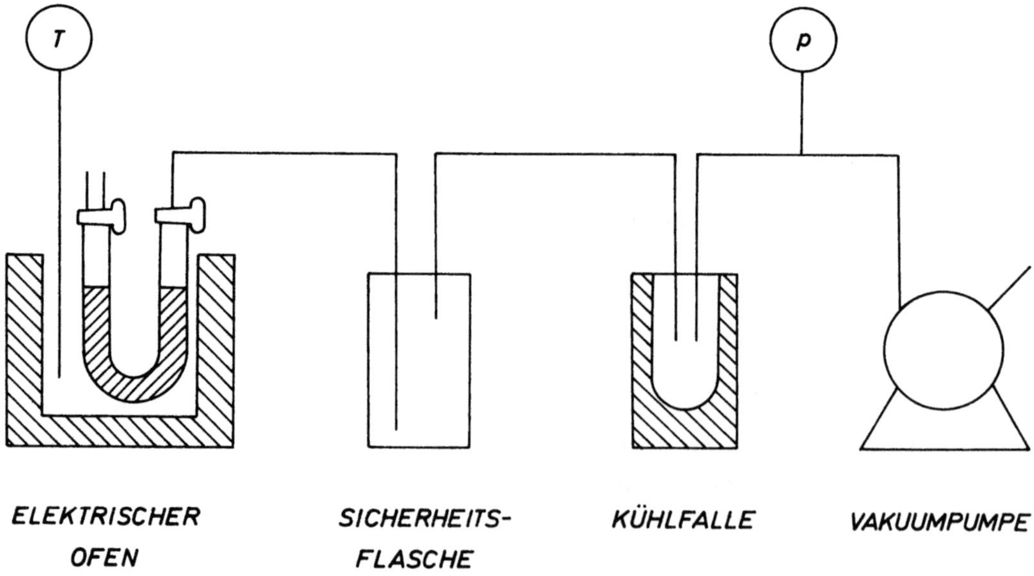

I.3.3 Analysenergebnisse

Die Analysenergebnisse der eingesetzten SR-Benzine und der entsprechenden Isobenzine, die für die Oktanzahlbestimmung eingesetzt wurden, sind in den Tabellen 36 und 37 angeführt. Die Werte für Aromaten- und Naphthengehalt sind zum Teil lediglich Richtwerte; sie wurden uns von der ÖMV zur Verfügung gestellt.

Die beim Entspannungsschritt gewonnenen Produkte wiesen einen n-Paraffingehalt auf, der deutlich unter dem des Einsatzproduktes, jedoch je nach Fahrweise mehr oder weniger über dem des Isobenzins lag.

Das Normalparaffinprodukt wurde in der Versuchsanlage mit einem n-Paraffingehalt von bis zu 77 Gew.% gewonnen. Tabelle 38 zeigt einige Daten der verwendeten sortenreinen Rohöle, Tabelle 39 Richtwerte der Zusammensetzung der Benzine.

I.4 Versuchsergebnisse

I.4.1 Aufbereitung der Proben für die Oktanzahlbestimmung

1. für ROZ und MOZ clear: keine Aufbereitung,
2. zur Bestimmung der Bleisuszeptibilität.

Es wurde eine Verbleiung mit TEL-Fluid durchgeführt. Das Bleifluid enthielt 0,595 ml TEL/ml Pb-Fluid bei 20^0 C bzw. 0,625 g Pb/ml. Die Verbleiung erfolgte unter Sicherheitsvorkehrungen mit Hilfe einer Mikropipette.

3. zur Bestimmung der Methanolsuszeptibilität.

Der ursprünglich geplante Zusatz von 15 Vol.% Methanol zum Isobenzin erwies sich ohne Lösungsvermittler als undurchführbar, weil keine Mischbarkeit vorlag. Wie bereits hinlänglich bekannt ist, ist die Mischbarkeit von Methanol und Benzin stark vom Wassergehalt der Komponenten abhängig. Je höher in diesem Mischungsbereich der Wassergehalt, desto ungünstiger ist die Mischbarkeit.

Die Isobenzinproben und das Methanol wurden deshalb 5 Tage über Molekularsieb 3 A getrocknet.

Für die Mischbarkeit von Benzin mit Methanol gilt, daß sie umso besser ist, je höher der Aromatengehalt des Benzins ist. Die Mischbarkeit von Benzinkohlenwasserstoffen nimmt in der Reihe

$$\text{Aromaten} > \text{Olefine} > \text{Paraffine}$$

ab. Eine Mischbarkeit nach Zusatz von 15 Vol.% Methanol war mit einem Aromatengehalt von nur 15,5 Gew.% nicht mehr gegeben. Daher wurde lediglich 5 Vol.% über Molekularsieb getrocknetes Methanol zugesetzt.

TABELLE 36: n-Paraffin-Bestimmung der eingesetzten Benzine

	1. FRAKTION					2. FRAKTION					3. FRAKTION					
	Dichte (g/cm³)	Siedebereich (°C)	Anteil am Benzin in		n-Paraffingehalt in Gew.% v. Gesamtbenzin	Dichte (g/cm³)	Siedebereich (°C)	Anteil am Benzin in		n-Paraffingehalt in Gew.% v. Gesamtbenzin	Dichte (g/cm³)	Siedebereich (°C)	Anteil am Benzin in		n-Paraffingehalt in Gew.% v. Gesamtbenzin	Σ n-Paraffine in Gew.%
			Gew.%	Vol%				Gew.%	Vol.%				Gew.%	Vol.%		
Primärbenzin S-arm d 15° =0,7379	0,7134	35-121	45,88	47,6	14,54	0,7609	121-156	35,18	34,4	8,69	0,7858	ab 156	18,94	18,0	2,5	25,7
Kirkuk d 20° =0,7184	0,6776	24-110	43,59	46,25	19,4	0,7440	110-156	36,22	35,0	8,2	0,7744	ab 156	20,19	18,75	4,7	32,3
Arabian light d 20° =0,7257	0,6859	28-117	45,17	47,57	18,97	0,7435	117-154	31,39	30,49	8,38	0,7709	ab 154	23,44	21,95	5,86	33,2
Brega d 20° =0,7172	0,6962	28-118	52,73	54,33	19,88	0,7483	118-156	31,40	30,09	7,94	0,7681	ab 156	15,87	14,81	3,44	31,3
Tuijmaza d 20° =0,7230	0,6904	28-116	47,15	49,38	17,02	0,7460	116-155	34,39	33,33	9,29	0,7723	ab 155	18,46	17,28	3,78	30,1
Iranian heavy d 20° =0,7273	0,6930	27-118	45,88	48,15	18,31	0,7506	118-157	35,68	34,57	8,67	0,7764	ab 157	18,44	17,28	5,66	32,6

TABELLE 37: n-Paraffin-Bestimmung der erzeugten Iso-Benzine

	1. FRAKTION					2. FRAKTION					3. FRAKTION					
	Dichte (g/cm³)	Siedebereich (°C)	Anteil am Benzin in Gew.%	Anteil am Benzin in Vol.%	n-Paraffingehalt in Gew.% v. Gesamtbenzin	Dichte (g/cm³)	Siedebereich (°C)	Anteil am Benzin in Gew.%	Anteil am Benzin in Vol.%	n-Paraffingehalt in Gew.% v. Gesamtbenzin	Dichte (g/cm³)	Siedebereich (°C)	Anteil am Benzin in Gew.%	Anteil am Benzin in Vol.%	n-Paraffingehalt in Gew.% v. Gesamtbenzin	Σ n-Paraffine in Gew.%
Iso-Primär-benzin S-arm d 20° =0,755	0,720	32-110	43,8	41,8	2,05	0,774	110-156	38,7	39,7	2,68	0,798	ab 156	17,5	18,5	1,22	6,0
Iso-Brega d 20° =0,729	0,700	32-110	45,25	43,47	3,85	0,748	110-160	40,0	41,3	4,11	0,768	ab 160	14,75	15,64	1,55	9,5
Iso-Arabian light d 20° =0,738	0,702	33-110	41,2	39,2	3,41	0,753	110-156	38,8	39,6	2,14	0,782	ab 156	20,0	21,2	1,57	7,1
Iso-Tuijmaza d 20° =0,737	0,707	34-110	43,71	41,55	4,74	0,752	110-154	39,90	39,96	3,40	0,777	ab 154	17,39	18,49	0,76	8,9
Iso-Kirkuk d 20° =0,731	0,698	32-116	46,96	44,27	2,92	0,751	116-152	33,33	34,51	2,42	0,777	ab 152	19,70	21,22	1,32	6,6
Iso-Iranian heavy d 20° =0,739	0,711	33-112	45,26	43,11	5,69	0,758	112-162	41,59	42,87	2,19	0,776	ab 162	13,15	14,02	0,72	8,6

TABELLE 38: Kennwerte der Rohöle

		TBP-DESTILLATION, Gehalt in Gew.%			
Rohöl-Name	Dichte g/l, 15°C	Leichtbenzin C_5 bis 80° C	Schwerbenzin 80 - 185°C	Full-range-Benzin 60 - 175°C	Full-range-Benzin C_5 bis 185°C
Tuijmaza	0,856	5,4	17,2	20,8	22,6
Arabian light	0,870	5,3	17,0	19,5	22,3
Kirkuk	0,846	6,7	18,8	23,4	25,5
Brega	0,826	6,8	20,9	25	27,7
Iranian heavy	0,869	5,7	13,2	18,9	18,9

TABELLE 39: Zusammensetzung der Benzine

Benzin C_5 bis 175°C	Gehalt in Vol.%			Gew.% n-Paraffine	
	Paraffine	Naphthene	Aromaten	im Full-range-Benzin	im Schnitt bis ca. 116°C
ÖP-Primärbenzin S-arm	53,5	37	9,5	25,7	31,7
Kirkuk	76	17	7	32,3	44,4
Arabian light	80	12	8	33,2	42
Brega	64	29	7	31,3	37,7
Tuijmaza	70	22	8	30,1	35,9
Iranian heavy	67	24	9	32,6	39,9

Da es sich um Straight-run-Naturbenzine handelt, sind keine nennenswerten Olefinanteile enthalten.

I.4.2 Ergebnisse der Oktanzahlbestimmungen

In Tabelle 41 sind die ermittelten ROZ-Werte angeführt, wobei zu Vergleichszwecken der Gehalt an n-Paraffinen mit tabelliert wurde. Weiters sind die auf 0% n-Paraffine extrapolierten Oktanzahlen für die jeweiligen Benzine und die maximal mögliche Oktanzahlverbesserung angegeben (vgl. Diagramm 21).

An Hand der ROZ-Werte läßt sich folgender Trend erkennen: Mit zunehmendem Naphthengehalt nimmt bei annähernd gleichem Aromatengehalt die ROZ des Isobenzins zu. Im untersuchten Bereich bedeutet die Zunahme des Naphthengehaltes um 17 Vol.% eine Steigerung der ROZ des Isobenzins um 6,5 bis 7 Oktanzahleneinheiten. Die Werte für dieses Isobenzin liegen bei ROZ 71 bis ROZ 78. Mit dem technisch noch leicht realisierbaren n-Paraffingehalt von 1 Gew.% ergeben sich Oktanzahlen, die um 0,8 tiefer liegen als die für 0% n-Paraffine extrapolierten.

Zu den Oktanzahlbestimmungen sei vermerkt, daß sie für die sortenreinen Benzine auf der TU (Institut für Verbrennungskraftmaschinen) und für die Proben auf Basis von ÖP-Primärbenzin-schwefelarm auf dem ÖMV-Prüfstand Lobau durchgeführt wurden. Die Versuchsgenauigkeit im Vergleich zweier Prüfmotoren beträgt nach DIN 51 756 ± 1,0 Oktanzahlen.

In Tabelle 40 und Diagramm 22 sind ROZ, MOZ, Blei- und Methanolsuszeptibilität für Straight-run- und Iso-Primärbenzin-schwefelarm angeführt.

TABELLE 40

	Straight-run-Primärbenzin	Isobenzin		ΔOZ
		6% n-Paraffine	0%	
ROZ	58,4	71	75	16,6
MOZ	56,9	70,1	74,2	17,3
ROZ + 0,15 g Pb/l	62,7	75,4	79,2	16,5
ROZ + 5 Vol.% Methanol	63,3	76,2	80,1	16,8

TABELLE 42

	Straight-run-Primärbenzin	Isobenzin (0% n-Paraffine)
Sensitivity (ROZ-MOZ)	1,5	0,8
Bleisuszeptibilität	4,3	4,2
Methanolsuszeptibilität	4,9	5,1

TABELLE 41

Benzin full-range	Straight-run-Benzin		Isobenzin		Isobenzin extrapoliert auf 0% n-Paraffine	ΔROZ	ΔROZ je % n-Paraffingehalt
	Gew.% n-Paraffine	ROZ	% n-Paraffine	ROZ	ROZ		
Primärbenzin S-arm	25,7	58,4	6,0	71,0	75	16,6	0,65
Brega	31,3	53,2	9,5	70,4	78	24,8	0,79
Iranian heavy	32,6	49,1	8,6	69,7	77	27,9	0,86
Tuijmaza	30,1	50,3	9,0	68,4	76	25,7	0,85
Kirkuk	32,3	48,3	6,6	66,8	71,6	23,3	0,72
Arabian light	33,2	45,3	7,1	66,3	71,3	26	0,78

Die angeführten Benzine nehmen in ihrem Naphthengehalt von oben nach unten ab!

Auf Grund der absoluten Höhe der Oktanzahlen kommt ein Einsatz im Benzinpool, sofern das augenblickliche Oktanzahlniveau erhalten bleiben soll, nicht in Frage.

Aus den Daten in Tabelle 42 sieht man, daß das gewonnene Benzin prinzipiell gute Eigenschaften besitzt. Die im folgenden genannten Werte sind immer einerseits auf das Einsatzprodukt, andererseits auf die extrapolierte, normalparaffinfreie Isobenzinzusammensetzung bezogen.

Die *Sensitivität,* die an sich beim Primärbenzin mit 1,5 OZ schon nicht schlecht war, wird beim Isobenzin noch um 0,7 OZ oder 47% auf 0,8 OZ verbessert. Zum Vergleich: Superbenzin besitzt eine Sensitivität in der Größenordnung von 10 OZ.

Die *Bleisuszeptibilität* (Ansprechen auf Zusatz von TEL, hier zugesetzte Menge 0,15 g Pb/l) bleibt im wesentlichen für Straight-run- und Iso-Benzin gleich, die Differenz von 0,1 OZ ist eher in der Meß- und Ablesetoleranz begründet. Ihr Wert von 4,2 bis 4,3 OZ liegt im Bereich der üblicherweise für Fahrbenzin angenommenen Bleisuszeptibilitätswerte von 3 bis 6 Oktanzahlen bei Verbleiung mit 0,15 g Pb/l. Die erhaltenen Werte entsprechen dem in (3) für die Verbleiung von Normalbenzin mit 0,15 g Pb/l angegebenen.

Die *Methanolsuszeptibilität* bei Zusatz von 5 Vol.% Methanol zeigt einerseits recht gute Absolutwerte in der Größenordnung von 5 ROZ, andererseits ist zusätzlich eine mit abnehmendem n-Paraffingehalt um 4% ansteigende Tendenz in der Güte des Ansprechens auf Methanol zu erkennen.

Zum Vergleich seien in (3) genannte Werte für die Methanolsuszeptibilität genannt (Tabellen 43 und 44).

TABELLE 43: Richtwerte für Normalbenzin

	ROZ	MOZ	Sensitivity
Normalbenzin	84	76,3	7,7
Normalbenzin + 5 Vol.% Methanol	87,2	78,6	8,6
Normalbenzin + 0,15 g Pb/l	88,3	81,1	7,2

Methanolsuszeptibilität 3,2 OZ
Bleisuszeptibilität 4,3 OZ

TABELLE 44: Richtwerte für Superbenzin

	ROZ	MOZ	Sensitivity
Superbenzin	94,2	82,5	11,7
Superbenzin + 5 Vol.% Methanol	96,1	83,9	12,2
Superbenzin + 0,15 g Pb/l	96,9	86	10,9

Methanolsuszeptibilität	1,9 OZ
Bleisuszeptibilität	2,7 OZ

Es zeigt sich also, daß das mit Molekularsieben gewonnene, isomerenreiche Benzin eine wesentlich bessere Methanolsuszeptibilität aufweist als Normalbenzin oder Superbenzin.

DIAGRAMM 21: Blei- und Methanolsuszeptibilität sowie Sensitivität von ÖP-Primärbenzin-schwefelarm vor und nach der Behandlung mit Molekularsieb 5 A

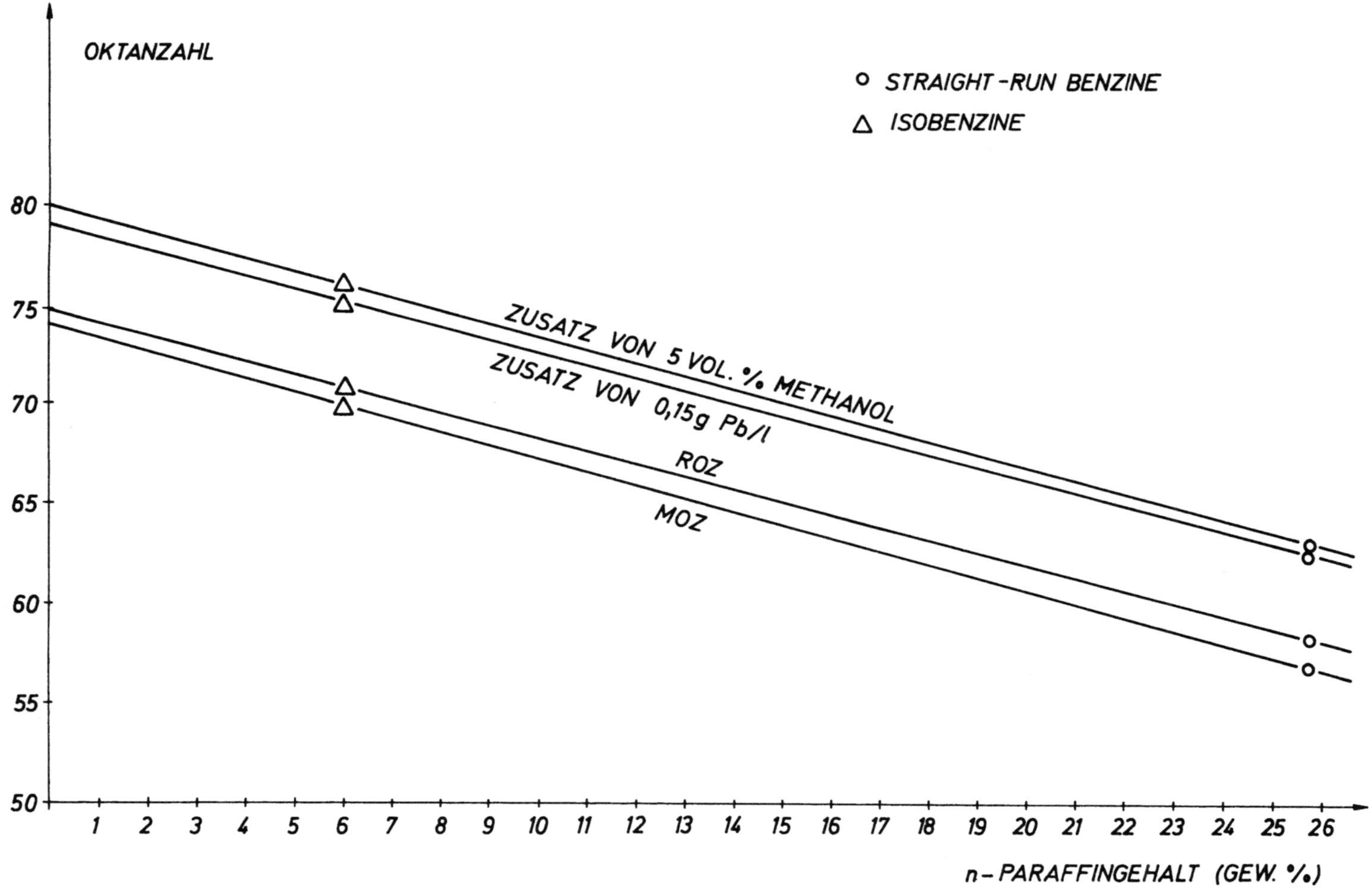

DIAGRAMM 22: Oktanzahlen der untersuchten Benzine in Abhängigkeit von ihrem n-Paraffingehalt

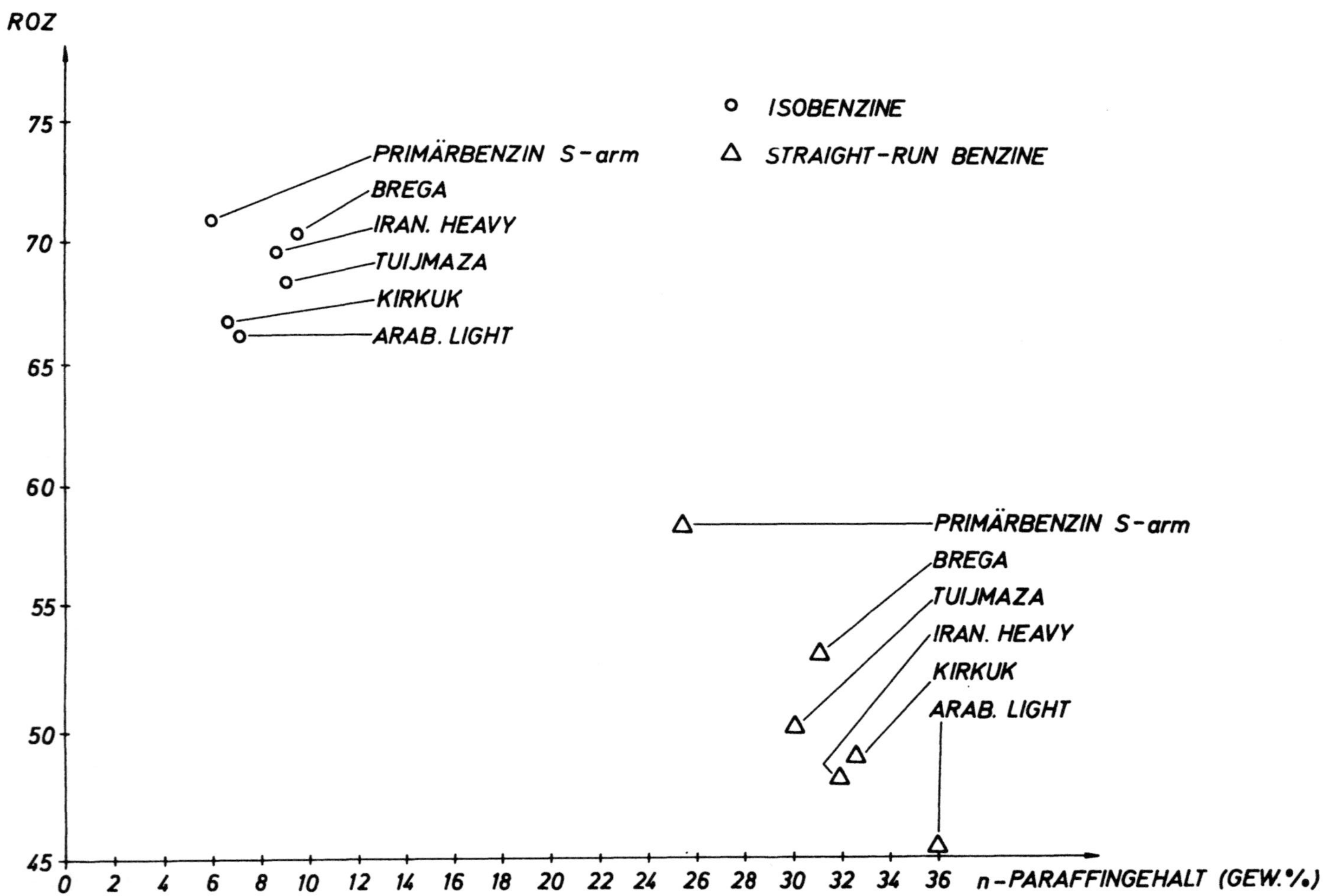

II. LITERATURVERZEICHNIS

1) D. KLAMANN et al., Chem. Ing. Techn. *38* (1966), 9, 925
2) H. SCHILPKÖTER et al., Umweltbrief Nr. 15, Deutsches BM des Inneren, Seite 19
3) Autorenkollektiv, Neuen Kraftstoffen auf der Spur, Bonn 1974
4) W. LEE et al., Aiche Meeting, Boston 9. 9. 1975
5) D. KLAMANN, Dechema Monogr. *75* (1452-1485), 1973, 39-64
6) I. AALUND, Oil & Gas J., July 26, 1976, p.71
7) WINNACKER-KÜCHLER, Lehrbuch der Chem. Technol. Org. Stoffe, *3*, S.308, 314
8) E. CANTWELL, Chem. Tech., Jan. 1976, 18
9) C. ZERBE, Mineralöle, Band 1, Seite 829 (Springer 1969)
10) W. WOLF, Erdöl und Kohle, *27* (14), 11, 713
11) R. CZIKOS et al., Hydrocarb. Process., July 1976, 121
12) A. HEATH et al., Chem. Engng., Jan. 31, 1977, 56 C
13) J. GREBELL, High Purity n-Paraffins from BP-Pressure-Swing-Process, NPRA Meeting, 23-25 March 1975, San Antonio, Texas
14) R. SCHWARTZ et al., Analyt. Chem., *29* (7), 1022 (1957)
15) R. ANDERSON et al., Aiche Symp. Ser. No. 134, Vol. 69, p. 39
16) M. SYMONIAK et al., Oil & Gas J., March 15, 1971, p. 76
17) A. YEO et al., 6-th World Petr. Conf., Frankfurt, Section IV, paper 15, p. 161
18) O. GRUBER, Molekularsiebe (Deutscher Verlag d. Wissenschaften, Berlin 1968)
19) Union Carbide, Deutsche Offenlegungsschrift Nr. 2 521 569
20) W. SCHIRMER et al., "Molecular Sieves", Papers, read at the Conference held at the School of Pharmacy (Univ. of London), Brunswick-Square, London, WC1, 4-th - 6-th April, 1967
21) M.N. FRID et al., Erdölverarbeitung und Erdölchemie (USSR) *2,* 13 (1973)
22) O.I. GAPONENKO et al., Khim. Tekhnol. (Kiev) 1975 (5), 45
23) F. SCHMELING et al., Oil & Gas International, Vol. 9, No. 4, p. 28
24) A. SCHMIDT, Erdöl & Kohle, *27,* (1), 1974, 25
25) W. REYNOLDS, Chem. Eng. Progr., Vol. 68, No. 9, (1972), 29
26) Jahresbericht des Fachverbandes der Erdölindustrie Österreichs für 1975
27) G. WOODHOUSE, Oil & Gas J., Aug. 2, 1976, 96
28) P. WUITHIER, Le Petrole-Raffinage et Genié Chimique, I, p. 779, (Ed. Technip 1965, Paris)

29) anon., Hydrocarb. Proc., Sept. 1976, p. 178
30) G. DONALDSON et al., Ind. & Engineering Chem., April 1955, Vol. 47, No. 4, p. 731
31) O. SOVA, Erdöl, Kohle, Okt. 1964, 17. Jahrgang, No. 10, S. 812
32) A. ORLICEK-PÖLL, Hilfsbuch f. d. Mineralöltechniker, Band 1 (Springer 1955)
33) A. DORNER, Linde Ber. 28/1970, S. 13
34) J. BLIECK et al., Hydrocarb. Proc., Sept. 1971, 177
35) L. SZEPESY et al., Hung. J. of Industr. Chemistry, Veszprém, Vol. 2, p. 331
36) J. OLIVE et al., Oil & Gas J., 26. 6. 1972, 68
37) J. BLIECK et al., Hydrocarb. Proc., Sept. 1971, 177
38) R. NAHAS, Hydrocarb. Proc., July 1975, 97
39) K. EISENLOHR et al., Erdöl & Kohle, *20*, Feb. 1967, No. 2, S. 82
40) R. DORN et al., Hydrocarb. Proc., Nov. 1972, 79
41) S. JABLONKA et al., Przem. Chem. *41,* 5, 254
42) M. MURATA et al., J. Chem. Eng. Japan, Vol. 8, No. 1, 39 (1975)
43) R. DAVIS (Union Carbide Corp., Plastics Div.), Private Mitteilung
44) anon., ECN, 14. 11. 1975, 18
45) A. GOOSSENS, Erdöl & Kohle, *28* (10), Okt. 1975, 471
46) K. NELSON et al., Analytical Chem., Vol. 29, No. 7, p. 1026
47) J. BENSON, Chem. Tech., Jan. 1976, 16

Batch number: 10584556

Printed by Printforce, the Netherlands